토양환경의

오염과 정화 개론

제2판

안영희 · 성낙창 공저

INTRODUCTION TO SOIL CONTAMINATION AND CLEANUP

도서출판
구미서관

표토시료를 채취하는 장면

토양의 침출수를 연구하는데 주로 사용되는 현장규모 Lysimeters의 항공촬영사진.
미국 Oak Ridge 국립연구소의 시험시설.

Lysimeters가 둘러싸는 중앙의 core는 lysimeter를 제어할 수 있는 장치들이 설치되기도 한다.

표준관입시험법(Standard penetration test ; SPT ASTM D1586-11)으로 낙동강 하구 충적토의 대수층 토양을 채취하는 장면(왼쪽). SPT에서 사용하는 Split barrel sampler 대신 변형된 sampler(오른쪽 상, 중) 내부에 장착된 아크릴 관을 이용해서 채취된 토양시료(오른쪽 맨밑).

토양측정망 운영을 위해 부산의 한 소각장내에 설치된 토양오염조사지점 표지판

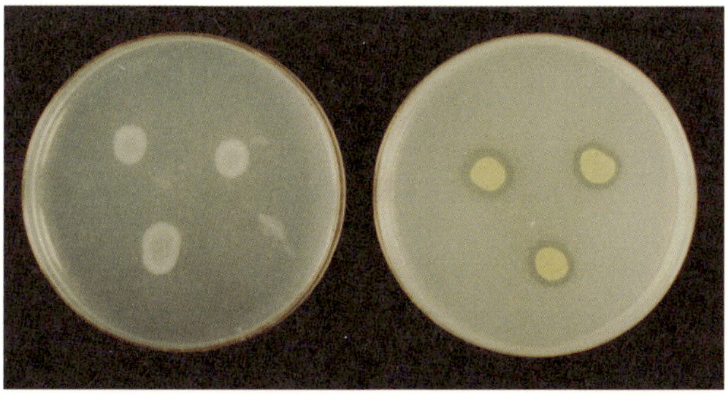

다환방향족 탄화수소(PAH) 중의 하나인 Phenanthrene을 분무한 배지에서
이 화합물을 분해하는 세균이 생성하는 투명환(오른쪽)
왼쪽은 Phenanthrene을 분해하는 능력이 없는 균.

관련된 장, 제7장 토양오염물질.

토양을 비옥하게 하는 지렁이

지렁이의 고치(cocoons)

관련된 장, 제5장 토양의 생태계 및 생물

환경오염은 물, 공기뿐만 아니라 토양에 이르기까지 다양한 경로를 통하여 생태계에 영향을 미치는 것을 인식함에도 불구하고, 법규와 기술면에서 우리나라에서는 이제까지 주로 수질 및 대기오염에 대하여 대처해 왔다. 그러나 폐광산에서 유출된 산성배수로 인한 인근주민과 농작물에 대한 중금속 오염, 생활/유해폐기물 매립장이나 유류저장탱크로부터의 유류의 누출 등으로 인한 토양 및 지하수 오염의 심각성이 대두되면서 이러한 오염문제를 해결하기 위한 토양의 오염도평가 및 복원방법에 대한 관심을 가지게 되었다.

토양오염으로 인한 국민건강 및 환경상의 위해를 예방하고 토양을 적정하게 관리·보전하기 위해 토양환경보전법이 1995년 1월에 제정되었다. 토양과 지하수 보전의 중요성을 고려할 때 토양환경과 그 오염에 대한 이해는 꼭 필요하다. 이러한 이해는 이미 오염된 토양에서 오염물의 확산을 최소화하고, 오염물을 정화하여 토양환경을 복원할 수 있는 방안을 마련함과 더불어, 나아가서는 미래의 오염을 예방하고 지속가능한 환경을 위해 필요하기 때문이다.

본서 '토양환경의 오염과 정화'는 토양환경의 이해와 오염의 원리 및 복원에 초점을 맞추어 토양오염과 관련된 분야를 공부하는 학생들을 주 대상으로 하여 교과서로서 활용할 수 있도록 집필되었다. 본서에는 토양과 토양생태계, 토양오염과 관련된 기본이론 및 정화기술을 소개하였다. 토양환경의 보전 및 오염된 토양의 복원은 다양한 분야의 공동연구에 의해 보다 더 나은 결과가 이루어짐을 인식하여, 환경과 관련된 다양한 학과의 학생들을 대상 독자로 하여 한쪽 분야에 치우치지 않고 토양환경과 관련된 분야를 고루 다루고자 하였다. 각 분야에 대해 더 알고자 할 경우는 그 분야의 전문서적을 참고하기를 권한다.

머리말

이 책이 2003년 처음발행될 때는 저자가 학위과정에서 수업시간에 배운 강의 노트, 학위 후 강의준비를 하면서 수집한 자료와 정보, 그리고 미약하나마 그 동안 수행한 토양환경보전 및 오염된 토양의 복원에 대한 연구를 정리한 것을 바탕으로 집필되었다. 해마다 토양환경의 보전 및 복원에 대한 새로운 학문적 지식이 축적되고, 기술 및 정책이 개발됨에 따라 이번 2019년 제2판은 최신의 정보를 추가해서 보완하였다. 특히 이번 개정판은 지하수부분을 보완하였다. 앞으로도 계속된 개정판을 통하여 내용을 수정, 보완함으로써 토양환경의 보전 및 복원을 이해하는데 일조가 되도록 노력할 것이다. 본서를 통해 이해한 토양오염의 원리 및 복원에 대한 기본지식을 바탕으로 토양환경의 복원, 오염방지, 그리고 보전을 위한 보다 나은 방법이 개발되고 실용화되길 기대한다. 끝으로 이 책의 출판에 많은 도움을 주신 구미서관 관계자분들과 동아대학교 토양환경연구실의 연구원들에게 고마움을 잊지 않는다.

2019년 2월

안영희, 성낙창

목 차

CHAPTER 01

서 론

공기·물과 더불어 토양은 모든 생물이 살아가는데 중요한 환경 요인이다. 토양은 단순히 인간활동의 기반을 제공할 뿐만 아니라 유해화학물질을 여과, 흡착, 분해 또는 변환시켜 정화 작용을 한다. 그래서 지하수의 오염을 막거나 먹이사슬을 통해 유해물질이 동물이나 인간의 생체 내에 전달되지 못하게 하는 등 토양의 기능은 매우 다양하다. 그러나 산업의 발달로 토양이 유해물질로 오염되고, 대기 및 수질오염과 더불어 과도한 비료사용 등으로 토양의 산성화가 초래된다. 또한 도시화로 인한 건설 및 개발사업 등으로 토양의 표면이 밀폐되는 등 토양훼손이 심화됨에 따라 토양의 기능을 상실해 가고 있다.

토양의 중요성에도 불구하고 수질이나 대기 보전에 비하여 적극적으로 대처하지 않았던 것은 사실이다. 물이나 대기에 비해 비교적 최근에야 비로소 토양환경의 보전과 토양환경의 오염 및 정화에 관심을 가지게 되었다. 더구나 자원순환법이 2018년부터 시행됨에 따라 자원으로서의 토양의 가치가 부각되고 있다. 뿐만 아니라 인류의 생존을 위해서 토양의 이용을 지속 가능할 수 있도록 토양환경을 관리 보전해야한다.

1.1 토양오염의 정의

우리나라의 토양환경보전법이 정의하는 토양오염은 사업활동이나 그 밖의 사람의 활동에 의하여 토양이 오염되는 것으로서 사람의 건강·재산이나 환경에 피해를 주는 상태를 말한다. 그래서 토양환경보전법의 목적은 토양오염으로 인한 국민건강 및 환경상의 위해(危害) 예방하고, 오염된 토양을 정화하는 등 토양을 적정하게 관리·보전함으로써 토양생태계를 보전하여 자원으로서의 토양가치를 높이고 모든 국민이 건강하고 쾌적한 삶을 누릴 수 있게 하는 것이다.

토양오염물질이란 토양오염의 원인이 되는 물질로서 환경부령이 정하는 것(표 13.1)을 말한다. 토양오염물질은 천연 또는 합성 화합물로서 자연정화에 의해 분해가 잘되지 않고 지속적으로 남아있으므로 토양에 축적된다. 이들이 환경에서 우려가 되는 이유는 동물, 식물 또는 미생물에 독성을 나타내거나(예 : benzo[a]pyrene, TCE) 미관상 보기가 좋지 않다거나(예 : 스티로폼과 같은 포장재) 또는 분해되지 않고 불필요하게 지속적으로 환경에 남아있다(예 : 나일론, 폴리우레탄)는 점이다. 토양오염물질에 대한 더 자세한 내용은 제7장을 참고하길 바란다.

환경부령으로 정하는 토양오염은 2가지(우려기준과 대책기준)로 구분되고 지목에 따라 1-3지역으로 구분해서 적용한다(제13장 참고). 토양오염우려기준은 사람의 건강·재산이나 동물·식물의 생육에 지장을 줄 우려가 있는 토양오염의 기준이다. 한편 토양오염대책기준은 우려기준을 초과하여 사람의 건강 및 재산과 동물·식물의 생육에 지장을 주어서 토양오염에 대한 대책이 필요한 토양오염의 기준이다.

토양오염관리대상시설은 토양오염물질의 생산·운반·저장·취급·가공 또는 처리 등으로 토양을 오염시킬 우려가 있는 시설·장치·건물·구축물(構築物) 및 그 밖에 환경부령으로 정하는 것이다(제13장 참고). 한편 특정토양오염관리대상시설은 토양을 현저하게 오염시킬 우려가 있는 토양오염관리대상시설로서 환경부령으로 정하는 것이다. 예로는 1) 석유류의 제조 및 저장시설 2) 유해화학물질의 제조 및 저장시설 3) 송유관시설 4) 기타 위 관리대상시설과 유사한 시설로서 특별히 관리할 필요가 있다고 인정되어 환경부장관이 관계중앙행정기관의 장과 협의하여 고시하는 시설이다.

전 국토의 토양오염상황 및 오염 변화추이를 파악하여 토양오염예방 등 정책수립의 기초자료로 활용목적으로 토양오염도 측정(토양오염조사)을 실시한다(제13장 참고). 토양오염조사는 2가지 경로(토양측정망운영과 토양오염실태조사)를 통해 이루어진다. 토양측정망운영은 환경부장관이 설치·운영하여 토양오염도를 상시 측정한다. 토양측정망은 전국토를 일정단위로 구획해서 설치하고 토지용도에 따라 측정지점의 수를 조정한다. 한편 토양오염 실태조사는 시·도지사(시장·군수·구청장)가 관할구역 중 토양오염이 우려되는 해당 지역에 대하여 실시한다.

토양오염조사를 통해 우려기준을 넘거나 넘을 가능성이 크다고 판단되는 지역에 대하여 토양정밀조사를 실시하는데 이는 오염물질의 종류, 오염의 정도 및 범위 등을 환경부령으로 정하는 바에 따라 조사하는 것이다(제12장 참고). 토양정화는 생물학적 또는 물리적·화학적 처리 등의 방법으로 토양 중의 오염물질을 감소·제거하거나 토양 중의 오염물질에 의한 위해를 완화하는 것이다. 토양정화를 수행하는 업(業)을 토양정화업이라고 한다.

산업혁명 이후 대량 산업과 농업을 지향함으로써 그로 인해 발생한 오염물질에 의해 토양생태계가 위협을 받아오기 시작했다. 산업활동에 의해 공정상 생산된 폐기물 및 부산물이 토양환경을 오염시키는 경우도 있고, 한편 농약의 경우는 농산물의 양적·질적인 향상과 노동력의 절감 등을 도모하기 위해 현대농업의 필수 불가결한 자재로서 그 효과를 나타내기 위해서는 어느 정도의 독성과 잔류성은 불가피하고 이로 인해 토양오염이 초래된다. 지속적인 생산성을 위해서는 토양의 효율적 사용 및 관리가 필요하다. 특히 국토가 협소하고 인구밀도가 높은 우리나라의 실정을 고려하면 토양의 효율적 이용과 보전은 필수적으로 고려해야만 한다.

1.2 토양오염의 특징

토양생태계는 기체(토양공기), 액체(물), 고체(광물과 유기물), 그리고 생물체로 된 복합구성의 생태계이다('3.2 토양의 조성' 참조). 토양입자와 토양유기물 그리고 토양의 생물체가 고상에 해당되며 토양입자 사이에 형성된 공극에 채워진 토양수와 토양공기가 액상과 기상에 각각 해당된다.

토양오염은 대기 및 수질오염과 상호연관성을 나타낸다(그림 1.1). 수질 및 대기오염과 비교하여 토양생태계에 발생하는 오염은 다음과 같은 특징이 있다. 토양오염경로는 수질 또는 대기오염에 의한 2차 오염과 유해물의 배출, 누출, 폐기물의 매립 및 불법투기에 의한 직접오염에 의한다(그림 1.2). 따라서 토양의 보전을 위한 대책의 수립을 위해서는 무엇보다 총체적인 개념에서 오염원을 다루어 접근할 필요가 있다.

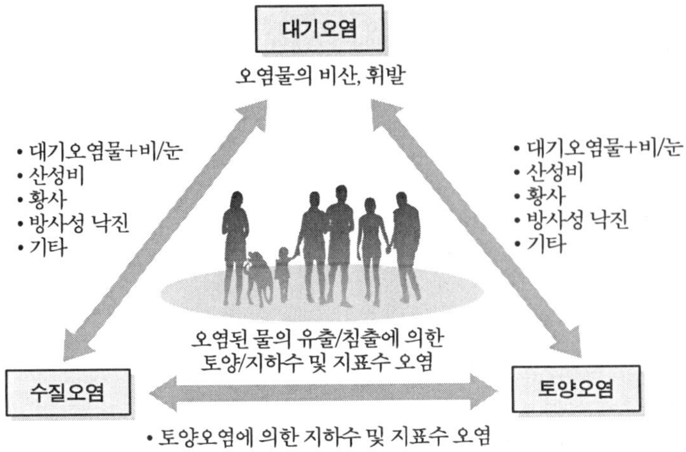

그림 1.1 대기 및 수질오염과 토양오염의 상호 연관성

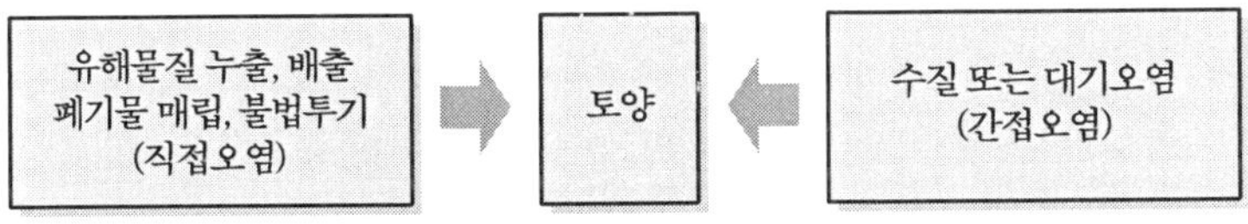

그림 1.2 토양오염의 경로

물 또는 공기의 지속적 흐름으로 인해 수질 및 대기오염은 보통 광범위의 오염이 초래되는 경우가 많으나 토양오염의 범위는 비교적 국소적이다. 오염원으로부터 오염물질의 배출이 차단되면 수질 및 대기오염의 경우 물 또는 공기의 지속적 흐름으로 인한 오염물질의 희석으로 오염상태가 비교적 단기에 개선될 수 있으나 토양오염의 경우는 오염물질의 배출이 차단되어도 오염상태가 장기로 지속된다. 그러므로 토양은 한번 오염되면 복원하는데 긴 시간과 많은 비용이 소모된다.

토양 내에서 실제로 대부분의 오염물질은 아주 불균질하게 분포되어 있으므로 이로 인해 시료를 채취한 지점에 따라 오염물의 분석 결과가 다양하여 정화를 평가하는데 있어 모호함을 초래하기도 한다. 특히 토양오염은 토지라는 사유재산과 관련되어 있다는 것이 수질 및 대기오염과는 다르다. 토양오염에 대한 예방 및 대책으로서는 오염물질의 배출을 규제하거나 오염된 토양으로부터 오염물의 제거 또는 무독화 처리, 그리고 토지변경 등이 강구된다.

1.3 토양환경보전정책 및 기술개발을 위한 연구방향

수질 및 대기오염에 비해 우리나라에서 토양오염에 대한 연구는 늦게 시작했으며 관련법인 토양환경보전법은 1995년도에 와서야 비로소 제정되었고, 이듬해 1996년부터 시행되었다. 그 이후 토양환경보전법은 몇 차례의 개정을 거쳐 토양오염 조사 및 토양복원을 활성화시키기 위해 토양 오염 원인자 책임을 대폭강화하고, 토양환경평가제도를 도입하였다.

환경부 산하의 국립환경과학원은 전산화를 통한 토양지하수정보의 체계적 정보관리체계 구축을 위해 '토양지하수정보시스템(SGIS: http://sgis.nier.go.kr)'을 운영하고 있다. 이 시스템의 운영을 통해 토양지하수관련업무의 효율성 증진, 토양지하수의 오염 통합관리를 위한 연계분석시스템마련, 오염원의 분석 및 관리 선진기법 도입 통한 오염확산 방지, 그리고 토양지하수 환경 정보의 대국민 서비스 증대효과를 노리고자 한다.

토양의 오염에 대하여는 기본적으로 사전에 오염을 예방하는 것을 원칙으로 하고 있으며, 이를 위한 관리체계를 확립하여 운영하는 것이 중요하다. 이미 오염된 토양을 복원하는 데는 큰 경비가 소요되므로 오염을 감소, 나아가서는 아예 예방하는 정책 및 연구방향으로 추이는 흐르고 있으며 결국은 지속 가능한 환경을 보전하기 위한 방향으로 나아갈 것이다(그림 1.3). 전 세계적인 환경기술시장은 그만큼 커질 전망이다.

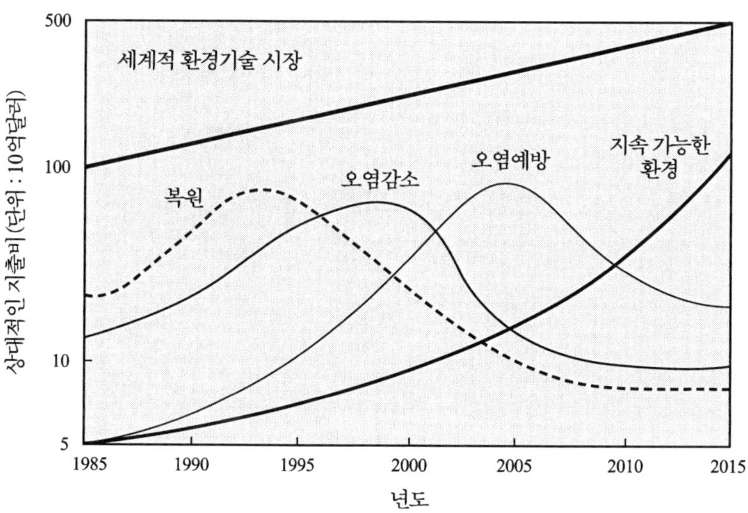

그림 1.3 환경기술의 연구와 연구비투자의 추이

참고문헌

1. 토양지하수정보시스템(SGIS). http://sgis.nier.go.kr/
2. 환경부(2018). 토양환경보전법.
3. 환경부(2018). 환경백서.
4. Alexander, M. (2000). Aging, bioavailability, and overestimation of risk from environmental pollutants. Environ. Sci. Technol. 34. 4259-4265.
5. Day, S.M. (1991). Federal regulations: how they impact research and commercialization of biological treatment. *In* Environmental Biotechnology for Waste Treatment. Sayler et al., ed. Plenum Press, New York.
6. Leavitt, M. (1997). Bioremediation: the green thumb in brownfields management. *In* Biotechnology in the sustainable environment. Sayler et al., ed. Plenum Press, New York.
7. Sayler, G.S. (1997). Challenges and opportunities in the area of environmental biotechnolgy *In* Biotechnology in the sustainable environment. Sayler et al., ed. Plenum Press, New York.

CHAPTER 02

토양학 개론

근대문명의 발달로 말미암아 인류의 생활은 과거에 비해 무척 편리하게 되었지만 환경오염이라는 심각한 문제가 그 부작용으로 대두되었다. 인간은 공기와 물이 없이 살 수 없기 때문에 환경문제를 다루는 데 있어서도 사람들의 관심은 우선적으로 대기오염과 수질오염에 집중되어 있었다. 그러나 모두가 인식하듯이 자연환경은 하나의 열린 시스템이며 서로 유기적인 관계 속에서 움직이고 있다. 실질적으로 토양이 얼마나 다양한 경로를 통하여 사람들의 삶에 중요한 역할을 미치고 있는지를 생각하면 토양환경에 대하여 과학적으로 꼭 공부할 필요가 있다.

2.1 토양(soil)의 정의

우리는 일상생활 중에 늘 토양(soil, 흙)을 접한다. 따라서 토양은 우리에게 무척 친근한 존재이다. 그러나 토양이 무엇인지 한마디로 말하기는 무척 힘들다. 사람들은 토양을 바라보는 관점에 따라 토양을 서로 다르게 인식한다. 예를 들어, 농민들은 토양을 식물이 자라게 해주는 고마운 존재로 생각하는 반면에 흙(토양)이 집안과 거리를 더럽히는 귀찮은 것이라고 생각하는 사람들도 많이 있을 것이다. 토목공사를 하는 사람들에게는 토양이 구조물을 잘 견딜 수 있는 안정적인가 아닌가 하는 것이 관심사일 것이고, 고고학자에게는 토양이 역사를 기록해 놓은 귀중한 자료로 보일 것이다. 그러므로 어쩌면 토양을 하나의 개념으로 명쾌하게 정리하는 것은 쉬운 일이 아닐 것이다.

토양학자들도 전문분야에 따라 서로 다른 각도에서 토양을 바라보고 있다. 토양의 생성 과정과 발달에 관심이 있는 토양학자는 토양을 사람 혹은 생명체에 비유하기도 한다. 토양에도 유년기, 청년기, 장년기, 심지어 노년기의 토양이 있다는 것이다. 어떤 학자들은 토양의 다른 측면에 관심을 갖기도 한다. 예를 들면, 환경시스템 안에서 토양이 어떤 역할을 하는가에 관심을 갖는 학자들은 토양을 '살아있는 필터' 혹은 '지구의 콩팥'이라고 부르며, 토양을 그러한 관점에서 분류하기도 한다.

토양분류법(Soil Taxonomy)은 나름대로 복잡한 기준과 원칙으로 이루어진 것으로써 전 세계의 토양분류법이 다 같지는 않다. 우리나라에서는 미국농무성(United States Department of Agriculture; USDA)이 사용하는 방법을 따른다. USDA의 토양에 대한 설명은 다음과 같다. "토양은 지구의 표면에 존재하며 무기물과 유기물, 그리고 생물체로 이루어진 역동적인 자연물이라고 할 수 있다. 토양은 식물이 자랄 수 있는 터전이 된다. 토양의 생성 및 특성에 영향을 끼치는 요소로는 1) 기후, 2) 생물, 3) 모암, 4) 지형, 그리고 5) 시간이 있다. 어느 깊이까지를 토양으로 볼 것인가를 판단하는 근거는 생물체의 활동 유무이다. 일반적으로 다년생 토착식물의 뿌리가 발견되는 곳까지를 토양으로 간주한다."

2.2 토양의 구성성분

토양을 구성하고 있는 성분으로는 1) 무기물과 광물, 2) 유기물, 3) 물, 그리고 4) 공기, 이렇게 네 가지가 있다. 제3장 토양의 기능과 조성에 있는 그림 3.1은 토양에서 각 성분이 일반적으로 차지하는 부피의 비율을 그림으로 나타낸 것이다.

2.2.1 무기물과 광물

식물의 생장에 필수적인 무기질 영양소를 공급하는 것이 바로 무기물과 광물이다. 크기와 조성에 따라서 무척 여러 종류가 존재한다. 여러 가지의 무기물 및 광물이나 작은 암석 조각들이 이에 해당된다. 크기에 따라서 모래(sand; 직경 0.05~2 mm), 실트(silt; 직경 0.002~0.05 mm), 점토(clay; 직경<0.002 mm)로 나눌 수 있다. 각 성분의 비율에 따라서 토양의 성질이 매우 달라질 수 있다. 세 가지 입자 중에서 입자가 가장 작은 점토는 젖은 상태에서 찰진 성질을 나타내기 때문에 서로 잘 뭉치고 그대로 마르면 매우 단단한 덩어리가 된다. 콜로이드 성질을 갖는 아주 작은 점토 입자들은 전자현미경을 사용해야만 볼 수 있다. 실트는 모래와 점토의 중간 크기를 갖는 입자들을 말한다. 건조한 상태에서는 가루

의 성질을 나타내고 물에 젖는다 하더라도 점착성이 거의 없다. 모래는 세 가지 입자 중에서 가장 크기가 커서 눈으로 구별할 수 있다. 모래 입자는 점착성이 전혀 없으며, 손으로 비볐을 때 껄끄러운 느낌을 갖게 한다.

석영(quartz), 운모(mica), 장석(feldspar) 등과 같이 모암의 조성이 변하지 않고 그대로 남아있는 광물을 1차광물이라 한다. 반면에 규산염점토(silicate clay)나 철산화물(iron oxides)과 같이 1차광물의 분해나 풍화에 의해 형성된 광물을 2차광물이라 한다. 모래와 실트는 주로 1차광물로 이루어져 있고 점토는 2차광물로 이루어져 있는데, 실트에서 때로 2차광물이 발견되기도 한다.

토양을 이루는 모래, 실트, 점토의 백분율을 토성(soil texture)이라 한다. 제4장 토양의 물리화학적 성질의 그림 4.1은 토성을 삼각형의 세 변에 나타낸 토성삼각도(soil texture triangle)다. 토성삼각도를 이용하여 각 토양의 토성구분(soil textural class)을 결정할 수 있다. 토성구분은 12가지로 나뉜다.

그림 2.1 토양집합체의 다양한 구조

토양 안에서 입자들은 독립개체로 존재하기도 하지만 대부분 집합체(aggregate; 입단)의 상태로 나타나는데, 집합체의 구조에 따라서 토양 안에서 물이나 공기가 흐르는 양상이 크게 달라지게 된다. 따라서 집합체의 구조는 매우 중요한 의미를 갖는데, 작은 알갱이 모양(granule type), 판 모양(plate type), 벽돌 모양(block type), 프리즘 모양(prism type), 기둥 모양(column type) 등으로 나눌 수 있다(그림 2.1). 물 또는 공기의 유동이 원활한 순서는 구형, 벽돌형, 프리즘형, 그리고 판형 순이다.

2.2.2 토양유기물(soil organic matter, SOM)

토양유기물은 말 그대로 토양에 존재하는 모든 유기물질을 일컫는 말이다. 즉, 토양유기물에는 토양표면에 떨어진 동물의 시체나 식물의 잎사귀, 나무에서 떨어져 나온 조각, 땅속에 살고 있는 미생물, 물에 녹는 유기물까지도 다 포함될 수 있다. 하지만, 본서에서는 토양미생물이 식물이나 동물의 사체 또는 다른 유기물질을 분해하는 과정에서 생겨난 토양유기물에 한하여 다루하기로 한다. 이는 우리가 흔히 부식토(humus)라고 부르는 것으로써 좁은 의미의 토양유기물을 말하는 것이다(3.2.2 토양 유기물 참조). 미생물에 의한 생분해는 환경에 따라 다르게 일어나며 언제나 진행 중이라고 할 수 있기 때문에 토양유기물 또한 한 가지 상태로 존재하지 않는다. 따라서 어떤 상태의 토양유기물이든지 일시적인 상태라고 말할 수 있는데, 짧게는 몇 시간에서 길게는 몇 백 년 동안 각 상태를 유지한다. 토양유기물은 토양의 무기물 입자와 결합하여 토양의 구조에 영향을 미치며, 식물의 성장에 필요한 질소, 인, 황 등의 주요공급원이다.

부식토(humus)는 크게 1) 비휴믹물질(nonhumic substances, 비부식물질)과 2) 휴믹물질(humic substances, 부식물질)로 나눌 수 있다. 아미노산, 탄수화물, 지방 등 잘 알려진 유기화합물이 비휴믹물질에 속한다. 휴믹물질은 pH에 따른 용해도의 차이에 의해 fulvic acid, humic acid, humin으로 나눠어지는데, 상당히 큰 분자량을 가지며 노란색에서 흑갈색을 띠고 있다. 카르복실기를 비롯하여 페놀기, 알코올기, 카르보닐기 등 많은 작용기를 포함하고 있다.

Humic acid가 포함하고 있는 탄소의 양이 지구상에 살아있는 모든 생물체에 있는 탄소의 양보다 많을 정도로 휴믹물질은 탄소저장소로서의 역할을 하고 있다. 또한 중금속이나 유기화합물의 거동에 관여하여 유해성을 완화하기도 한다. 어두운 색깔 때문에 토양을 더 따뜻하게 유지할 수 있어서 식물의 생장을 촉진하고, 토양의 조직 형성에 영향을 줌으로써 침식에 대한 저항력을 향상시키고 함수용량을 증가시키는 등 환경에 매우 중요한 역할을 한다.

토양유기물의 함량은 토양에 따라 매우 다르게 나타난다. 모래질토양의 토양유기물 함량은 1% 미만에 불과하지만 전형적인 초원지대의 토양은 약 5~6%의 토양유기물을 포함한다. 물이 잘 빠지지 않는 토양의 경우에는 토양유기물의 함량이 10%가 되기도 한다. 흑니토(muck)나 이탄토(peat soil)와 같은 유기질토양은 수십%의 토양유기물을 함유하고 있기도 한다. 토양의 형성에 영향을 미치는 기후, 생물(그림 2.2), 모암, 지형, 시간 등의 요인이 토양의 유기물함량에도 영향을 미친다.

그림 2.2 나무의 성장에 따른 바위의 심화된 균열 (2017년 4월 2일 금강공원입구에서 촬영).

2.3 토양의 형성

2.3.1 암석의 풍화

암석이 쪼개져서 입자가 작아지거나 성질이 변하는 것을 풍화(weathering)라고 하며 풍화에는 물리적인 풍화와 화학적 풍화, 두 가지가 있다. 암석이 풍화된 후 원래의 위치에 그대로 남거나 혹은 바람, 물, 빙하, 중력 등에 의해서 다른 곳에 옮겨짐으로써 토양을 이룬다.

물리적 풍화(physical weathering)는 온도, 습도, 물, 바람, 또는 식물이나 동물의 영향 등 물리적인 힘의 작용으로 분열되거나 마모되어 그 구성결정이 분리되는 것을 말한다. 예를 들면, 팽창성 다른 광물로 이루어진 암석은 온도의 변화에 의해 각기 다른 정도로 수축 혹은 팽창을 함으로써 쉽게 분열한다. 토양이 이런 식으로 형성될 경우에는 모암과 같은 구성광물을 갖게 되므로 모암의 성질을 그대로 유지한다.

화학적 풍화(chemical weathering)는 가수분해, 수화(hydration), 산화, 산성화, 또는 용해 등의 화학반응에 의하여 암석의 조암광물이 분해되는 것을 말한다. 화학적 풍화가 일어나면 물리적 풍화와 다르게 구성광물이 변화하게 된다.

2.3.2 토양의 형성 경로

암석이 풍화되어 생성된 토양 입자가 어떤 경로로 토양을 형성하게 되느냐에 따라서 토양을 크게 두 가지로 나눌 수 있다. 원래의 위치에 남아있는 것을 잔적토(residual soil)라고 하고 물, 바람, 빙하, 중력 등에 의해 다른 곳으로 운반되어 쌓인 것을 운적토(transported soil)라고 한다.

풍화에 의해 생성된 흙이 다른 곳으로 옮겨지지 않고 원래의 위치에 남아서 토양을 형성하게 되는 경우에 이러한 토양을 잔적토라고 한다. 따뜻하고 습도가 높은 지역에서와 같이 풍화속도가 운반속도보다 빠른 경우가 이에 해당한다고 할 수 있다.

운적토는 잔적토와 달리 풍화된 후에 다른 곳으로 옮겨진 것을 말한다. 운반방법에 따라 다음과 같이 구분할 수 있다. 한편 물에 의해 운반되어 퇴적된 것을 충적토(alluvial soil)라고 한다. 퇴적되는 과정에서 물의 유량과 유속에 의해 영향을 받기 때문에 상류에는 큰 입자가 퇴적되고 유속이 느린 하류로 갈수록 작은 입자가 퇴적되는 등 위치에 따라 크기가 다른 입자가 쌓이게 된다. 충적토에 속하는 것으로는 삼각주(delta; 그림 2.3), 선상지(alluvial fan), 범람원(floodplain)이 있다. 삼각주는 강의 하구에 형성된 충적토로서 강물의 유속이 느려짐에 따라 운반된 토양이 퇴적되어 형성된 것이다. 한편 선상지는 산지협곡을 흐르던 강이 평지에 이르면서 물의 속도가 갑자기 느려짐에 따라 물에 의해 운반된 토양이 퇴적되어 부채꼴 모양으로 형성된 것이다. 범람원은 하천의 양쪽에 형성된 평탄하고 낮은 지형으로 상류에서 하류로 토양이 운반되다가 하천의 범람에 의해 일시적 또는 영구적으로 현재의 위치에 쌓여 있게 된 것이다. 보통 하천의 하류에 넓은 범람원이 형성된다.

바람에 의해 운반되어 생긴 풍적토(aeolian soil)는 사막 등지에서 바람에 의해 운반된 토양 입자가 쌓여서 형성한 토양을 일컫는다. 바람의 세기, 풍향, 지형 등이 영향을 미치며, 대표적인 풍적토로는 황토(loess)나 사막의 모래언덕(sand dune) 등이 있다. 멀리 갈수록 입자가 작은 세립토가 퇴적되며 대체로 입자의 분포가 균등하다.

이밖에도 빙하에 의해 운반되어 형성된 빙적토(glacial deposit), 중력의 작용으로 떨어져서 생긴 붕적토(colluvial soil) 등이 있다.

그림 2.3 낙동강 하구에 형성된 삼각주들(그림출처 : 구글맵)

2.4 토양단면(soil profile)

토양은 변하지 않는 존재가 아니라 각 토양이 처한 환경에 따라 계속해서 변한다. 풍화와 토양유기물의 분해과정을 통해서 어떤 성분은 파괴되거나 변화하기도 하고 새로운 성분이 생성되기도 한다(변형). 또 같은 토양 안에서도 물의 흐름이나 생물체의 활동에 의해서 어떤 물질은 위치가 달라지기도 한다(위치변경). 물질이 이동하는 과정으로 인해 한 가지 물질이 한 곳에 모이는 축적현상(accumulation)이 일어나기도 한다.

토양의 생성과 변화 과정은 앞에서도 언급한 바와 같이 기후, 생물, 지형, 시간, 모암 등에 따라서 달라진다. 모든 토양은 지금 이 순간에도 계속 변화하고 있는데, 개개의 토양이 놓인 환경에 따라서 다른 변화과정을 거치며 그 속도 또한 각각 다르다. 이렇게 여러 가지 과정을 통하여 변화를 거치면서 토양이 위치에 따라 위 혹은 아래와 다른 양상을 보이게 되는 것을 층(horizon)을 형성한다고 말한다. 토양층(soil horizon)은 지표면에 평행하게 나타나는데, 토양단면(soil profile)을 보면 토양층의 수직적인 분포를 볼 수 있다(그림 2.4).

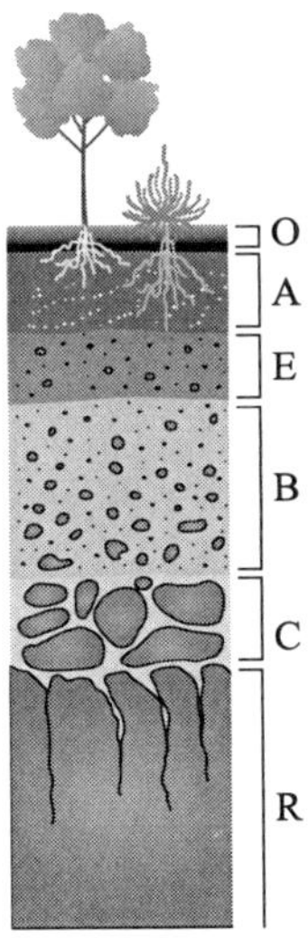

그림 2.4 토양단면

편의상 다섯 개의 주요토양층(master soil horizon; O, A, E, B, C)을 상정하고 있는데, 각 토양을 묘사할 때는 토양단면에 주요토양층 중에서 어떤 층이 존재하며 각 층의 특징은 어떠한가를 살피는 것이 일반적이다. A, E, B층을 solum이라고 하는데 토양단면으로 볼 때 윗부분에 자리하고 있으며 풍화가 가장 많이 일어난 부분이다. AE, EB, BC 등과 같이 전이층(transition horizon)이 존재하기도 한다. 주요토양층의 정의와 특징은 다음과 같다.

O층(유기물층)

그림 2.5와 같이 가장 위에 존재하는 층으로 (동물이나 식물의 잔해가 쌓여서 형성된다.) 유기물(organic matter)이 존재하는 층이라서 O층(organic horizon)이라 부른다. 유기물의 출처에 따라 Oi, Oe, Oa 등으로 더 자세히 구분하기도 한다. O층이 없는 토양도 있다.

A층(표층)

O층을 제외하면 맨 위에 위치하고 있다. 즉, 무기물을 포함하는 토양층 중에서 최상위층이라 할 수 있다. 부식물과 같은 유기물(humified organic matter)이 자리하고 있기 때문에 아래에 있는 다른 층에 비해 어두운 색깔을 띤다.

그림 2.5 낙엽 등 식물잔해가 쌓여서 형성된 O층 (2018년 7월 아미산에서 촬영)

E층(용탈층)

규산염점토, 철산화물과 알루미늄산화물 등이 가장 많이 씻겨 나가는 침출(leaching) 또는 용탈(eluviation)이 일어나는 층이다. E는 eluviation(라틴어에서 유래함; e는 'out'을, lavere는 'wash'를 뜻함)에서 유래했다. A층의 아래에 위치하며, A층에 비해 연한 색깔을 나타낸다.

B층(집적층)

위 혹은 아래에 있는 층으로부터 이동한 물질이 쌓이는(illuvial) 층이다. 습한 지역에서는 주로 규산염점토, 철산화물과 알루미늄산화물 등이 쌓이고, 건조한 지역에서는 탄산칼슘, 황산칼슘 등의 염이 쌓이기도 한다.

C층(무기층)

solum(A, E, B층)의 아래에 자리하고 있으며 완전히 굳지 않은 층을 일컫는다. solum의 모암과 같을 수도 있고 다를 수도 있다. 생물체의 활동이 거의 일어나지 않는 영역이라서 solum의 토양형성과정으로부터 별 영향을 받지 않는다.

R층(기반암)

풍화가 거의 일어나지 않은 부분이며, C층의 아래에 자리하고 있는 단단한 바위를 말한다(다른 층들을 horizon이라고 하는 것과 달리 layer라고 부른다).

2.5 토양의 분류

토양의 분류에 대해서 이야기하려면 그 전에 단위토양에 대한 정의를 내리는 일이 필요하다. 가장 작은 단위를 pedon(토양구조의 기본단위)이라고 하는데 이는 그리스말로 pedon이 '땅, 토양'을 뜻하는 데서 유래했다. 최소한 토양층의 특성에 따라서 구분할 수 있는 정도의 크기이면 pedon이라고 부르는데, 그 부피는 1 m^3가 될 수도 있고 10 m^3가 될 수도 있다. 일반적으로 두 개 이상의 pedon이 모여 있어야 비로소 이름을 붙일 수 있는 개체토양(soil individual)으로 간주하는데 이를 polypedon이라고 부른다(그림 2.6).

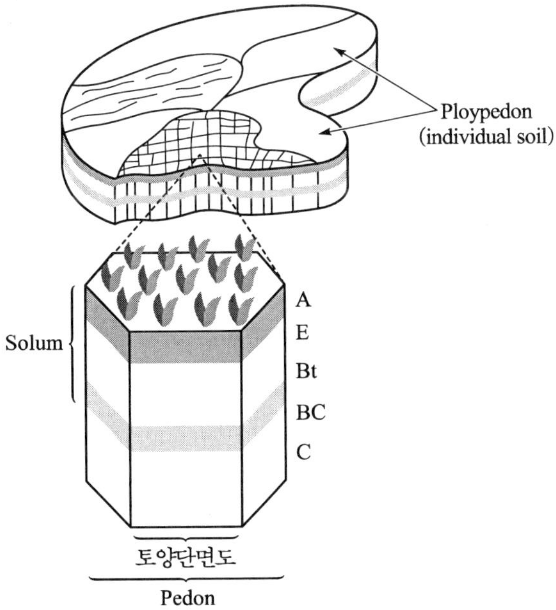

그림 2.6 pedon과 polypedon

미국의 토양분류법에 따르면 크게 여섯 가지의 범주가 있다(순서대로 가장 넓은 범주부터 가장 좁은 범주를 나타낸다.) : 1) 목(order; 가장 넓은 범주), 2) 아목(suborder), 3) 대군(great group), 4) 아군(subgroup), 5) 과(family), 6) 통(series; 가장 구체적인 범주).

1) 목(order) : 가장 특징적인 진단층(diagnostic horizon)의 존재여부에 따라 구분한다. 토양형성 과정에 따라 달라진다고 볼 수 있다.
2) 아목(suborder) : order의 바로 아래 범주를 말한다. 47개의 아목이 있다. 기후나 식생 등 각 토양이 있는 곳의 자연요인에 따라 구분한다.
3) 대군(great group) : 해당 아목 안에서 대군을 나누는 가장 핵심적인 요인은 진단층이다. 같은 대군에 속하는 토양에는 같은 종류의 진단층이 존재하며 그 배열순서 또한 같다.
4) 아군(subgroup) : 대군의 하위 범주다. 대군 안에서 구별되는 특징적인 요소에 따라 아군명을 부여하는데, 예를 들면, 각 대군 중에서 가장 전형적인 양상을 보이는 토양에 Typic이라는 아군명을 붙인다.
5) 과(family) : 같은 아군에 속하는 토양 중에서 비슷한 물리화학적 특징을 갖는 토양을 각각의 과로 분류한다. 즉, 같은 토성, 구성광물, 온도, 깊이를 갖는 토양이 같은 과에 속하게 된다.
6) 통(series) : 토양분류의 기본단위로서 토양을 분류하는 단위 중 가장 구체적인 범주임과 동시에 가장 하위에 속하는 것이다. 같은 과(family)에 속하는 토양 중에서 같은 배열순서로 같은 종류의 토양층을 포함하고 있는 토양에 한하여 통(series) 이름을 부여한다.

토양목(Soil order)에는 전부 12종류가 있다. 표 2.1에 각 토양목의 특징을 정리해 놓았다. 여섯 범주 중에서 가장 아래에 속하는 토양통은 개체토양과 같은 의미로 쓰이며, 고유한 이름을 갖는다. 이 장은 토양에 대한 개괄적인 이해를 돕기 위한 것이므로 토양의 분류에 대한 내용은 이 정도로 줄인다. 더 자세한 내용을 알고 싶으면 다른 토양학 책을 참고하기 바란다.

표 2.1 12가지의 토양목의 특징

order	어 원	주요 특징
Entisols 엔티졸		생긴지 얼마 안되는 토양. 층의 분화가 거의 없다.
Inceptisols 인셉티졸	라틴어 inceptum (시작)	습한 지역에서 주로 나타난다. 모암의 변화로 인해 생성된 층이 조금 있다.
Mollisols 몰리졸	라틴어 mollis (부드러운)	검은색을 띤다. 표층의 유기물 함량이 높다(그림 2.5).
Alfisols 알피졸		표토층은 회색 또는 갈색을 띤다. 점토가 쌓인 B층이 존재한다. 영양분, 알루미늄 및 철의 함량이 높다.
Ultisols 얼티졸	라틴어 ultimus (마지막)	영양분 함량이 낮다. 표토층 아래에 점토가 쌓인 토양층이 존재한다.
Oxisols 옥시졸	불어 oxide (산화물)	점토층이 없고 산화물이 많다. 풍화가 심하다. 열대지방에 주로 존재한다.
Vertisols 버티졸	라틴어 verto (뒤집다)	팽창성 점토의 함량이 높아서 건조한 시기에는 토양이 갈라져서 깊은 골이 생긴다.
Aridisols 아리디졸	라틴어 aridus (건조한)	건조한 지역에 존재한다. 유기물 함량이 낮다. Na 함량이 높은 경우가 많다.
Spodosols 스포도졸	그리스어 Spodos (나무의 재)	유기물, 철산화물, 알루미늄산화물이 쌓인 토양층이 존재한다.
Histosols 히스토졸	그리스어 Histos (조직)	유기물 함량이 30% 이상이다. 늪지 등에서 발달된 토양이다.
Andisols 안디졸		화산재로 형성된 토양으로 allophane과 ferrihydrite 함량이 높다.
Gelisols 젤리졸	독일어 Gel (반고체)	토양 내에 permafrost(영구적으로 얼어있는 층)를 포함한다.

그림 2.7 몰리졸 사진. 표층의 높은 유기물 함량으로 인해 검은색을 나타내는 것이 특징이다. 터키 Cesme Izmir 지역에서 2012년 촬영.

참고문헌

1. Brady, N. C. and R. R. Weil, *The Nature and Properties of Soils*, 14th ed., New York: Macmillan Publishing Company, 2008.
2. Basile, R. M., *A Geography of Soils, Dubuque*: WM. C. Brown Company Publishers, 1971.
3. Batten, J. W. and J. S. Gibson, *Soils: Their Nature, Classes, Distribution, Uses, and Care*, Alabama, Revised and Enlarged ed., The University of Alabama Press, 1977.
4. Cruickshank, J. G., *Soil Geography*, New York: Wiley, 1972.
5. Fanning, D. S. and M. C. B. Fanning, *Soil: Morphology, Genesis, and Classification, New York*: Wiley, 1989.
6. Hausenbuiller, R. L., *Soil Science: Principles and Practices*, Dubuque: WM. C. Brown Company Publishers, 1972.
7. Stevenson, F. J., *Humus Chemistry: Genesis, Composition, Reactions*, 2nd ed., New York: Wiley, 1994.

토양의 기능과 조성

토양의 조성은 토양의 물리화학적 성질을 결정하며 이러한 토양의 성질을 바탕으로 발휘되는 토양의 다양한 기능을 생물은 이용한다. 토양의 물리화학적 양상을 제4장에서 서술하기에 앞서 토양의 기능에 대해 간단히 기술하고 토양의 조성에 대해 논하였다.

3.1 토양의 기능

토양은 토양생물의 서식처이자 식물의 성장을 위한 매체이다. 식물의 뿌리를 지지하고 영양분을 공급한다(표 3.1). 또한 토양은 토양 공극을 통해 이산화탄소가 나가고 산소가 들어오도록 뿌리부근의 통기를 도우며, 토양공극의 함수능은 토양내의 수분변화가 심하지 않게 조절한다. 토양의 절연기능은 토양내의 온도의 급격한 변화를 덜하게 조절한다. 이러한 토양의 수분 및 온도 조절기능은 간접적으로 식물과 동물의 종류 및 수를 결정하는 역할을 한다.

물과 달리 토양에는 산성 또는 알칼리성 물질을 가해도 pH의 변화가 매우 적은 완충작용(buffer action)을 한다. 우리나라 내륙지방 토양은 대부분 산성을 나타내며, 해안지대와 신간척지는 염기성을 나타낸다. 석회암지대(단양, 문경, 영월, 삼척, 정선 등)의 토양은 중성을 나타낸다.

토양은 물의 공급원으로서의 기능을 가진다. 사람이 사용할 수 있는 수자원은 담수이다. 지구 담수의 약 2/3는 빙하와 만년설이고, 약 1/3은 지하수이며 하천과 호수는 1% 미만이다. 토양하부의 대수층 지하수는 수자원으로서 작용한다. 대수층은 지하수를 포함하는 지층으로서 이 층의 토양공극은 물로 포화되어있다.

표 3.1 식물성장에 필요한 원소와 공급원*. 식물이 가장 흔히 취하는 영양분의 형태는 괄호 안에 나타내었다.

Macronutrients : 비교적 다량 사용됨 (식물 건조무게의 0.1% 이상)		Micronutrients : 비교적 소량 사용됨 (식물 건조무게의 0.1% 이하)
대부분 공기와 물로부터	대부분 토양으로부터	토양으로부터
탄소(CO_2) 수소(H_2O) 산소(O_2, H_2O)	질소(NO_3^-, NH_4^+) 인($H_2PO_4^-$, HPO_4^{2-}) 칼륨(K^+) 칼슘(Ca^{2+}) 망그네슘(Mg^{2+}) 황(SO_4^{2-})	양이온 코발트(CO^{2+}) 철(Fe^{2+}) 구리(Cu^{2+}) 망간(Mn^{2+}) 아연(Zn^{2+}) 음이온 보론(H_3BO_3, $H_4BO_4^-$) 염소(Cl^-) 모리브덴(MoO_4^{2-}) 니켈(Ni^{2+})

* 식물성장에 필수적이지는 않으나 많은 다른 원소들도 식물이 토양으로부터 취한다. 위의 표에 제시된 18개의 원소와는 달리 Na, Si, I, F, Ba, St은 어떤 식물의 성장을 촉진하기도하지만 모든 식물이 이들을 성장에 필요로 하는 것은 아니다.

무기영양분과 유기 폐기물의 순환계로서의 토양의 역할도 한다. 폐기물과 동, 식물 및 미생물의 사체가 토양 내에서 생분해되어 유기물 및 무기물로 전환되면 이들은 차례로 토양 생물 및 식물의 영양분으로 작용하게 된다. 오염된 토양이 토양내의 물을 오염시키기도 하지만 토양의 여과기능과 토양내부의 토착미생물에 의해 오염된 물의 정화가 일어나기도 한다(그림 3.1).

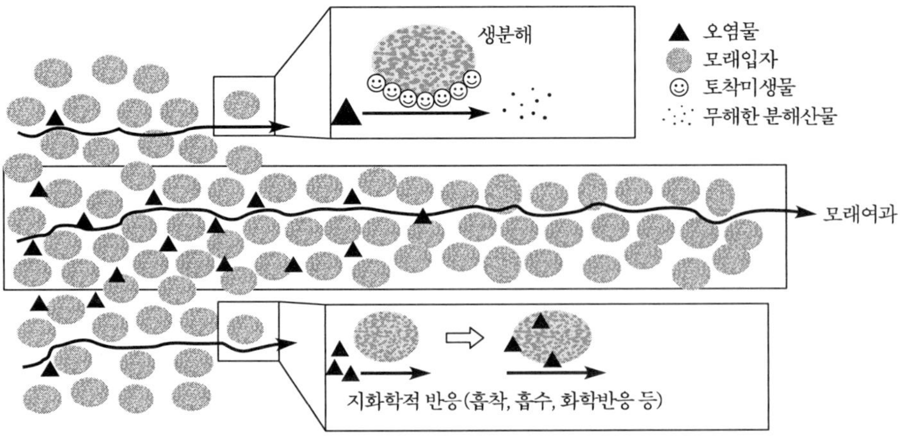

그림 3.1 토양의 오염물 정화기능.
자세한 내용은 '8장 토양에서의 오염물의 거동' 참고.

토양은 식물 성장의 매체로 작용할 뿐만 아니라 미생물, 동, 식물과 같은 토양생물의 서식처로도 작용한다. 이들 토양 생물들은 생산자, 먹이, 포식자, 소비자, 또는 기생자로서 상호 작용하며 토양생태계의 구성원을 이룬다. 또한 토양은 공학적 매체가 되기도 한다. 즉 벽돌과 같이 건물을 짓기 위한 원료가 되기도 하고, 각종 도로, 건축을 위한 기초가 되며 요업, 종이와 같은 각종산업의 원료가 되기도 한다.

3.2 토양의 조성

부피 면에서 토양은 크게 고형물질(50%)과 공극(50%)으로 구성되어 있다(그림 3.2). 토양의 고형물질은 토양 광물질과 유기물로 구성되어 있고 각각의 부피비는 45%와 5%이다. 토양 공극은 25%의 공기와 25%의 물로 구성되어있다. 공극을 차지하는 공기와 물의 비는 토양의 건조 상태에 따라 변동할 수 있으나 보통 비슷한 비를 유지한다.

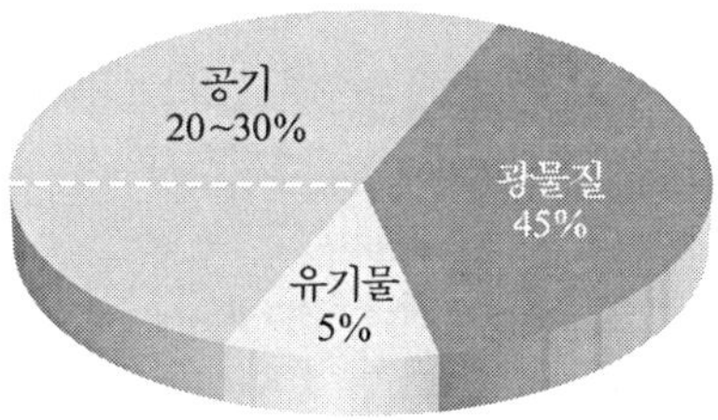

그림 3.2 식물 성장에 적합한 조건일 경우의 양토인 표토의 부피조성.

물과 공기사이의 점선은 이 두 성분의 조성이 토양의 건조 상태에 따라 변동함을 나타낸다. 그러나 공기와 물이 거의 동일 비율인 것이 식물성장에 이상적이다.

토양을 구성하는 4성분 즉, 광물질, 물, 공기, 그리고 유기물은 서로 긴밀하게 상호작용을 하고 있다. 토양의 공극(pore space)은 토양입자와 입자 사이의 공기나 물로 채워질 수 있는 틈새를 말하는데, 물로 채워져 있지 않은 토양공극은 공기로 채워져 있다. 그러므로 물은 토양생물에 공급할 영양분과 공기를 조절한다. 토양의 광물입자는 물과 영양분을 끌어당기는 역할을 하고, 토양유기물질은 광물질들이 물리적 결합을 할 수 있게 하여 토양공극이 더 많이 생기도록 함으로써 토양내 공기와 물의 함량이 증가하도록 한다.

토양의 공기는 장소에 따라 조성이 다양하고 높은 수분함량을 가진다는 점에서 대기의 공기와는 다르다. 토양공기내의 CO_2는 대기보다 높은 편(0.035% 이상)이며 산소의 농도는 낮은(20% 이하) 편이다. 상수에 비해 토양의 물은 토양공극 내에 있다는 점과 용해된 유기 및 무기물질들을 많은 포함하고 있다는 점에서 다르다. 이렇게 용해된 유기 및 무기물질들을 많은 포함하고 있는 토양내의 물을 토양용액(soil solution) 또는 토양수라고 한다. 토양수는 식물 뿌리가 이용할 수 있는 영양분을 공급하는 작용을 한다.

토양은 깊이에 따라 크게 표토(top soil, surface soil)와 심토(subsurface soil)로 나눈다. 표토는 상부의 토양으로 지표면에서 약 25 cm 깊이에 해당하는 토양으로 식물 성장에 필요한 물과 영양분을 함유하고 있다. 심토는 표토아래의 토양으로 표토에 비해 유기물함량과 생체량이 적으며 토양공극도 적다. 대신에 공기보다는 물로 채워진 미세공극(micropores)이 많이 존재한다.

암석에서 물리적으로 분리된 광물을 1차 광물이라고 한다. 1차광물의 화학적 조성은 모암과 거의 변화가 없고, 대부분 규소(Si), 알루미늄(Al), 철(Fe) 등을 함유하고 있으므로 규산염광물이라고도 한다. 일차 광물질의 예에는 석영, 운모, 장석 등이 있다. 이차 광물질은 일차광물질로부터 기원하였으며 1차 광물이 풍화되어 토양이 발달되는 과정에 재합성된 광물을 2차 광물이라고 한다. 이에는 규산염 점토와 철산화물(iron oxide)이 있다.

토양입자를 구성하는 광물질(무기물질)입자의 크기에 따라 4가지로 분류한다(표 3.2); 자갈 > 모래 > 실트(미사) > 점토. 이러한 토양 입자의 구분은 미국 농무성(USDA, US Department of Agriculture) 기준, 국제표준(International Standard) 기준 및 구소련(USSR) 기준에 따라 다소 차이가 있지만 주로 미국 농무성에서 분류한 방법이 많이 이용

표 3.2 토양입자의 크기에 따른 분류시 모래, 실트, 점토의 특징.

성 질	모 래	실 트	점 토
입자지름 크기*(mm)	2~0.05	0.05~0.002	<0.002
관찰방법	나안	현미경	전자현미경
주요광물	일차	일차와 이차	이차
입자간 인력	낮다	중간	높다
물에 대한 인력	낮다	중간	높다
식물이 이용 할 수 있는 형태의 영양분을 함유할 수 있는 능력	매우 낮다	낮다	높다
기타 성질	접착력이 거의 없다	건조시 분말 형태	습기가 있으면 끈적거리고 마르면 덩어리 짐

* USDA(United States Department of Agriculture)의 분류체계에 따른 크기

되고 있다. 즉, 각 압자의 입경(粒徑)에 따라 다음과 같이 분류한다 : 자갈, 2 mm 이상; 모래, 2~0.05 mm; 미사(실트), 0.05~0.002 mm; 점토, 0.002 mm 이하. 자갈과 모래는 주로 조암광물인 석영, 장석, 전기석 등의 비교적 풍화되기 어려운 일차광물로 되어 있다. 실트는 일차와 이차광물로 되어 있으며 점토는 이차광물로 되어 있다. 콜로이드성 입자인 점토는 무게 당 높은 표면적을 가지고 전자기적 전하를 표면에 띠고 있으므로 물분자나 이온들을 끌어당긴다. 점토 표면에 있는 이온들은 식물의 영양분으로 사용되어진다.

3.2.1 토양의 주요 점토광물

토양중의 점토를 구성하는 광물(점토광물)은 1차의 규산염 광물이 풍화되어 규소, 알루미늄 등이 토양용액 중에 녹아 있다가 1차 광물 조각 위에 침전된 후 이로부터 분리된 미세입자들로서 판상의 결정형을 이룬다. 즉 점토광물이란 일반적으로 입자가 미세하고 경도가 낮으며 층상구조를 갖는 광물들을 총칭한다.

점토광물(clay minerals)은 토양생성과정에서 재합성된 2차 광물로서 입경이 0.002 mm 이하인 작은 입자이므로 활성표면적이 매우 크다. 점토광물의 분포는 지역 또는 생성요인에 따라 다르다. 점토광물은 규산점토 광물과 산화점토 광물로 구분된다. 규산점토 광물에는 일라이트, 몬모리노나이트, 질석, 카오리나이트 등이 속하며 전세계적으로 널리 분포한다. 산화점토 광물은 철산화물, 알루미늄 산화물이 주종이며 습윤한 적도지역에 많다.

보통 점토광물은 판상격자를 가지고 있으며, 규산점토 광물은 주로 규산판(silica sheet)과 알루미나판(alumina sheet)이 결합되어 결정단위를 이루고 있다. 구성단위를 보면 실리카판은 규소-산소(Si-O) 4면체로 되어 있고, 알루미나판은 알루미늄(Al-OH) 또는 마그네슘 8면체이다(그림 3.3). 실리카판의 4면체는 산소이온 3개를 평면상에 놓고 그 중앙상부에 1개의 산소이온을 올려놓을 때 생기는 중앙내부의 공극(반지름 약 0.03 nm)에 규소이온(Si^{4+}, 반지름 0.039 nm) 1개가 들어 있는 모양으로 즉, 4개의 산소이온이 1개의 규소이온을 둘러싼 형태이다. 한편 알루미나판의 알루미늄 8면체는 6개의 하이드록실(hydroxyl) 이온 중 4개를 한 평면상에 놓고 그 중앙상부 및 하부에 각각 1개씩의 하이드록실이온을 붙여 놓은 것과 같은 모양이다. 중앙 중심부에 생긴 공극(반지름 약 0.07 nm)에 Mg^{2+}(반지름 0.078 nm), Al^{3+}, Fe^{2+} 또는 Fe^{3+}이 광물의 종류에 따라 들어있다. 이렇게 구성된 4면체 및 8면체가 결정격자 안에서 층을 형성하여 배치되어 있다.

점토광물은 실리카판과 알루미나판이 1 : 1로 구성된 것(kaolinite, pyrophyllite)과 2 : 1로 구성된 것으로 분류한다. 그리고 그 특성에 따라 이를 세분하여 1 : 1격자형 광물(2층형), 2 : 1격자형 광물(3층형), 2 : 1격자형-팽창격자형(2 : 2형 혼합격자형이라고도 함) 및 비팽창격자형으로 구분하기도 한다(표 3.3). 그림 3.4는 kaolinite와 montmorillonite의 이온배치를 보여준다.

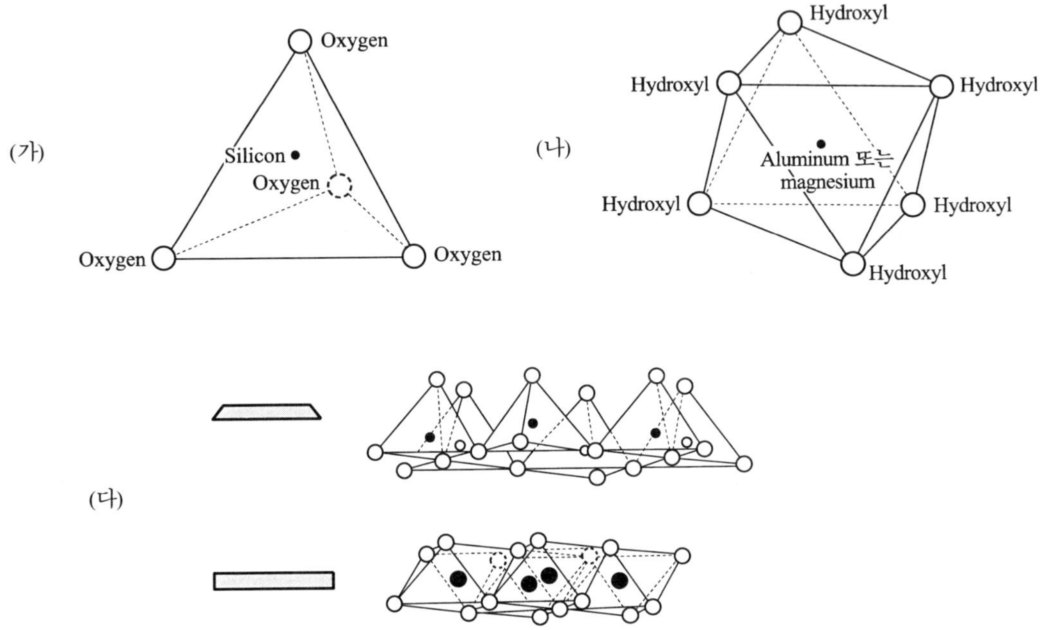

그림 3.3 실리카판과 알루미나판의 구성 단위가 되는 규소-산소 4면체(가)와 알루미늄 또는 마그네슘 8면체(나). 실리카판과 알루미나판을 각각 나타내는 (다)의 사면체(a)와 8면체(b)의 표시.

표 3.3 주요 점토광물의 특성

특성	montmorillonite	illite	kaolinite
격자	2 : 1	2 : 1	1 : 1
입자형성을 위한 기본단위(단위층; 결정단위) 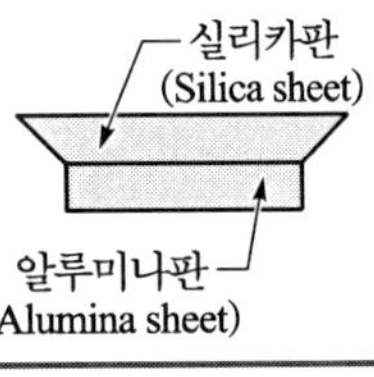 실리카판 (Silica sheet) 알루미나판 (Alumina sheet)		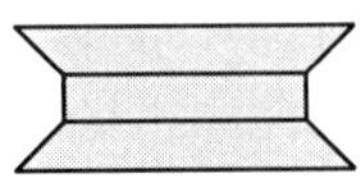	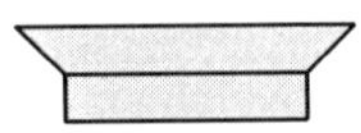

토양에서 주로 발견되는 점토광물은 kaolinite, pyrophyllite, montmorillonite, vermiculite, chlorite, illite, muscovite 등이 있다. kaolinite는 SiO_2와 Al_2O_3가 주성분을 이루며, montmorillonite도 SiO_2가 주성분이며, Fe_2O_3의 함량이 비교적 높다(표 3.4). Illite는 SiO_2와 Al_2O_3이 주성분이며, K_2O의 상대적 함량이 높다. vermiculite와 chlorite는 MgO의 함량이 비교적 높은 편이다. 이들 점토광물의 CaO의 함량은 대부분 0~3% 정도이다. 양이온교환능력은 vermiculite > montmorillonite > chlorite ≈ illite > kaolinite 등의 순서를 보이며, 비표면적도 이와 유사한 순서이다.

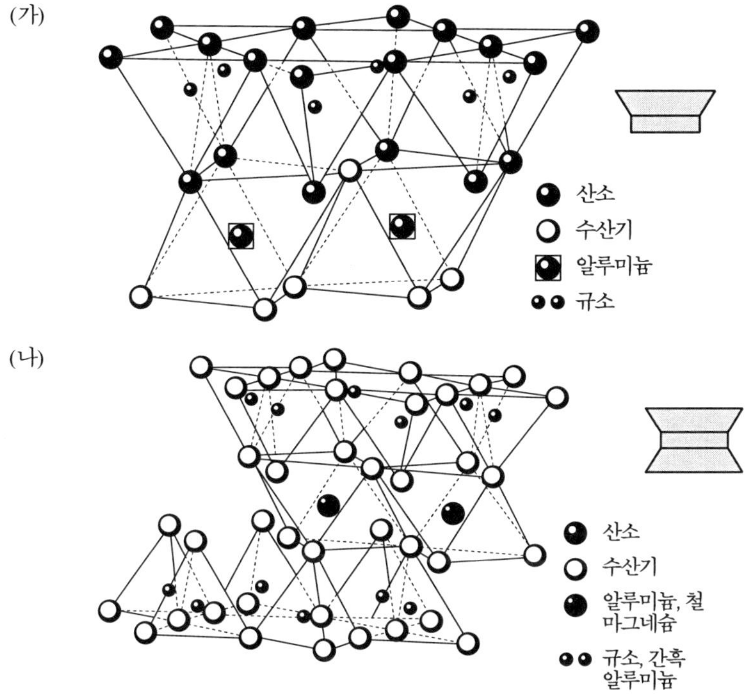

그림 3.4 kaolinite(가)와 montmorillonite(나)를 구성하는 단위층의 이온배치.

표 3.4 주요 점토광물의 화학조성(%), 양이온교환능력(CEC) 및 비표면적

점토광물	화학조성 (%)						CEC	비표면적
	SiO_2	Al_2O_3	Fe_2O_3	MgO	K2O	CaO	(meq/100 g)	(m^2/g)
Kaolinite	45–48	38–40	–	–	–	–	3–15	5–20
Montmorillonite	42–55	0–28	0–30	0–2.5	0–0.5	0–3	80–100	700–800
Illite	50–56	18–31	2–5	1–4	4–7	0–2	15–40	100–200
Vermiculite	33–37	7–18	3–12	20–28	0–2	0–2	100–200	700
Chlorite	22–35	12–24	0–15	12–34	0–1	0–2	20–40	80

(1) 1 : 1형 점토 광물

1 : 1격자형(1 : 1 lattice type)광물은 실리카판 1개와 알루미나판 1개가 결합된 결정단위이고 2 : 1격자형(2 : 1 lattice type, 3층형)광물은 2개의 규산판 사이에 알루미나판 1개가 삽입된 모양으로 결합하여 한 결정단위를 이루고 있는 점토광물이다. 1 : 1형 광물의 예를 들면 kaolinite, halloysite, dickite, nicrite, anauxite 등이 있는데 가장 널리 분포된 것은 kaolinite와 halloysite이다.

카올리나이트(kaolinite)는 실리카판과 알루미나판이 산소원자를 공유하는 1 : 1의 점토광물로서 단위층 사이의 실리카층의 산소원자와 알루미나층의 수산기가 수소결합으로 이루어져 있으므로 비팽창형이다(그림 3.4, 3.5; 표 3.3). 즉 kaolinite에서 Al 8면체층의 -OH기들은 그 위층의 Si-O 4면체층의 밑면의 산소들과 인접하고 있어서, 두 층간에는 수소결합이 형성된다. 이 수소결합으로 인하여 kaolinite는 여러 층이 견고하게 결합하게 되므로 그 입자 직경이 보통 2 μm 정도로서 다른 점토 광물에 비하여 굵고 잘 부서지지 않는다. 그래서 kaolinite 함량이 높은 토양은 통수 및 통기성이 좋다. 두층 간에 생긴 수소결합으로 인해 물분자가 kaolinite의 격자 층들 사이로 쉽게 스며들지 못하므로 다른 규산염광물에 비하여 건조와 수화(hydration)에 의한 응축성과 습윤성이 약하다. 전형적인 카올리나이트 결정은 70~100개 정도의 단위층이 반복된 층으로 구성되어 있으며 온난다습한 기후에서 풍화를 강하게 받은 토양에서 발견된다. 순수한 kaolinite의 색깔은 흰색이지만 다른 광물이나 금속이 섞이게 되면 황색, 분홍색, 회색등과 같은 색깔을 띄게 된다. Kaolinite는 kaolin광물의 가장 중요한 성분이다. Halloysite는 실리카판과 알루미나판 사이에 H_2O분자층 하나가 끼어져 있어서 기저면 간격이 넓어져 있으며, 가열될 경우 물이 비가역적으로 빠져나가 metahalloysite가 된다(그림 3.5).

(2) 2 : 1형(3층형) 광물

2 : 1형 광물의 기본구조는 한층의 알루미나판을 실리카판이 양쪽에서 샌드위치처럼 싸서 3층구조를 하고 있다. 3층형 광물에 속하는 것에는 비팽창성인 illite, 팽창성인 smectite와 vermiculite가 있다. Smectite에는 화학조성과 전하의 비율이 다른 몇 가지가 포함되는데 가장 대표적인 것이 montmorillonite이다.

2 : 1격자형 팽창격자형(expanding lattice type)광물은 수분이 결정단위와 단위 사이를 자유롭게 통과해서 이동할 수 있으므로 습할 때에는 결정단위 사이의 간격이 늘어난다. 반면에 건조할 때에는 결정단위 사이의 수분이 빠져나와 결정단위 사이가 좁혀진다. Montmorillonite, smectite, vermiculite 등이 이에 해당하는 예이다. 스멕타이트는 단위층간에 최대의 팽창을 한다(그림 3.5). 비팽창격자형 광물(nonexpanding lattice type)은 1 : 1격자형 광물의 대부분과 2 : 1격자형 점토광물사이에 다량의 K^+이온이 존재하여 물이 자유롭게 통과해서 이동하지 못하기 때문에 수분의 양에 관계없이 결정단위 사이의 간격이 변하지 않는다. 이러한 예의 점토광물로서 illite와 kaolinite가 있다. 그림 3.5는 대표적인 점토광물인 카올리나이트(kaolinite), 일라이트(illite), 몬모릴로나이트(montmorillonite) 등의 구조를 보여준다.

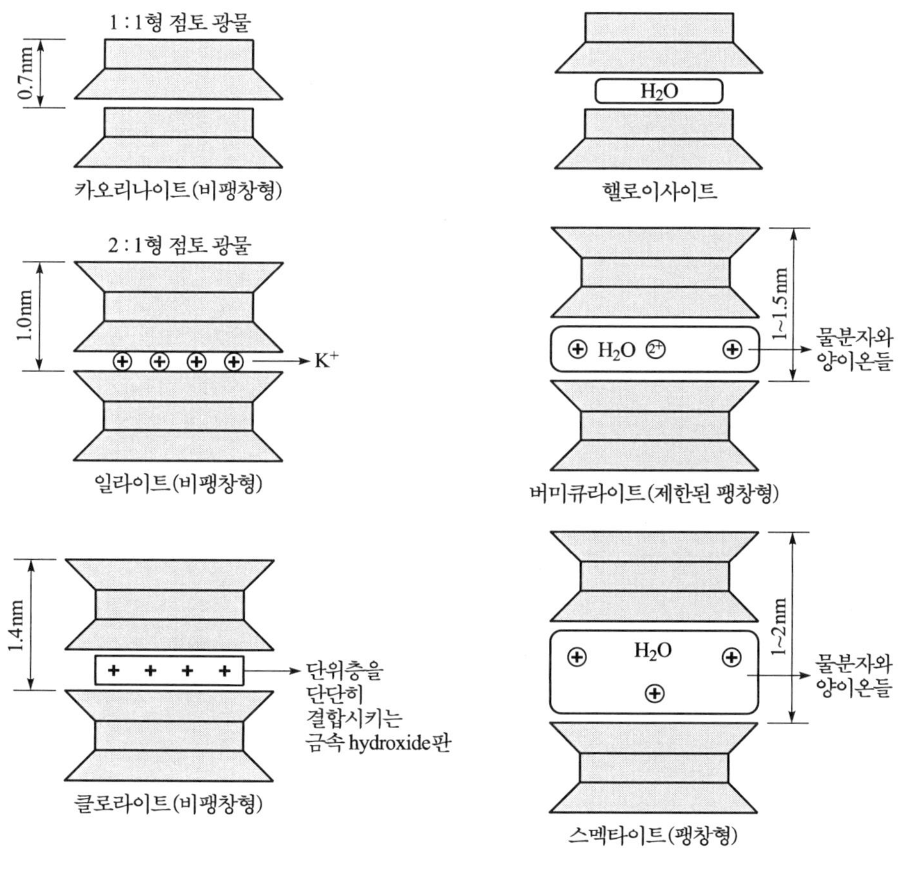

그림 3.5 대표적인 점토광물의 구조

대표적인 3층형 점토광물인 montmorillonite는 세 개의 층이 겹치는 면에서 실리카판의 산소들이 서로 이웃하게 되어 인접 단위층들간의 수소 결합은 형성되지 않고 서로 반발력이 작용하게 된다. 그래서 인접 단위층 사이에 물분자가 쉽게 스며들게 되어 montmorillonite 입자는 쉽게 팽창되고 물이 건조하면 응축하므로 소위 "아코디언" 효과를 나타낸다. 이러한 특징으로 인해 montmorillonite입자에 물 또는 식물에 필요한 영양염 분자가 흡착이 잘된다. Montmorillonite를 다량 함유하는 토양은 탄성이 크고, 건조했을 때는 쉽게 부스러지고 젖었을 때는 투수성이 좋지 않다.

2 : 1형 광물의 경우 실리카층의 Si^{4+} 또는 알루미나층의 Al^{3+}이 다른 양이온과 치환되어 있는 경우가 흔히 있다. 치환될 수 있는 양이온은 격자내 공극 크기에 의해 제한을 받으므로 실리카층의 Si^{4+}는 Al^{3+}과는 치환되나 그 보다 큰 양이온과는 치환될 수 없다. 알루미나층의 Al^{3+}은 Mg^{2+}, Fe^{2+}, Mn^{2+} 등과 치환된다. 이와같이 점토 광물의 결정 구조에서 4면체 또는 8면체의 결정의 모양은 크게 변하지 않고, 그 중심 이온이 크기가 비슷한 다른 양이온과 치환된다(동형치환).

3층형 구조를 가진 몬모릴로나이트(montmorillonite)은 Mg가 풍부한 환경에서 형성되므로 8면체에 있는 Al의 1/6정도가 Mg와 치환되어 있다. 그러나 치환된 이온간의 전하가 다르므로 음전하가 형성되는데 이 음전하는 단위층간의 교환성 양이온에 의해 중화된다. 이 음전하로 인하여 점토 광물은 그 표면에 여러 가지 양이온, 즉 식물에 필요한 필수적 영양분들을 흡착하여 보유할 수 있다.

Illite는 4면체의 Si^{4+}들 중 일부가 Al^{3+}로 치환된 것이다. 이 경우도 montmorillonite의 경우와 마찬가지 이유로 인해 Illite격자는 음전하가 형성된다. 그러나 Illite의 경우는 Al^{3+} 치환으로 인한 격자의 음전하는 실리카판간에 형성되는 6판체의 빈 공간에 K^{+}가 삽입되므로 대부분 중화된다(그림 3.4, 3.5). 이 칼륨은 인접판의 산소들을 연결하는 소위 칼륨가교(O-K-O)를 형성하여 인접 판간의 결합력을 강화하고 또한 수화에 의한 팽창을 막는다. Al^{3+}로 치환된 4면체들 중에서 Illite입자의 표면에 드러나 있는 것들은 칼륨가교를 형성하지 못하므로 양이온 교환 부위로 작용한다. Illite의 경우 양이온 교환에 기여할 수 있는 격자 전하는 montmorillonite에 비하여 약 1/3이다(표 3.4).

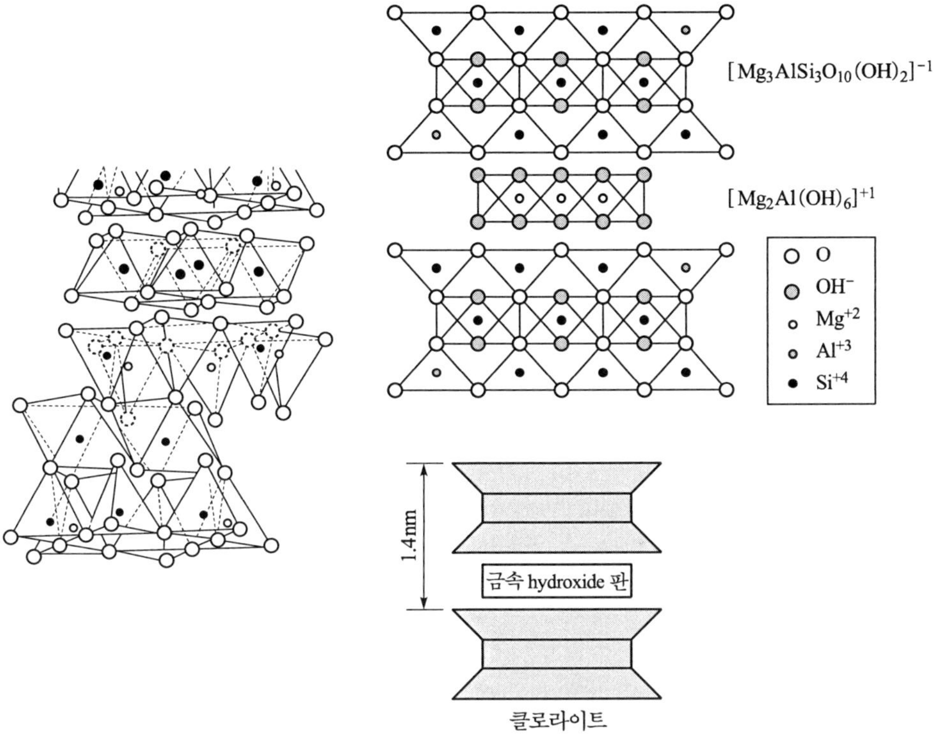

그림 3.6 클로라이트의 이온배치(왼쪽)와 개략도(오른쪽)

버미큘라이트(vermiculite)는 기본단위층은 일라이트와 유사하지만 일라이트의 층간을 결합하고 있는 K^+이온의 전부 또는 대부분이 빠져나가고 결합된 Mg^{2+}이온으로 채워진 것이 다른 점이다. 그래서 단위층간의 결합력은 일라이트에 비해 약하며 단위층간에 물이 유입되면 제한된 팽창을 하게 된다. 버미큘라이트의 충전하는 주로 실리카판의 성질에 달려있지만 보통 높은 양이온교환능력을 가지며 염기성 화강암의 풍화지역에서 발달되었다.

클로라이트는 2 : 1형의 단위층 사이에 금속(Al, Mg 등) hydroxides로 된 8면체와 유사한 판이 있다. 이 판이 단위층들을 단단히 결합시키고 있으므로 비팽창형 점토이다(그림 3.5, 3.6).

3.2.2 토양유기물

토양유기물은 살아있는 생물로 구성된 생체량(biomass), 생물체(동, 식물 및 미생물)의 사체(detritus), 토양생물이 생산한 유기물이나 부식된 유기물인 부식토(humus)로 구성되어 있다(그림 3.7). 부식토는 오랜 시간에 걸쳐 안정화되어 토양에 강하게 흡착되어 있다. 부식토는 분해가 용이한 탄수화물, 지방, 단백질 등으로 구성된 비부식물질(nonhumic substances)과, 리그닌과 같이 분해가 용이하지 않은 물질을 부식물질(humic substances)로 나눌 수 있다. 부식토의 성분인 부식물질은 산과 알칼리에서의 용해도에 따라 다른 분획으로 나눌 수 있다. NaOH에서의 용해도에 따라 토양의 부식물질을 휴민(humin), 부식산(humic acid), 그리고 풀빅산(fulvic acid)으로 나누는데, 휴민은 알칼리에 용해하지 않는 유기물질이다. 알칼리에서 용해된 형태의 부식물질은 산성용액에서 다시 부식산과 fulvic acid로 나누어진다. 산처리로 인해 침전하는 유기물 분획이 부식산이고 fulvic acid는 용해된 부분이다. 부식산은 화학적으로 정의가 안된 복잡한 구조를 가진다(그림 3.8). 분자량과 미생물에 의한 분해에 저항성 정도를 비교하면 휴민이 가장 크고 부식산이 중간이고 풀빅산이 가장 적다.

토양유기물질의 함량이 높으면 토양의 함수량이 높아 식물이 이용할 수 있는 물이 많아진다. 부식토는 생물체의 분해로 생겨난 복잡한 구조의 토양유기물이며 검은색을 띈다. 부식토는 분해가 잘 안되며 콜로이드성을 나타내므로 전하를 띈 표면에 물, 이온, 점토 등을 끌어당기는데 점토보다 물과 영양분을 함유할 수 있는 능력이 더 우수하다. 한편 토양유기물질은 오염물질의 흡착에도 작용한다.

토양유기물질의 함량이 높으면 토양의 함수량이 높아 식물이 이용할 수 있는 물이 많아진다. 부식토는 생물체의 분해로 생겨난 복잡한 구조의 토양유기물이며 검은색을 띈다. 부식토는 분해가 잘 안되며 콜로이드성을 나타내므로 전하를 띈 표면에 물, 이온, 점토 등을 끌어당기는데 점토보다 물과 영양분을 함유할 수 있는 능력이 더 우수하다. 한편 토양유기물질은 오염물질의 흡착에도 작용한다.

부식물질은 다양한 분자량을 가진 성분들의 집합으로서 동적인 회합(associations)을 한다. 이 회합은 소수성 상호작용(hydrophobic interaction)과 수소결합에 의해 안정화된다. 부식물질은 이 회합으로 인해 적당한 물 환경에서 미셀(micelle) 구조(그림 9.2 참조)를 형성하는 것으로 최근 밝혀졌다. 즉 물속에서 양친매성(amphiphilic) 계면활성제가 미셀을 형성하듯 부식물질의 회합구조에서 친수성층이 외부에 위치하여 내부의 소수성 분분이 물로부터 분리되게 한다.

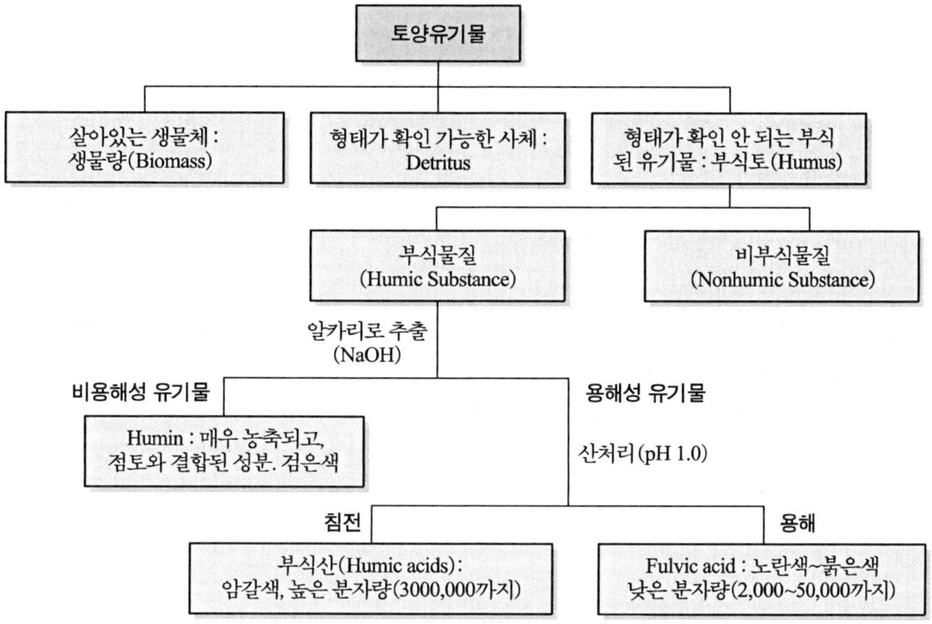

그림 3.7 화학, 물리적 방법에 의해 분리할 수 있는 토양유기물 성분들

산과 알칼리에서의 용해도에 따라 부식토를 다른 분획으로 나눌 수 있다. NaOH에서의 용해도에 따라 토양의 부식물질을 휴민, 부식산, fulvic acid로 나누는데, 알칼리에서 용해된 형태의 부식물질은 산성용액에서 다시 부식산과 fulvic acid로 나누어진다.

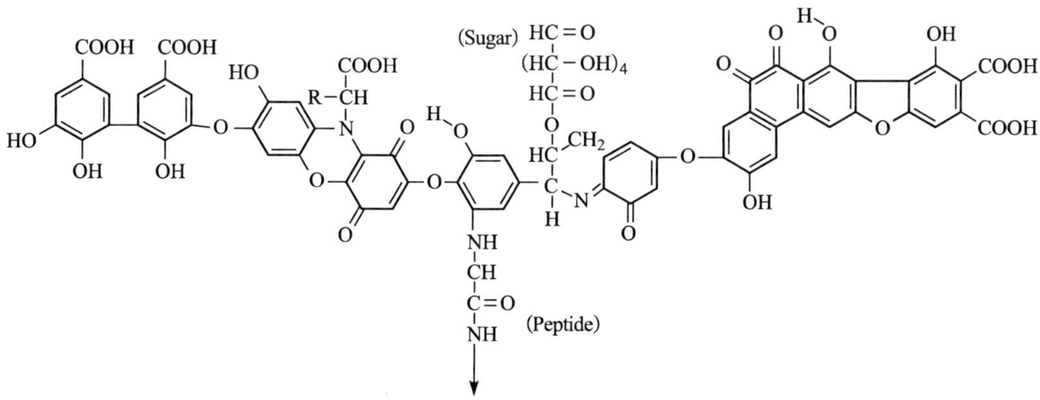

그림 3.8 전형적인 부식산의 제안된 구조

참고문헌

1. Brady, N.C. and R.R. Weil (2008). The nature and properties of soils (14th ed.). Prentice Hall, New Jersey.
2. Evangelou, V.P. (1998). Environmental soil and water chemistry: principles and applications. John Wiley & Sons, Inc. New York.
3. Sutton, R., G. Sposito (2005). Molecular Structure in Soil Humic Substances: The New View. Environ. Sci. Technol. 39(23), 9009-9015.
4. Sparks, D.L. (1995). Environmental soil chemistry. Academic Press, San Diego.
5. Kleber, M., P. Sollins, R. Sutton (2007). A conceptual model of organo-mineral interactions in soils: self-assembly of organic molecular fragments into zonal structures on mineral surfaces. Biogeochem. 85(1), 9-24.
6. Yaron, B., R. Calvet, R. Prost (1996). Soil pollution: processes and dynamics. Springer, Berlin.

CHAPTER 04

토양의 물리화학적 양상

4.1 토양의 물리적 양상

4.1.1 토성(soil texture)

토양 내에 함유된 다른 크기의 광물질입자들이 존재하는 비율에 의해 토성이 결정되고 토성을 근거로 토양이 분류된다. 일반적으로 사질 토양(sandy soil), 양질토양(loamy soil), 식질 토양(clayey soil) 등으로 총칭하여 불리는 토양도함유된 모래, 실트, 그리고 점토의 비율에 따라 그림 4.1의 토성 삼각도를 이용하여 다양한 분류명으로 나눌 수 있다. 토성은 토양의 다양한 성질에 영향을 미친다. 함수율, 배수율, 통기(aeration), 침식성(erosion), 유기물함량, 양이온치화능, pH 완충능, 경작적성 등(표 4.1).

점토성분이 많은 토양은 보수력 및 보비력(영양분을 함유할 수 있는 능력)이 크지만 통기성 및 투수성은 불량하다. 그러나 점토질 토양은 함수능력이 높고, 유기물의 함량이 높으며, 비바람에 의해 유실되는 양은 적지만 배수가 용이하지 않다. 반면에 모래 성분이 많은 사토는 보수력 및 영양분을 함유하는 능력인 보비력은 작지만 통기성은 양호하다. 즉 사질토양은 유기물의 함량이 적고, 배수가 잘되나 비와 바람에 의해 유실되기 쉽다. 그리고 미사질은 이들 둘의 중간적인 특성을 갖는다. 표 4.1에 사질, 미사질 및 점토질 토양의 특징을 요약하였다.

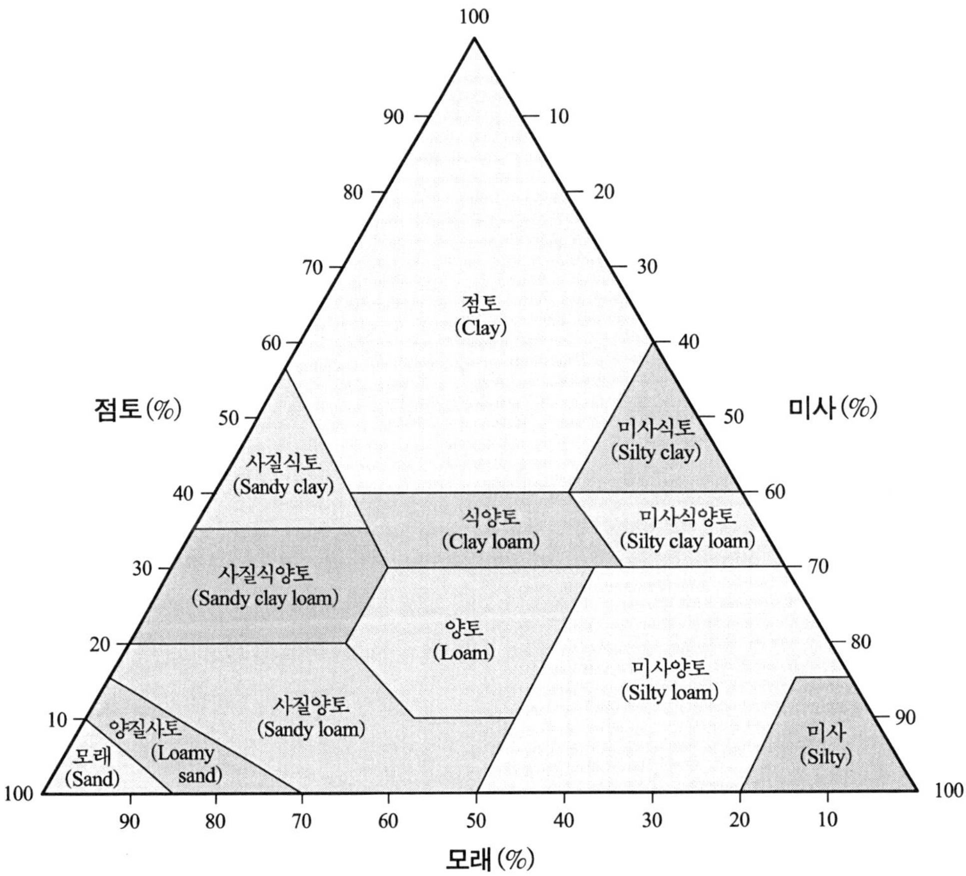

그림 4.1 토성 삼각도

토양의 함유된 모래, 미사, 그리고 점토의 비율에 따라 분류명을 결정하기 위해 해당하는 미사의 %에서 점토(%)면에 평행되게 선을 긋고, 점토의 %에서 모래(%)면에 평행이 되게 또 다른 선을 긋는다. 토양의 분류명은 두 선의 교차점에 있는 구간에 해당한다. 만약 모래의 %가 알려졌다면, 모래의 해당하는 %에서 미사(%)면에 평행이 되게 선을 긋는다. 예로서 모래, 미사, 그리고 점토의 비율이 각각 45, 40, 그리고 15%인 토양은 양토에 해당한다. 이론적으로 모래, 미사, 그리고 점토의 비율의 합은 100%이므로 이 중 둘의 %만 안다면 나머지의 %도 알 수 있고 토성도 구할 수 있다.

표 4.1 사질, 미사질 및 점토질 토양의 특징

성질 \ 토양	사질 토양	미사질 토양	점토질 토양
함수율	낮음	중간	높음
배수율	빠름	중간	느림
유기물 함량	낮음	중간-높음	높음-중간
유기물 분해력	빠름	중간	느림
응집력	낮음	쉽게 응집됨	쉽게 응집됨
바람의 저항도	쉽게 날아감	매우 쉽게 날아감	거의 날아가지 않음
식물을 지탱력	거의 지탱하지 못함	중간정도	잘 지탱해줌
식물에 영양 공급 정도	별로 도움이 안됨	좋은 영양 공급원	뛰어난 영양 공급원
pH변화에 대한 저항성	낮음	중간	높음
오염물질의 침출정도	대부분 침출됨	중간	거의 안됨
수축/팽창력	거의 일어나지 않음	잘 일어나지 않음	잘 일어남

4.1.2 포장용수량

토양의 수분은 토양의 조직, 토양생물의 성장 및 식물뿌리의 호흡에 중요하다. 일반적으로 토양의 수분함량은 공극과 토성 및 유기물의 함량 등에 따라 달라진다. 예를 들면 점토질 토양은 수분저장능력이 높으므로 그 함량이 증가하므로 수분저장능력도 증가한다. 포장용수량(field capacity)은 토양의 수분함량을 나타내는 용어로서 토양이 비나 관개에 의해 포화된 후 물이 중력에 의해 자연적으로 하강하고 1~3일 후에는 더 이상 거의 하강하지 않고 토양 내에 남게 되는데 이때의 남아있는 물의 퍼센트를 말한다.

토양이 포장용수량에 있을 때 식물에 유용한 최대량의 물을 함유할 뿐만 아니라 호기성 미생물의 활성과 식물성장에 적합한 통기를 부여할 공기가 토양의 공극에 충분히 채워져 있다. 보통 논토양의 포장용수량(field capacity)은 34.2%(표토)와 29.2%(심토) 정도이며, 위조점(wilting point, 식물이 이용할 수 있는 수분량이 감소되어 식물의 생기가 유지될 수 없는 정도의 임계수분수준)은 14.3%(표토)와 12.0%(심토) 정도이다. 이는 산림토양과 밭토양에 비해 상대적으로 높다.

4.1.3 토양의 공극률 및 투수성

토양에서의 공극은 토양 부피 중에 고형물과 무기, 유기물질이 차지하고 있지 않는 부분으로서 토양입자 및 토양입자의 집합체가 불규칙한 형태를 하고 있으므로 토양 공극이 생긴다. 토양을 파고 들어가는 뿌리, 벌레 및 곤충들에 의해서도 생긴다. 대부분 지표 아래에서 공극은 공기와 물에 의해 채워져 있다. 모래의 경우 매우 크고 연속적인 공극을 남기고 반면에 점토의 경우에는 비표면적이 커서 총 공극의 면적은 더 크지만, 아주 작고 물의 이동이 느린 공극을 가지고 있다. 모래의 경우가 투수성이 가장 크고, 입자의 크기가 작은 점토로 갈수록 투수성이 작다.

토양의 공극률 및 투수성은 지하층으로 유체와 오염물질의 이동에 영향을 미치는 물리적 특성이다. 공극률은 토양의 총 부피 중에 빈공간(공극)의 비율을 말하고, 투수성은 토양의 유체이동 능력을 말한다. 토양의 %공극률은 용적비중과 입자비중을 이용하여 다음의 계산식을 이용하여 측정한다.

$$공극률(\%) = 100 - [(Db/Dp) \times 100]$$

Db = 용적 밀도(bulk density), mg/m^3

Dp = 입자밀도(particle density), mg/m^3

Ws = 토양무게(soil solid weight), mg

Vs = 토양부피(soilsolid vol.), m^3

Vp = 공극 부피(pore vol.), m^3

Vt = 총토양부피(total soil vol.), m^3

$Dp = Ws/Vs$

$Ws = Dp \times Vs$

$Dp \times Vs = Db(Vs + Vp)$

$Vs/(Vs + Vp) = Db/Dp$

$(Vs \times 100)/(Vs + Vp)$ = 토양부피율(%)이므로

토양부피율(%) = $(Db \times 100)/Dp$

공극률(%) + 토양부피율(%) = 100,

공극률(%) = 100 − 토양부피(%)

그러므로 공극률(%) = $100 - [(Db/Dp) \times 100]$

$Vt = Vs + Vp$

$Db = Ws/(Vs + Vp)$

$Ws = Db(Vs + Vp)$

예를 들면 용적밀도가 1.28 mg/cm^3이고 입자밀도가 2.65 mg/cm^3인 토양의 공극률은 51.7%이다.

4.2 토양의 화학적 양상

4.2.1 양이온치환용량

토양을 구성하는 기본 입자인 광물질표면은 음전하를 띠고 있어 양이온의 교환이 일어나게 되는데 이의 척도로서 양이온 치환용량(CEC : cation exchange capacity)을 사용한다. 즉 CEC는 일정한 양의 토양이 가지는 치환성 양이온의 총량을 당량으로 표시한 것으로 보통 토양 1 kg이 보유하는 치환성 양이온의 총량을 Cmol로 (Cmol/kg soil) 표시하거나 또는 mEq/100 g soil을 사용한다. 토양의 CEC가 클수록 양전하를 띠는 오염물질의 흡착이 증가한다. 이 값은 특히 중금속 처리에 있어 중요한 역할을 하게 된다. 한편 CEC의 측정은 NH_4^+와 같은 양이온을 토양에 첨가하여 치환된 양을 측정함으로써 구할 수 있다.

토양에서의 동적평형에 의해 양이온교환이 일어난다. 토양의 양이온은 열운동에 의해 음전하의 영향으로 일정한 가까운 범위에 머무르고 있으면서 흡착과 확산을 한다. 흡착(Stern 층)과 확산(Gouy 층)이 일어나는 이 범위를 확산이중층(diffuse double layer)이라고 한다. 이 층에 있던 양이온들은 열운동에 의해 외부로 분산되거나 외부의 양이온이 이 층의 내부로 유입되면서 교환반응이 일어나면서 동적평형상태를 유지한다. 토양에서 발생되는 양이온들의 흡착력은 원소에 따라, 음전하의 발생 위치에 따라 차이가 있다. 일반적으로 원자가가 크고 원자량이 큰 양이온의 교환 침투력이 크다. 양이온에 대한 상대적인 교환 침투력은 다음과 같다. $Na^+ < K^+ \approx NH_4^+ < Rb^+ < Cs^+ \approx Mg^{2+} < Ca^{2+} < Sr^{2+} \approx Ba^{2+} < La^{3+} \approx H^+$, $(Al^{3+}) < Th^{4+}$. 이 교환능력의 순서가 항상 성립되는 것은 아니나 대부분의 토양에서 양이온의 흡착에 적용되는데, 이를 'Lyotropic series' 또는 'Hofmeister's cation sequence'라고 한다.

토양에서의 양이온교환능력은 금속의 흡착에 영향을 주는 요소로서 점토의 함량, 유기물의 함량, pH값, 산화물(Fe, Mn, Al 등)의 함량에 의해 변화한다. 즉, 다량의 점토질과 유기물을 함유한 토양은 높은 양이온교환능력을 가지고 CEC값이 높으면 함수농도도 크다. 점토의 종류에 따라 양이온교환능력이 다르며, 이는 결정격자의 형태에 따른 비표면적의 크기, 음전하의 양과 밀도의 영향 때문이다. 특히 몬모릴로나이트와 버미큘라이트와 같은 팽창형 격자를 갖는 점토광물의 CEC는 100 meq/100 g 또는 그 이상이 되지만, 1 : 1형의 카올리나이트는 10 mEq/ 100 g 정도의 CEC값을 갖는다. 그러므로 다량의 카올리나이트와 깁사이트를 함유하는 열대지방의 토양은 비교적 낮은 CEC값을 갖는다.

낮은 CEC를 나타내는 토양은 K^+, Mg^{2+} 등과 같은 양이온을 침출에 의해 쉽게 소실하는 경향을 나타내므로 이들 양이온이 결핍되기 쉽다. 반면에 높은 CEC를 가진 토양은 이들 양이온이 침출로 덜 소실되는 특징을 나타낸다. 그래서 사질토양은 과량의 K를 포함하는 비료를 한번에 주는 것보다 소량으로 여러 번 나누어 주는 것이 낫다. 왜냐면 비교적 CEC가 낮은 사질 토양은 과량의 K를 유지할 수 없어 침출에 의한 소실이 발생하기 때문이다.

CEC는 토양의 완충력과 관련이 있다. CEC가 낮은 토양일수록 토양의 pH완충력이 낮아 pH가 빨리 감소한다. 그래서 사질 토양에는 식질 토양보다 더 빈번하게 석회를 뿌려 중화를 해야 한다. 한편 CEC가 높은 토양의 pH를 증가시키기 위해서는 비교적 많은 양의 석회를 뿌려주어야 한다. 예를 들면 식질 토양을 원하는 pH로 증가시키기 위해서는 사질 토양보다 석회가 더 필요하다.

4.2.2 pH

보통 토양의 pH는 3～9 정도이며 일부 토양은 극산성 또는 극염기성을 나타내기도 한다. 산성토양은 주로 황철석 또는 황을 포함하는 소택지나 습지에서 관찰되며, 염기성 토양은 주로 탄산염(sodium carbonate)이 존재하는 토양에서 관찰된다. 산성광산배수에 영향을 받은 토양은 매우 낮은 pH를 갖는다. 토양의 pH는 주로 유기물과 양이온의 형태 및 그 양에 의해 조절된다. 다량의 유기물은 유기산을 형성하여 토양의 산도를 높인다. 물론 다량의 염기를 함유한 물질이 토양으로 유입되는 경우는 유기산에 의해 산성이 된 토양을 중성으로 중화하기도 한다. 예를 들면 이탄(peat)질 토양의 pH는 3～4 정도의 산성을 띠지만 이들의 형성당시에 탄산칼슘과 같은 다량의 염기들이 용해된 물에 의해 중성의 pH를 갖기도 한다. 또한 수소와 알루미늄이온도 토양의 산도에 영향을 준다. 1차 광물에서 수화되어 빠져 나온 알루미늄이온(Al^{3+})은 토양수에 존재하는 수산화이온(OH^-) 3개와 결합하여 수산화알루미늄($Al(OH)^3$)으로 침전되며, 남아있던 수소이온(H^+)의 농도가 증가되어 토양의 pH를 낮추게 된다. 그리고 강우의 영향으로 토양에 있는 양이온이 침전 또는 제거되면서 수소이온 농도가 증가되어 pH가 낮아지기도 한다.

4.2.3 산화환원전위(Eh)

산화환원반응은 산소와 수소와의 결합 또는 분리에 의해 정의된다. 산화는 산소와 결합하거나, 수소나 전자를 내어주는 경우이며, 환원은 그 반대 현상이다. 이러한 산화환원반응은 상호작용에 의해 형성되어 일정 물질이 산화되면 반응식에서 다른 물질은 환원이 일어나며 대부분 가역반응이다. 산화환원반응은 수소분자가 이온화하여 두 개의 수소이온으로 변하는 표준수소전극반응의 산화환원전위를 기준(Eh = 0V)으로 상대적인 크기로 나타내며, 산화환경일 때는 Eh값이 양(+)이고 환원환경이면 음(−)의 값이다.

토양의 Eh값은 토양의 pH, 무기물, 유기물, 배수조건, 온도 및 식물의 종류에 따라 변화하며, 보통은 −0.35V~+0.80V 범위에 있으며, 물에 포화된 토양의 Eh는 대개 −0.18V 정도이다. 다량의 분해성 유기물이 있는 환경에서는 유기물에 의해 Eh가 변하며, 무기물이 유기물로부터 전자를 얻어 환원되면서 Eh도 변할 수 있다. 또한 통기성과 배수조건이 불량한 토양은 산화능력이 떨어져 Eh가 낮아지므로 혐기성 미생물의 증식과 활성이 활발해진다.

4.2.4 음이온의 흡착

토양 내에는 다양한 종류의 음이온들이 존재한다. Cl^-, NO_3^-, HSO_4^- 등은 흡착제 표면의 양이온에 의해 비교적 느슨하게 결합되어 있으며, PO_4^{3-}, MoO_4^{2-}, AsO_4^{3-}, SiO_4^{4-} 등은 배위결합으로 흡착되어 비교적 강하게 결합되어 있다. 이와 같은 음이온의 흡착력은 양이온과는 달리 그 정도를 비교할 수는 없다. 즉 음이온의 농도가 높으면 침전이 형성되는 등의 2차적인 반응이 일어나기 때문에 흡착능력을 정할 수는 없지만, 흡착등온 곡선(adsorption isotherm curve)을 이용한 상대적 흡착능력은 다음과 같이 정할 수 있다.

$$NO^{3-} < Cl^- < SO_4^{2-} \ll MoO_4^{2-} < SiO_4^{4-} < AsO_4^{3-} < PO_4^{3-}$$

토양에서 음이온의 흡착능력은 외부용액의 음이온 농도가 증가하면서 흡착량도 상승하지만 상대적으로는 점차 감소하기 때문에 이들에 대한 관계를 수식으로 정립한 Freundlich와 Langmuir에 의한 흡착등온식이 적용된다. 물론 이들 흡착등온식은 표현 방법에 따라 다소 차이는 나지만 다음과 같이 표현할 수 있다.

Freundlich　흡착등온식 : $x/m = k\ c^{1/n}$
(기체는 c대신에 분압, p를 이용)
Langmuir　흡착등온식 : $x/m = kbc/(1 + kc)$

x/m은 평형농도가 c일 때 흡착체의 단위당량당 흡착되는 음이온의 양, b는 최대흡착량, k와 n은 정수이다.

Langmuir 식은 Freundlich 식과는 달리 최대흡착량(b)을 계산할 수 있다. 이러한 흡착등온식은 원래 고체의 표면에서 가스가 단분자층으로 흡착되는 것에 대하여 사용되었지만 현재는 토양의 흡착기구 연구에도 적용되고 있다.

토양에서 음이온의 흡착원리는 OH기와 배위자교환(ligand exchange)을 하거나 양성자화 작용기(protonated group)에 흡착되는 것이다. 배위자교환에 의한 반응을 간단히 표현하면 다음과 같다.

$$M-OH + A^{-} \leftrightarrow M-A + OH^{-}$$

여기서 M은 양이온을, A는 음이온을 나타낸다. 이러한 반응에 대해 인산의 흡착을 예로 들면 다음과 같다.

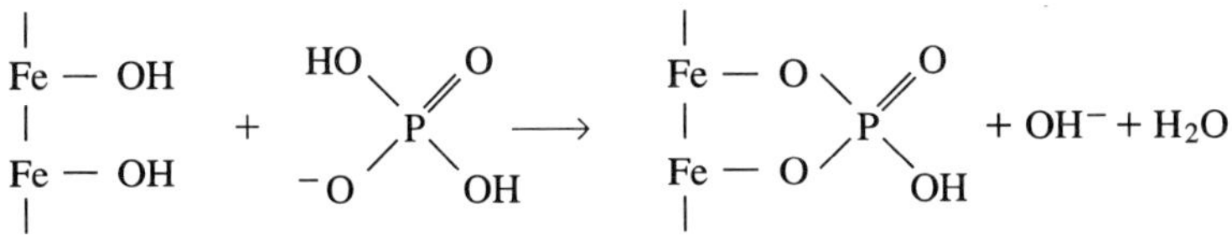

양성자화 작용기에 의한 흡착은 낮은 pH에서 일어나며, 금속원자와 결합한 OH기가 H^{+}를 받아들여 양전하를 갖게 되면 정전기적 인력이 발생하여 음이온의 흡착이 일어나는 것이다.

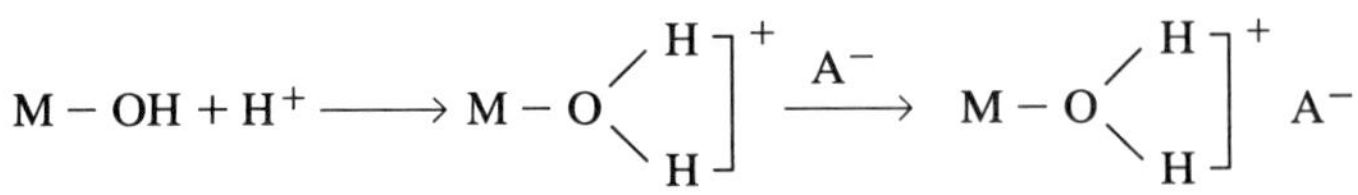

이러한 두 가지 흡착방식은 pH에 의존하며, 수소이온의 농도가 높아지면 흡착이 용이하고 Fe, Al의 수산화물이나 점토광물이 많은 산성토양에서는 음이온의 교환능력이 높다. 점토광물 중에서 음이온을 가장 잘 흡착하는 것은 표면적이 크고 영구음전하가 매우 작은 allophane(알루미늄성분이 많은 점토광물)이며, kaolinite는 동일조건에서 illite와 smectite에 비해 많은 음이온을 흡착한다. 이외에도 유기교질물에 의해서 음이온이 흡착되기도 한다. 제10장에 흡착에 대하여 자세히 논하였다.

4.2.5 원소의 함량

토양에 함유되어 있는 원소중 식물의 성장에 필수적인 원소들은 C, H, O, N, S, P, K, Ca, Mg, Fe, B, Mn, Cu, Zn, Mo, Cl 등이다. 이외에도 Si, Co, Na, I, Se 등도 식물에 따라 주요한 성분이 되기도 한다. 이러한 원소들은 토양에 다량 존재하고 있어 식물에 필요한 영양소들을 공급한다. 토양내의 원소들은 구성성분의 함량에 따라 주성분원소(>1%), 부성분원소(0.1~1%) 및 미량원소(< 0.1%)로 구분할 수 있다. 미량원소의 예로는 Fe, Mn, Zn, Cu, Cl, Mo 등이 있다. 식물에 필수적인 원소들은 토양에서 주로 주성분으로 함유되어 있다.

참고문헌

1. Brady, N.C. and R.R. Weil (2008). The nature and properties of soils (14th ed.). Prentice Hall, New Jersey.
2. Evangelou, V.P. (1998). Environmental soil and water chemistry: principles and applications. John Wiley & Sons, Inc. New York.
3. Yaron, B., R. Calvet, R. Prost (1996). Soil pollution: processes and dynamics. Springer, Berlin.

CHAPTER 05

토양의 생태계 및 생물

5.1 토양생태계

생태계(ecosystem)는 생물과 그 생물이 존재하는 물리화학적 환경으로 구성 돼있으며, 생물과 환경 사이에는 물질과 에너지의 지속적인 순환이 일어나는 하나의 체제(system)란 의미이다. 생태계에 존재하는 개체군(population)은 한 가지 종(species)으로 이루어진 생물체의 한 집단을 말하며, 군집(community)이란 여러 개의 서로 다른 개체군들이 공존하는 것을 말한다. 생태학은 생태계를 구성하는 생물과 환경의 상호관계를 연구하는 생물학의 한 분야이다.

토양생태계란 토양환경에서의 생태계이다. 산업혁명이후 대량 산업과 농업을 지향함으로써 그로 인해 발생한 토양오염물질에 의해 생태계가 위협을 받아오기 시작했다. 산업활동에 의해 공정상 생산된 폐기물 및 부산물이 토양을 오염시키는 경우도 있다. 한편 농약의 경우는 농산물의 양적·질적인 향상과 노동력의 절감 등을 도모하기 위해 현대농업의 필수 불가결한 자재로서 그 효과를 나타내기 위해서는 어느 정도의 독성과 잔류성은 불가피하고 이로 인해 토양오염이 초래된다.

지속적인 생산성을 위해서는 생태계의 효율적 사용 및 관리가 필요하다. 특히 국토가 협소하고 인구밀도가 높은 우리나라의 실정을 고려하면 토양 생태계의 효율적 이용과 보전은 필수적으로 고려해야만 한다.

5.2 토양생물

토양유기물질은 좁은 의미로 부식토(humus)를 의미하지만 넓은 의미로는 토양에 있는 모든 유기물질을 말한다. 즉 토양생물(동물, 식물, 미생물), 생물사체, 그리고 부식질을 포함한 개념으로서 생체량(biomass)에 따른 이들의 비는 11 : 100 : 1000이다. 토양생물이 차지하는 비인 11에서 미생물과 나머지 생물의 비는 10 : 1로서 토양에서의 대사활성의 80%가 미생물에 의한다.

토양에는 다양한 생물들이 존재하는데 이들은 크기(넓이)에 따라 구분할 수 있다. 2 mm 이상인 것으로는 설치류, 두더지, 달팽이, 식물, 지렁이, 노래기(millipede) 등이 있다(그림 5.1). 근권(rhyzosphere)은 살아있는 식물 뿌리로부터 1~2 mm 이내에 있는 토양 부위인데 뿌리로부터 유출된 유기화합물이 풍부하여 주위의 토양보다 많은 미생물이 존재한다. 2~0.2 mm인 것으로는 응애(mite), 톡트기, 개미가 대표적이다(그림 5.1). 그리고 0.2 mm 이하인 것으로는 선충(nematode)과 미생물이 있다. 미생물에는 진균류, 원생동물, 세균, 방선균, 조류(algae) 등이 있다. 토양에서 토양 생물들은 골고루 분포 돼있기보다는 종류에 따라 선호하는 지역들에 모여 있다. 예로써, 조류는 광합성을 하기위해 빛이 필요하므로 토양표면 근처에 대부분 존재한다.

토양생물의 대사활성을 나타내기 위해 일반적으로 사용되는 지표는 개체 수, 생체량, 발생한 CO_2양 등이다. 표 5.1은 일반적으로 관찰되는 토양생물 수를 나타낸다. 토양미생물 수에 영향을 미치는 요인은 물리적 요인(토양수분함량, 온도 등), 화학적 요인(pH, 영양분, 염도, 산소농도 등), 그리고 생물학적 요인(포식, 경쟁 등)이 있다.

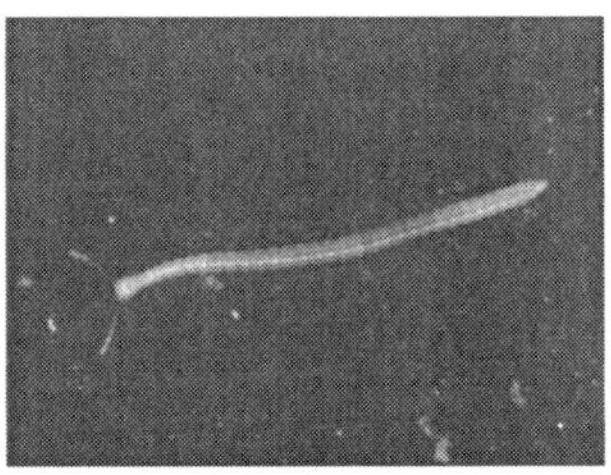

(가)

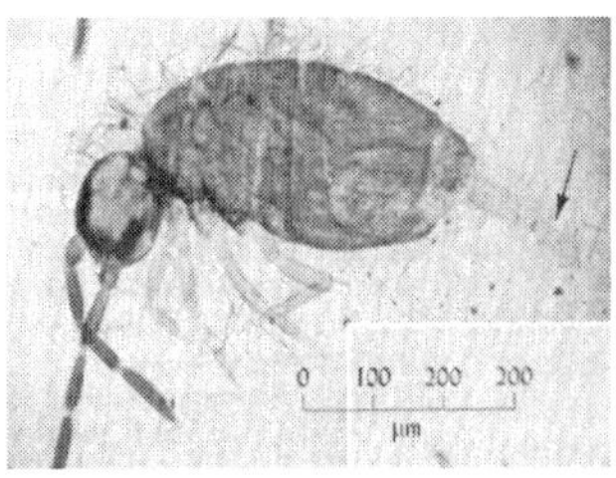

(나)

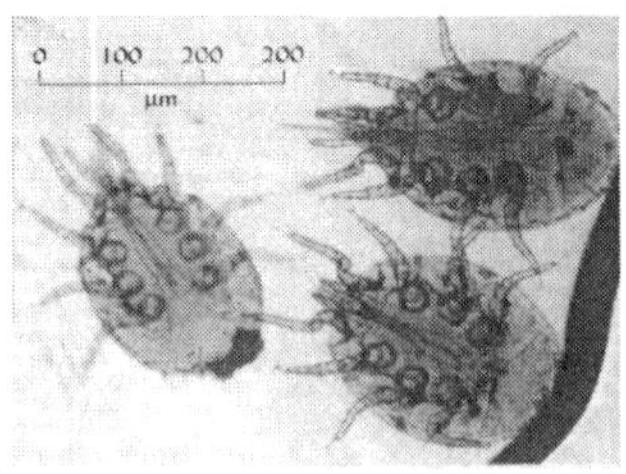

(다)

그림 5.1 토양에서 흔히 발견되는 노래기(가), 톡트기(나), 그리고 응애(다).
톡트기는 꼬리(화살표)를 이용하여 뛰는데 사용한다.

표 5.1 토양 표면으로부터 15 cm 깊이 사이에 흔히 발견되는 토양생물 수

종 류	수(건조 토양 g당)
미생물	
세균	10^8–10^9
방선균	10^7–10^8
진균류	10^5–10^6
조류	10^4–10^5
원생동물	10^4–10^5
선충	10 –10^2
응애	10^9–10^{10}

토양 생물들은 먹이사슬에서 생산자, 일차 소비자, 이차 소비자, 그리고 삼차 소비자를 구성하고 있다. 생산자는 광합성을 하는 식물이나 미생물(조류와 남조류)가 이에 속한다. 일차 소비자에는 응애, 지렁이, 미생물(원생동물, 진균류, 세균)이 있는데 이들은 식물의 잔재나 광합성 미생물을 소비한다. 이차 소비자는 일차소비자를, 삼차 소비자는 이차 소비자를 각각 먹이 원으로 한다.

토양 생물들의 역할은 크게 6가지로 꼽을 수 있다. 첫째로 토양생물이 토양 내를 이동하거나 토양을 섭취하므로 인한 토양의 이동 또는 혼합이다. 둘째는 토양생물의 토양 내 이동에 의해 토양 내에 물과 공기가 이동할 수 있는 통로를 만드는 것이다. 셋째는 토양유기화합물을 분해하는 것이다. 식물, 동물 및 미생물의 사체(detritus)를 완전 또는 부분적으로 분해를 시킨다. 넷째는 토양에 존재하는 독성화합물을 분해하는 것이다. 독성화합물의 예로는 토양생물에 의해 생긴 독성 부산물이나 인위적으로 생성되어 토양에 유입된 난분해성 물질들이다. 다섯째로 토양 생물들은 무기물의 전환에도 기여하고 있다. 예를 들면 미생물은 유기화합물에 결합된 N, P, S 등을 질산, 인산, 황산이온으로 전환하여 식물이 이용할 수 있게 한다. 미생물은 기체 질소를 고정하여 암모니움 이온을 생성하므로 식물이 이를 이용할 수 있다. 마지막으로 여섯 번째는 토양생물에 의한 식물보호 기능이다. 어떤 토양생물은 식물에게 해를 주기도 하나 토양에 있는 식물 기생생물이나 병원균으로부터 식물 뿌리를 보호하는 것들도 있다.

5.2.1 토양동물

지렁이는 토양유기물함량과 수분이 높은 곳에서 주로 존재한다. 경작지에는 m^2당 30~300마리의 지렁이가 존재하고, 건강한 토양생태계에서는 20~ 30 cm 깊이로 삽질했을

때 보통 한 삽 당 5~10마리의 지렁이가 발견된다. 지렁이의 활성이 최적인 토양의 조건은 pH 5.5~8.5와 10℃이다. 반면에 높은 염도, 살충제, 또는 사질 토양에서 활성이 억제된다.

지렁이는 자웅동체로서 토양 유기물(생물사체, 부식질, 미생물 등)을 먹고 살면서 알을 낳아 번식하고 식물이나 그 뿌리에는 해가 없는 것으로 알려졌다. 섭취된 토양유기물은 물리적으로 부서지고 장내의 미생물에 의해 소화가 된다. 지렁이는 하루에 자기체중의 2~30배의 토양을 섭취하는데 이로 인해 수직 또는 수평의 구멍이 토양 내에 생긴다. 섭취된 토양은 배출되는데 이 배설물을 분변토(그림 5.2)라고 한다. 분변토 내에는 부분적으로 소화가 된 토양 유기물질을 비롯하여 식물과 미생물이 이용할 수 있는 영양분이 함유돼있다. 다른 토양에 비해 분변토는 영양분과 미생물수가 높아 식물의 성장과 생산성을 증대하기 위한 토양개선제로도 사용된다.

지렁이는 토양을 비옥하게 하여 생산성을 증가시키는데 크게 기여한다. 분변토를 만들므로 식물이나 미생물이 이용할 수 있는 영양분을 증가시키고, 지렁이 이동에 의해 토양을 혼합하거나 통기를 하는 효과를 줄 뿐만 아니라 토양 내 여러 곳으로 미생물을 이동시키기도 한다. 죽은 지렁이는 다시 토양유기물로서 작용한다. 최근에 개발된 지렁이를 이용한 퇴비화(vermicomposting)는 약 80%의 수분함량과 반호기적 상태에서 진행되는 유기성 폐기물을 분해하는 과정이다. 이 처리법은 유기성 폐기물(음식물 쓰레기, 하수오니, 분뇨 등)의 환경 친화적 처리와 동시에 자원의 재이용 및 비용절감의 효과가 있다. 이러한 지렁이의 토양에 대한 이점에도 불구하고 지하수면이 아주 높은 곳에서는 지렁이에 의한 오염물질의 침출로 인해 지하수를 오염시킬 우려가 있다.

그림 5.2 지렁이의 분변토

지렁이 외에 토양동물 중 토양의 생산성 측면에서 고려해야 할 것은 선충과 흰개미이다. 선충(폭, 4~100 μm ; 길이, < 7 mm)은 나안으로 거의 보이지 않으며 습진 사질 토양에서 미생물과 곤충의 유충을 먹고 서식한다(그림 5.3). 식물에 해를 주는 곤충의 유충을 없앤다는 장점과 더불어 일부의 선충은 식물에 기생하여 해를 주기도 한다. 건조한 토양에서 흰개미는 지렁이보다 수적인 우세를 나타낸다. 이 들은 죽은 식물잔재를 장내에 있는 미생물을 이용해 효과적으로 분해하므로 죽은 나무의 부식을 가속화시키기도 한다. 그러나 지렁이와는 달리 식물과 미생물에 이용될 수 있는 토양 유기물을 만들지 않는다. 흰개미는 토양 입자들을 단단히 결합시켜 개미언덕을 만드는데 이런 지역에는 영양분도 적고 토양 밀도도 높아 식물이 잘 자라지 못한다. 그래서 흰개미는 일반적으로 토양의 생산성에 이롭지 않다.

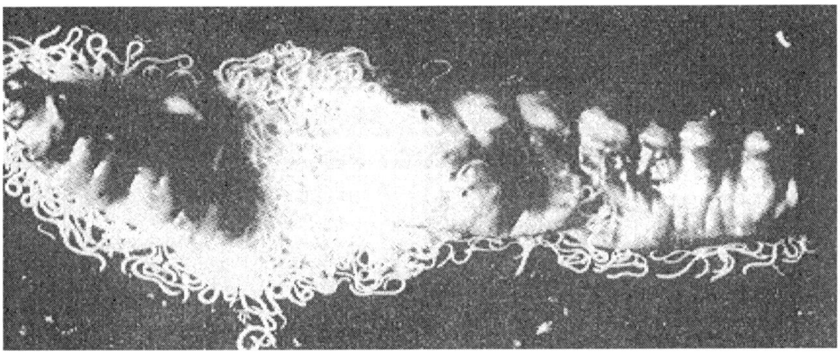

그림 5.3 곤충의 유충에 감염하여 서식하는 선충 *Neoaplectana dutkyi*

응애는 종류에 따라 식물 또는 동물에 기생한다. 농작물이나 가축에 기생할 경우는 경제적 손해를 끼칠 뿐만 아니라, 동식물의 병원체를 옮김으로써 유해한 것도 있다. 그러나 어떤 것은 식물질을 분해하여 영양물질의 순환에 큰 역할을 하고 어떤 것은 직접·간접으로 인간에 유해한 절지동물을 잡아먹어 유익한 것도 있다.

5.2.2 토양미생물

미생물은 토양의 비옥도와 오염물질 정화에 크게 기여한다. 일반적으로 토양의 생산성과 정화능은 미생물의 활성과 관련되므로 미생물 수는 토양의 비옥도를 나타내는 지표로 사용되고 있다. 특히 토양의 정화능을 진단하기 위해서는 총균 수 보다는 대상물질을 분해할 수 있는 미생물의 수와 활성은 상당히 중요한 지표이다. 미생물 수와 활성에 영향을 주는 요인으로는 토양의 물리·화학적인 요인(온도, 염도, pH, 영양분 등)과 원생동물과 선충에 의한 포식과 같은 생물학적 요인이 있다. 토양미생물은 다른 토양생물에 의해 활성이 증가되기도 한다. 토양생물이 기질을 물리적으로 파쇄하여 미생물이 쉽게 이용하게 하기도 하고, 토양 내에 통기나 배수를 원활하게 하여 미생물 활성을 증가시키고 또한 미생물을 다른 곳으로 이동시키기도 한다.

미생물은 이용하는 탄소와 에너지원에 따라 광독립영양체(photoautotroph), 광종속영양체(photoheterotroph), 화학독립영양체(chemoautotroph), 그리고 화학종속영양체(chemoheterotroph)로 구별된다(표 5.2). 화학종속영양체는 보통종속영양체라고 부르고 광독립영양체와 화학독립영양체는 보통 종속영양체라고 한다. 원생동물은 단세포의 종속영양체로서 아메바, 섬모충류(짚신벌레), 그리고 편모충류 등이 있다. 이 들은 토양에 있는 물에 살면서 세균을 포식하는데, 토양 내에서의 세균 수에 가장 큰 영향을 미친다.

일반 목초지 토양에 존재하는 토양미생물의 상대적인 수직분포는 그림 5.4와 같다. 미생물을 포함하여 대부분의 토양생물은 표토(표면으로부터 20~30 cm 깊이)에 존재하는데, 미생물은 토양 깊이에 따라 그 수가 감소하기는 하나 전혀 존재하지 않는 것은 아니다. 일반적으로 미생물의 분포는 유기물질의 분포패턴을 따른다. 방향족 탄화수소를 분해하는 한 세균(Sphingomonas sp. F199)은 심토 410 m에서 분리되기도 했다. 지금까지 가장 깊은 곳에서 발견된 세균은 4,200 m 깊이에서 존재하는 호열성 발효세균으로 보고되었고, 심토에서는 호기성보다는 혐기성의 미생물이 더 많이 분리되었다.

표 5.2 탄소와 에너지원에 따른 미생물 분류

영양형태	에너지원	탄소원	예
광독립영양체	빛	CO_2	남조류(cyanobacteria), 조류, 등
광종속영양체	빛	유기화합물	Rhodopseudomonas, Rhodospirillum 등
화학독립영양체	환원된 형태의 무기물(NH_4^+, H_2S, NO_2^-, H_2, S, $S_2O_3^{2-}$, $Fe2^{2+}$, 등)	CO_2	질화세균, 황산화균, 수소산화균, 철산화균, 등
화학종속영양체	유기화합물	유기화합물	원생동물, 진균류, 대부분의 세균, 등

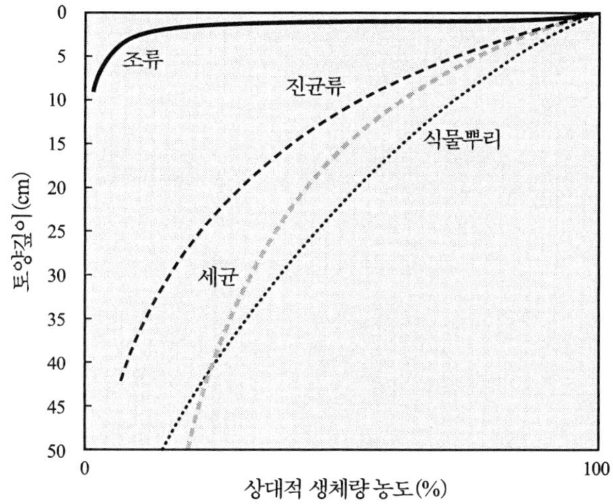

그림 5.4 목초지 토양에 있는 토양생물의 상대적인 수직분포

상대적 생체량 농도는 각 개채군의 가장 큰 생체량 농도에 대해 상대적인 값을 말한다.

진균류는 대부분 다세포로 이루어져있고 화학종속영양체이다. 진균류에는 곰팡이, 효모, 그리고 버섯이 있다. 토양 g당 진균류의 수는 세균 보다는 작지만 생체량은 더 많다. 균근(mycorrhizae)는 식물의 뿌리와 진균류가 물리적으로 통합되어 형성하는 구조로서 상호이익을 준다. 균류는 식물로부터 유기영양분을 공급 받고, 식물 뿌리가 미치지 못하는 곳까지 균사를 형성하여 인이나 기타 무기 영양분을 식물에게 공급한다. 진균류는 세균과 더불어 토양에서의 유기물 분해와 부식질 형성에 주요한 역할을 담당하고 있다.

진균류 중에서 곰팡이는 토양유기물 분해에 가장 중요한 역할을 한다. 곰팡이는 널리 분포돼있지마는 산성에 저항성을 나타내므로 산성의 표토에서 우세하다. 곰팡이가 체외로 분비하는 리그닌분해 효소들(laccases, manganese peroxidases 등)은 다양한 난분해성 화합물들을 분해할 수 있는 것으로 보고되었다(그림 5.5). 특히 백색 부후균은 환경 도처에 존재하고 PAHs(polycyclic aromatic hydrocarbons)를 CO_2로 분해할 수 있기 때문에 PAH로 오염된 토양의 생물복원에 이용가능성이 큰 것으로 주목 받아왔다. 게다가 그들이 체외로 분비하는 리그닌분해 효소들은 PAHs가 토양입자에 흡착됨으로써 생기는 생체이용도(bioavailability)문제를 어느 정도 해결할 수도 있기 때문이다.

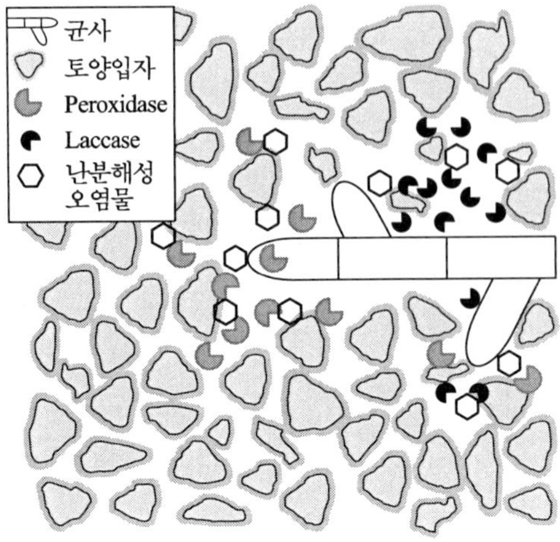

그림 5.5 토양내의 진균류의 균사로부터 분비된 laccase 와 peroxidase에 의한 난분해성 오염물의 분해.

조류는 대부분 광합성을 하는 광독립영양체로서 일차 생산자에 해당된다. 이들은 토양표면의 습한 곳에서 주로 서식한다. 지의류(lichen)는 곰팡이와 조류의 공생관계로 형성된다(그림 5.6). 곰팡이는 바위나 죽은 나무에 단단히 부착하여 조류가 떨어지지 않게 보호하고 무기영양물을 공급한다. 한편 조류는 광합성을 통해 곰팡이에게 유기영양분을 공급한다.

지의류는 유기물이 적고 건조한 척박한 환경에 견디면서 살고 있으나 오염된 공기에는 예민하므로 대기오염의 지표로 사용되고 있다.

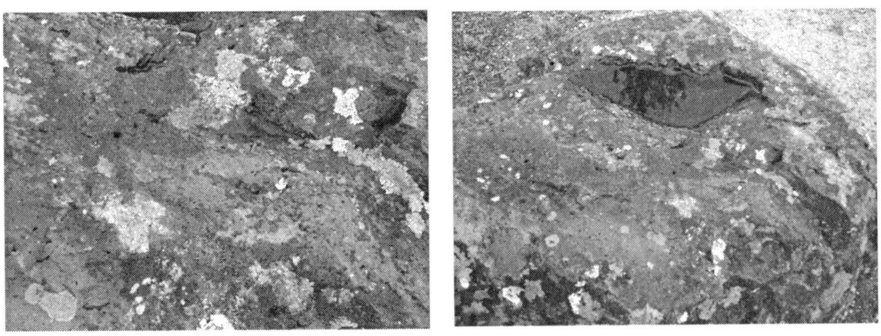

그림 5.6 바위의 표면을 덮고있는 다양한 지의류

방선균은 세균들 중에서 사상(filament)의 형태를 가진 것으로 화학종속영양체이다. 이들은 부식질이 많은 토양에 서식하고 미생물 중에서 두 번째로 수적 우세를 나타낸다. 한편 세균은 단세포로 구성돼있고 토양생물 중에서 가장 많이 존재한다. 담수나 해양보다 토양은 세균이 서식하기에 적당하므로 상대적으로 많이 발견된다. 대부분의 세균은 화학종속영양체이나 일부는 광 또는 화학독립영양체이다. 모양에 따라 구균, 간균, 그리고 나선균이 있다. 궁극적인 분해자로서 이들은 토양에 존재 할 뿐만 아니라 토양생물의 내장이나 분변에도 존재한다. 토양에서 세균은 세포외 고분자물질(extracellular polymeric substance, EPS)을 이용해 토양입자에 부착하여 미세집락(microcolony) 또는 생물막(biofilm)을 형성하기도 한다(그림 5.7).

유류계 탄화수소와 같은 토양 내로 유입된 오염물질을 분해하는데 있어 세균의 역할은 중요한다. 오염 물질들을 탄소와 에너지원으로 이용하기 위해 완전 분해할 수 있는 세균들이 많이 연구되었기 때문이다. 생물학적 복원(bioremediation)은 20세기 후반에 생긴 신종산업으로서 미생물을 이용하여 이미 오염된 환경을 정화하는 것을 말한다. 식물학적 복원(phytoremediation)은 식물을 이용한 환경정화 기법인데, 이것은 식물의 오염물질흡수 및 식물의 효소나 근권(rhizosphere)에 있는 미생물에 의한 오염물질의 분해에 근거한 정화기법이다. 이러한 새로운 정화 기법들은 종래의 정화 방법인 소각이나 매립에 비해 경제적이고 2차적 오염을 유발하지 않아 환경 친화적이란 장점을 가진다.

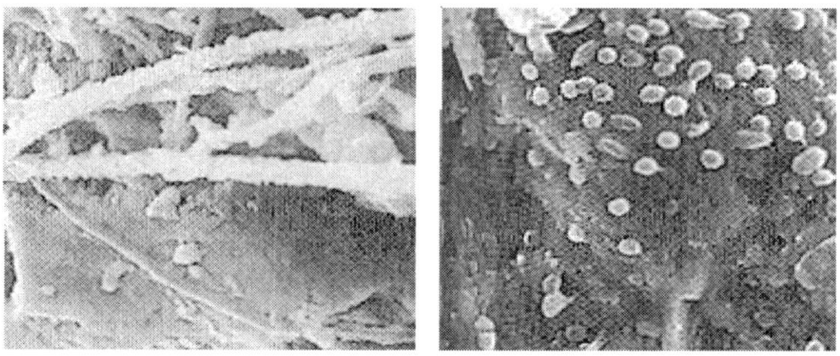

그림 5.7 토양입자 표면의 미생물들. 왼쪽, 곰팡이의 균사; 오른쪽, 구형의 세균

5.3 토양미생물에 영향을 주는 조건들

앞서 언급한 바와 같이 토양미생물 수와 활성에 영향을 미치는 요인은 물리적 요인(토양 수분함량, 온도 등), 화학적 요인(pH, 영양분, 염도, 산소 농도 등), 그리고 생물학적 요인(포식, 경쟁 등)이 있다(제8장의 8.5 참조). 대부분의 세균은 화학종속영양체이므로 유기물이 필요하다. 호기성 세균은 산소가 필요하나 통성 호기성(facultative aerobic)인 것은 혐기하에서도 살면서 활성을 발휘한다.

토양미생물 수와 활성을 측정하기 위하여 흔히 사용되는 기존의 방법은 배양을 필요로 한다. 세균 수를 측정하는데 사용하는 평판배양법이 그 예이다. 최근에 개발된 토양의 핵산추출과 핵산 hybridization기법은 미생물을 배양하지 않고도 분석할 수가 있다(그림 5.8). 많아야 10%의 토양미생물이 실험실 조건에서 배양된다는 점을 고려하면 이 방법은 상당한 의미가 있는 진보된 것이다. 이러한 분자생물학적 기법이 생태학에 접목됨에 따라 분자생태학이란 새로운 학문의 영역이 개발되었다.

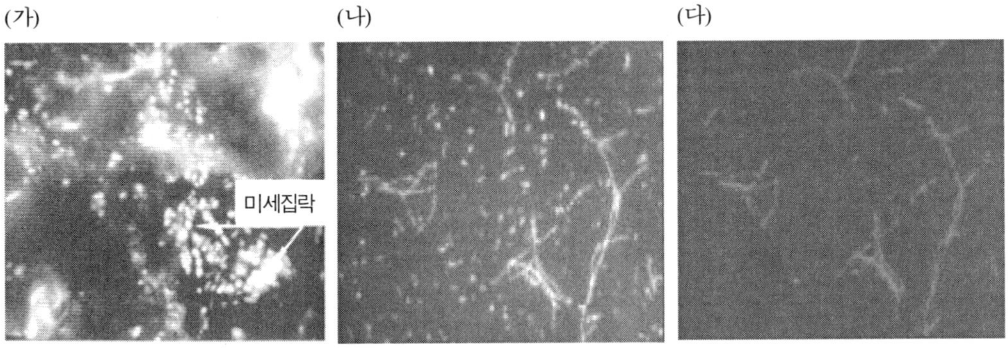

그림 5.8 Fluorescent in situ hybridization(FISH) 기법을 통해 관찰된 미생물들

(가) 토양의 식물 뿌리에 존재하는 미생물들.
(나) 혐기성처리를 하는 생물반응기(bioreactor)에 있는 전체미생물들을 DAPI로 염색한 사진.
(다) 나) 그림에 나타난 전체 미생물 중에서 초산으로부터 메탄을 생성하는 Methanosaeta속에 특이적인 유전자 probe로 FISH한 사진.

5.4 토양생물 간의 생태학적 관계

토양생물은 한 개체군 내에서 개체들 간에 생태학적 상호 작용이 일어나기도 하지만 개체군들 사이에도 이런 상호작용이 일어난다. 이러한 상호 작용은 서로 또는 한쪽에 이롭거나 해가 된다. 상호작용이 이로울 경우는 개체군의 성장률을 증가시키고, 반면에 해로운 경우는 감소시킨다. 이러한 상호작용을 통해 토양 생물들 간에는 생태학적 관계가 형성되고 결국 생태계가 균형을 유지한다. 표 5.3은 토양생물 간의 생태학적 관계의 유형과 예를 나타낸다.

표 5.3 토양생물 간의 생태학적 관계의 유형과 예

생태학적 관계	상호작용의 영향	예
상리공생 (mutualism)	서로에게 이롭다. 서로에게 절대적 관계.	지의류, 균근, 콩과식물의 뿌리혹
상승작용 (synergism)	서로에게 영향이 없거나 이롭다. 서로에게 절대적 관계 아니므로 스스로 생존가능하나 이 관계를 통해 단일 개체군이 할 수 없는 활성을 나타냄.	두 다른 Pseudomonas sp. 균주에 의한 cyclohexane의 분해(제8장, 그림 8.6)
경쟁 (competition)	서로에게 해롭다.	제한된 먹이/기질 또는 서식처에 대해 경쟁
편리공생 (commensalism)	한 개체군은 이롭고 다른 개체군은 영향 없다.	Mycobacterium vaccae는 propane을 기질로 이용하여 성장하면서 cyclohexane을 공동대사 한다. Cyclohexane으로부터 전환된 화합물을 다른 미생물이 기질로 이용하여 성장한다.
포식 (predation)	한 개체군은 이롭고 다른 개체군은 해롭다.	세균과 원생동물
중립 (neutralism)	서로에게 영향 없다.	휴면기의 세균 포자들
기생 (parasitism)	한 개체군은 이롭고 다른 개체군은 해롭다.	Bdellovibrio sp.이 E. coli에 기생하여 성장한 후 숙주를 분해하고 숙주로부터 방출된다.

참고문헌

1. Atlas, R.M., and R. Bartha (1998). Microbial Ecology : fundamentals and application (4th ed.). Benjamin/ Cummings Publishing, Menlo Park, California.
2. Brady, N.C. and R.R. Weil (2008). The nature and properties of soils (14th ed.). Prentice Hall, New Jersey.
3. Davis, M.W., J.A. Glaser, J.W. Evans, and R.T. Lamar (1993). Field evaluation of the lignin-degrading fungus *Phanerochaete sordoda* to treat creosote-contaminated soil. Environ. Sci. Tech., 27: 2572- 2576.
4. Fredrickson, J.K., F.J. Brockman, D.J. Workman, S.W. Li, and T.O. Stevens (1991). Isolation and characterization of a subsurface bacterium capable of growth on toluene, naphthalene, and other aromatic compounds. Appl. Environ. Microbiol., 57: 796-803.
5. Kues, U. (2015). Fungal enzymes for environmental management. Current Opinion in Biotechnol., 33: 268–278.
6. Madigan, M.T., J.M. Martinko, K.S. Bender, D.H. Buckley, and D.A. Stahl (2014). Brock biology of microorganisms (14th ed.). Prentica Hall, New Jersey.
7. Sayler, G.S. and A.C. Layton (1990). Environmental application of nucleic acid hybridization. Ann. Rev. Microbiol., 44: 625-648.
8. Sayler, G.S., A.C. Layton, C. Lajoie, J. Bowman, M. Tschantz, and J.T. Fleming (1995). Molecular site assessment and process monitoring in bioremediation and natural attenuation. Appl. Biochem. Biotechnol., 54: 277-290.

CHAPTER 06

지하수

지구에는 약 14억 Km^3의 물이 있는데 대부분(약 97.2%)의 이 물은 해수이다(그림 6.1). 약 2.8%가 담수인데 그 중에서 2.15%가 빙하로 존재하므로 사람이 이용하기가 어렵고 이용이 가능한 지하수가 0.62% 이고 호수 및 강물이 0.03%를 차지한다. 호수나 강물과 같은 지표수에 비해 지하수는 토양내의 존재하므로 그 양의 변화가 덜하다. 기후변화에 대응하기 위한 지속 가능한 수자원으로서 지하수에 대한 관심과 더불어 이용량이 지속적으로 증가하고 있다.

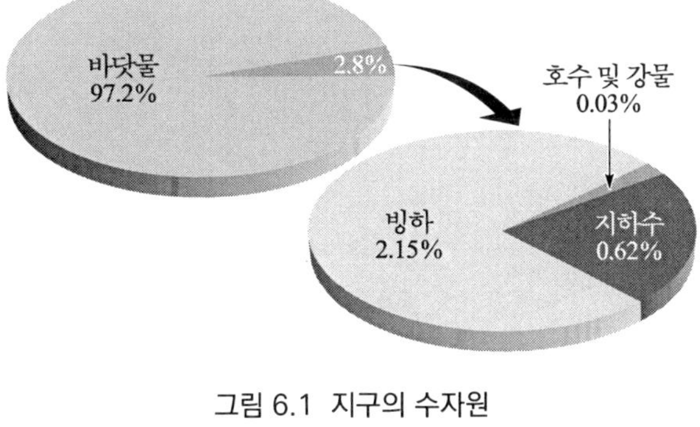

그림 6.1 지구의 수자원

6.1 물순환과 지하수의 형성

물은 수증기, 액체, 그리고 얼음의 형태로 대기, 토양, 그리고 해양에 지속적으로 순환한다. 이것을 물의 순환(water cycle)이라고 한다(그림 6.2). 대부분 지하수는 물순환을 통해 빗물이 토양으로 스며들어 형성된다. 땅속으로 스며든 물은 토양입자 사이에 형성된 공극과 암석의 갈라진 빈틈 등에 채워진다. 우리나라 지하수법에 의하면 "지하수"란 지하의 지층(地層)이나 암석 사이의 빈틈을 채우고 있거나 흐르는 물을 말한다. 그 외 지하수 관련하여 지하수법에서 정의하는 용어는 다음과 같다. "지하수영향조사"란 지하수의 개발・이용이 주변지역에 미치는 영향을 분석・예측하는 조사를 말한다. "지하수보전구역"이란 지하수의 수량(水量)이나 수질을 보전하기 위하여 필요한 구역으로서 제12조에 따라 지정된 구역을 말한다. 지하수법 제 12조는 지하수보전구역의 지정에 대한 내용을 다루고 있다. 한편 "지하수개발・이용시공업"이란 지하수개발・이용을 위한 시설(이하 "지하수개발・이용시설"이라 한다)을 시공하는 사업을 말한다. "지하수정화업"이란 지하수에 함유된 오염물질을 제거・분해 또는 희석하여 지하수의 수질을 개선하는 사업을 말한다.

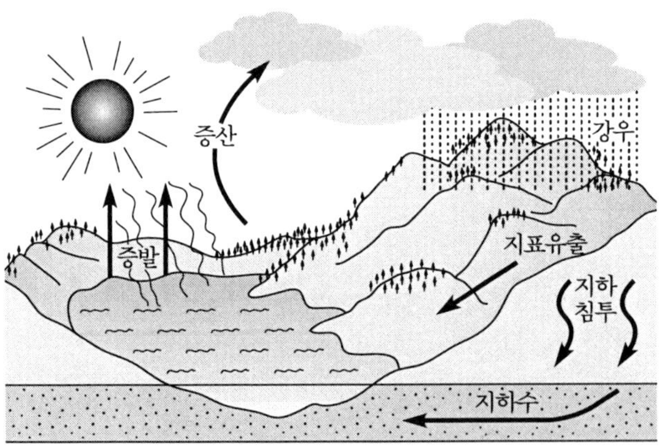

그림 6.2 물순환과 지하수 형성

6.2 포화대과 불포화대

토양공극이 부분적으로 물과 공기로 채워진 토양층을 불포화대(unsaturated zone)이라고 한다(그림 6.3). 불포화대은 공극에 공기가 있어 토양내의 공기순환에 관련하므로 토양통기대라고도 한다. 반면에 공극에 전적으로 물로 포화가 된 층을 포화대(saturated zone)이라고 한다. 포화층에 존재하는 지하수는 우물물이나 먹는샘물로 이용되고 있다. 순환지하수는 불포화대에 존재하는 지하수이다. 포화대과 불포화대 사이는 지하수면이 존재한다. 즉 지하수면 상하에는 각각 불포화대와 포화대가 존재한다.

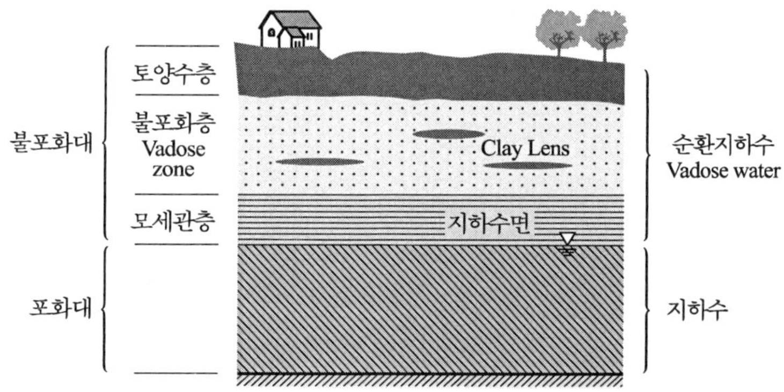

그림 6.3 토양환경의 물의 분포에 따른 층 구분

불포화대는 토양수층(soil water zone), 불포화층(vadose zone), 그리고 모세관층(capillary zone)으로 세분할 수 있다. 토양수층은 지표에서 식물뿌리가 존재하는 깊이까지에 해당하고 불포화층의 최상부에 해당하는 층이다. 불포화층은 넓은 의미로는 지표에서 지하수면까지의 층을 의미한다. 좁은 의미로는 토양수층과 모세관층 사이의 층을 말한다. 불포화층과 지하수면 사이에 존재하는 모세관층에서는 물의 표면장력에 의한 모세관현상 일어나는 층이다. 그래서 토양입자 사이의 공극을 통해 물이 상승한다. 포화대의 표면인 지하수면은 높이가 고정된 것은 아니다. 지하수면이 있는 지역은 유동지역으로 지하수면이 오르내리는 지역이다. 우기나 해동에 따른 물의 충진, 건기에 따른 물의 증발, 그리고 연안지역의 조류 등에 의해 지하수면이 상승 또는 하강한다.

6.3 대수층

대수층(aquifer)은 지하수를 포함하는 지층을 말한다. 우리나라 한강, 낙동강 등 대규모 하천 부근에는 충적토에 형성된 충적 대수층(alluvial aquifer)이 분포하고 있다. 대수층은 피압 대수층(confined aquifer)과 자유면 대수층(unconfined aquifer)으로 분류한다(그림 6.4). 자유면 대수층은 하부에 불투수층이 존재하나, 상부에는 투수가 용이한 자갈이나 모래층이 존재한다. 자유면 대수층의 표면은 상부층의 토양공극을 통해 대기와 통기가 된다. 그래서 지하수면의 압력이 대기압과 동일하므로 불압 대수층이라고 한다. 상부의 투수층을 통해 지하수 충진과 증발이 이루어짐에 따라 지하수면은 상하로 변화한다. 따라서 자유면 대수층의 두께는 지하수위의 변동에 따라 자유롭게 변화하는 특징이 있다. 자유면 대수층은 강우 등의 지표침투에 의해 지하수가 충진이 됨에 따라 피압 대수층에 비해 지하수 오염이 비교적 잘 된다.

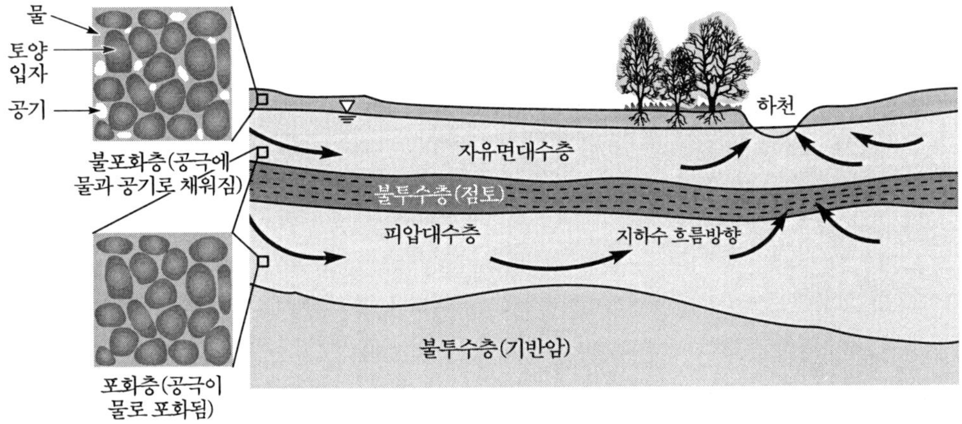

그림 6.4 파압대수층과 자유면대수층

피압대수층은 대수층의 하부뿐만 아니라 상부가 점토나 세미사(fine silt)로 된 불투수층 또는 투수성이 낮은 층으로 이루어져있다. 피압 대수층 내의 지하수압은 보통 대기압보다 크고 피압대수층의 상부 불투수층은 오염물이 대수층내로 유입되는 것을 방지하므로 자유면 대수층에 비해 지하수 오염이 비교적 덜하고 수질이 양호하므로 먹는물 자원으로서 우수 하다. 그러나 피압대수층의 지하수 충진은 지표와 가까운 자유면 대수층을 통해 이루어지므로 충진지역에는 여전히 오염에 취약하다.(그림 6.5).

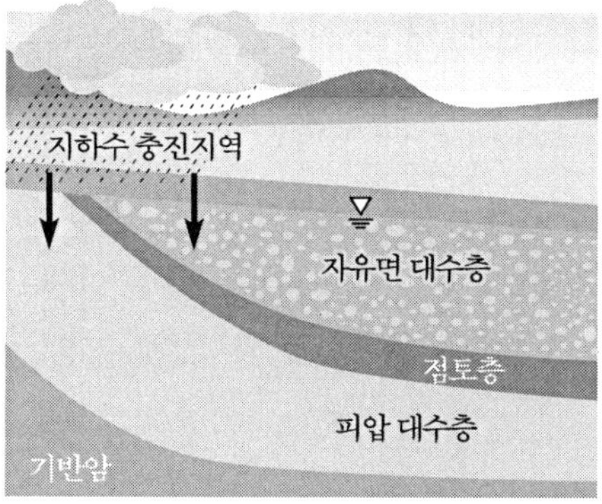

그림 6.5 대수층의 지하수 충진

6.4 지하수 이용현황 및 추이

지하수는 전세계적으로 다양한 목적으로 이용되고 있다: 먹는물, 먹는샘물, 상수원수, 공업용수, 농업 및 어업용수, 온천수, 비상급수 등. 특히 우리나라의 경우 비상급수는 대부분 지하수에 의존한다. 민방위 비상급수시설은 전쟁, 풍수해, 수원지파괴 등 유사시(민방위사태 발생으로) 상수도 공급중단 시 최소한 음용수 및 생활용수를 안정적으로 공급하기 위한 시설이다. 국토교통부의 지하수 업무지침에 따른 지하수 용도는 생활용, 농어업용, 공업용, 그리고 기타로 구분된다(표 6.1). 생활용은 가정용 등 일상생활에 사용되는 지하수를 말한다. 농・어업용은 농업・임업・축산업・수산업에 사용되는 지하수이다. 공업용이란 공장 그 밖의 생산업체 등에서 제품의 생산 및 설비의 가동에 사용되는 지하수를 말한다. 그리고 기타용도는 생활용, 공업용, 농어업용으로 구분이 되지 않는 특수용도를 말하며 온천수와 먹는샘물 등이 포함된다.

표 6.1 지하수 용도 구분

지하수 용도구분	세부 용도	
생활용	가정용	개인주택 등에 설치된 시설로서 일반가정에서 가정생활을 영위하기 위하여 사용하는 시설
	일반용	영업용 목적(식당, 여관, 목욕탕, 세차장, 수영장, 빌딩 및 소규모 개인사업체 등)과 비영업용 목적(공원, 박물관, 도서관 등)으로 이용하는 곳에 설치된 시설
	학교용	유치원, 초·중·고등학교, 대학교 등에서 학교 유지를 위하여 설치된 시설
	민방위용	민방위기본법에 따라 국가 또는 지방자치단체가 비상급수용으로 설치한 시설. 개인 지하수시설을 비상급수용으로 지정한 시설은 해당되지 않는다
	국군용	「국방·군사시설사업에 관한 법률」에 의하여 군부대 또는 군 관련기관에 설치된 시설
	공사용	콘크리트 배합·양생, 비산먼지 방지, 살수차 등에 사용하기 위해 설치된 시설
	공동주택용	아파트, 빌라, 연립주택 등 대규모 주거시설에 비상용 또는 상시용으로 설치되어 공동으로 이용하도록 설치된 시설
	간이상수도용	광역 또는 지방상수도 미급수지역에서 공동마을용으로 설치된 시설
	상수도용	광역상수도 또는 지방상수도의 수원으로 설치된 시설
	농업·생활겸용	농번기에는 농업용으로 사용하고 농한기에는 생활용으로 사용하는 시설로서 농어촌지역의 생활·농업 겸용으로 개발한 시설
	기타용	상기 세부용도로 구분이 불가능한 경우
농어업용	전작용	밭에 설치되어 밭농사에 사용되는 시설
	답작용	논에 설치되어 논농사에 사용되는 시설
	원예용	원예를 목적으로 설치된 시설을
	수산업용	수산업을 목적으로 개발된 시설
	축산업용	축산업을 목적으로 개발된 시설
	양어장용	양어장 운영을 목적으로 개발된 시설
	기타용	상기 세부용도로 구분이 불가능한 경우
공업용	국가산업단지용	국가산업단지 내 공장시설에 설치된 시설
	지방산업단지용	지방산업단지 내 공장시설에 설치된 시설
	농공단지용	농공단지 내 공장시설에 설치된 시설
	자유입지업체용	산업단지 내가 아닌 일반 공장시설에서 개발한 시설
	기타용	상기 세부용도로 구분이 불가능한 경우
기타	온천수	온천법에 의하여 개발되어 설치된 온천용 시설
	먹는샘물	먹는물관리법에 의하여 시판용으로 개발되는 먹는샘물의 수원시설
	기타용	세부용도가 불분명한 것들

국토교통부에서 발행한 지하수연보에 의하면 2016년도 우리나라의 지하수 시설 수는 생활용이 가장 많지만 이용량은 농어업용이 가장 많은 것으로 나타났다. 지하수 시설 수는 생활용> 농어업용> 공업용> 기타 순으로 많은 것으로 나타났다(그림 6.6). 총 지하수 시설 수(1,657,829 개소)의 99%가 생활용과 농어업용이었고, 생활용 지하수시설 수가 52.3%로 가장 많이 차지했다. 한편 총 지하수이용량(4,043 백만톤/년)의 95.1%는 생활용과 농어업용이었고, 농어업용 이용량(52.2%)이 가장 많은 것으로 나타났다. 총 지하수 시설 수와 이용량은 매년 꾸준히 증가하는 추이를 나타내고 있다(그림 6.7). 따라서 지하수의 수질관리가 중요하다. 지하수의 보전 및 관리를 체계적이고 선진화를 함과 동시에 지하수의 이용가치를 증대할 필요가 있다.

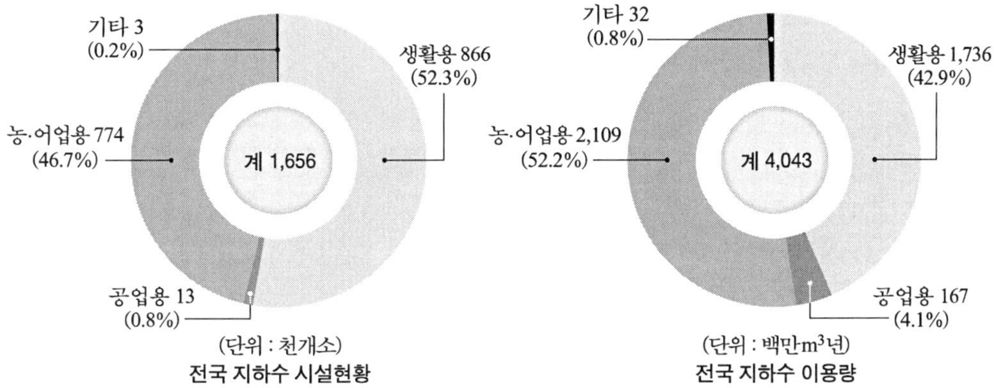

그림 6.6 2016년도 전국지하수시설수와 이용량에 대한 통계(출처, 2017 지하수조사연보)

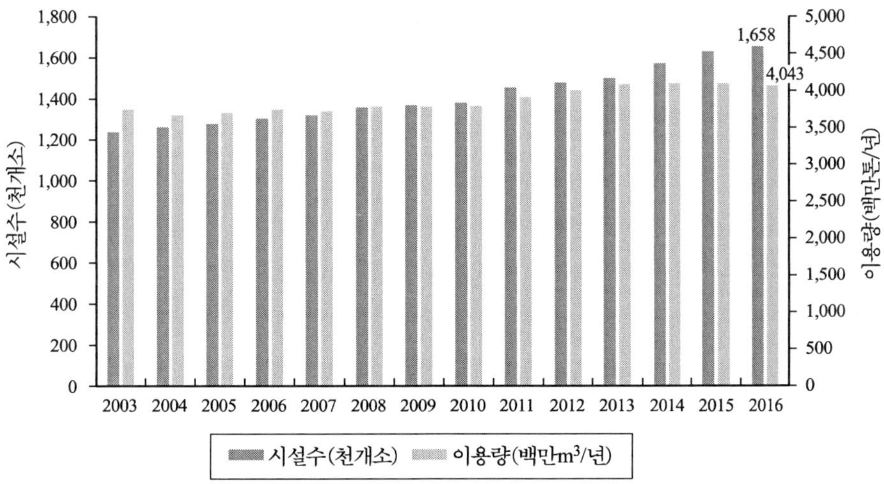

그림 6.7 연도별 지하수이용 현황(출처, 2017 지하수조사연보)

6.5 지하수 관리

국내 지하수는 중앙부처(환경부, 농림축산식품부, 행정안전부, 국방부) 및 지자체에서 소관업무별로 관리되고 있다. 환경부에서는 지하수 수량과 수질 관리를 총괄하고 있다. 지하수 수량관리를 위해 지하수 관리기본계획 수립, 지하수 기초조사, 지하수 개발 및 이용관리를 하고 있다. 한편 지하수 수질관리를 위해 지하수 수질기준을 제정하고, 지하수 수질오염방지, 먹는 샘물 등 상수원용지하수관리를 한다. 환경부가 지하수 관리를 총괄하지만 농업용 지하수개발은 농림식품부가, 온천개발, 민방위 계획에 따른 지하양수시설설치 또는 정비는 행정안전부가, 그리고 군사목적 지하수시설은 국방부가 각각 관리한다.

지하수법은 1993년에 제정이 되었다. 이후1996년에 지하수법 제6조에 근거한 "지하수관리기본계획'이 최초 수립되었다. '지하수관리기본계획'은 지하수의 개발이용 및 보전관리에 관한 국가의 최상위 법정계획이다. 이것은 지하수법뿐만 아니라 다른 법률에 의하여 관리되는 먹는샘물, 온천수 등 모든 지하수를 포함하는 통합지하수 관리 계획이다. 또한 지하수의 체계적인 조사 및 개발과 합리적인 이용 및 보전을 위한 중장기 계획으로 일선 관계기관의 지하수 관리의 기본지침이 된다. 지하수관리기본계획의 목표는 지하수의 합리적 개발이용 및 보전관리와 수자원으로서 지하수의 안정적인 수량과 수질확보이다. 지하수관리기본계획은 지하수법 제6조에 따라 수립되는 법정계획으로 10년 단위로 수립하고, 5년마다 타당성을 검토하여 수정·보완한다. 2017년도에 수립된 3차 지하수관리기본계획 수정은 기존의 보전·관리 중심에서 지하수 보전과 활용의 조화 및 산업 육성으로의 전환이다. 이는 대체수자원으로서 지하수 개발의 중요성과 관심 증가와 더불어 지하수를 이용한 산업 육성의 필요성이 증가되었기 때문이다.

'지하수 기초조사'는 국지적인 지하수 기초정보에 대한 인프라 구축을 위한 것이다. 즉 지하수 기초조사를 실시함으로써 전국 시·군별로 지하수 부존 및 산출특성을 조사하고 분석해서 지하수관리에 필요한 기초자료를 제공한다. 아울러 지하수지도인 수문지질도를 작성해서 지하수 현황을 쉽게 알 수 있게 한다. 한편 관측망 설치 및 운영이 실시되고 있다. 관측망은 국가지하수관측망, 보조지하수관측망, 지하수수질 측정망, 그리고 해수침투조사 관측망으로 구분된다(표. 6.2). 전국의 주요지점에 설치된 지하수 관측소는 수위 및 수질을 지속적으로 관측함으로써 광역적인 지하수의 수위·수질 변동실태를 분석한다. 2016년 기준 전국에 총 428개소의 국가 지하수관측소가 설치되어 운영되고 있다. 국가지하수 관측소에서는 3개 항목(수위, 수온, EC)을 1시간 간격으로 자동관측한다. 보조 지하수 관측망은 국가지하수 관측망과 연계하여 국가지하수 관측망을 보완하기 위한 기능을 가진다. 지역별로 주요 관측 대상 지점에 관측정을 설치하여 지하수 수위(수질) 특성 자료를 획득하는 것이 보조 지하수 측정망의 목적이다.

표 6.2 지하수 관측망

소속기관	국가지하수관측망 (환경부)	보조지하수관측망 (지자체)	지하수수질측정망 (환경부)	해수침투조사관측망 (농림축산식품부)
관측항목	수위/온도/EC/수질	수위/수질	수질	수위/온도/EC
관측방법	자동	수동(자동)	수동(자동)	자동

환경부에서 전국적으로 설치 및 운영하는 지하수수질측정망은 전국 지하수 수질 현황과 수질변화 추세를 정기적으로 파악하고 관리한다(그림 6.8). 그래서 지하수의 수질을 보전하고, 정책 수립을 위한 기초 자료로 활용하고 있다. 지하수수질측정망 외에도 지하수 수질은 지하수 정기 수질검사를 통해 관리된다. 지하수법에 의하여 지하수개발·이용의 허가를 받거나 신고한 자는 환경부령이 정하는 기간마다 수질검사 전문기관에 의뢰하여 수질검사를 받도록 규정하고 있다.

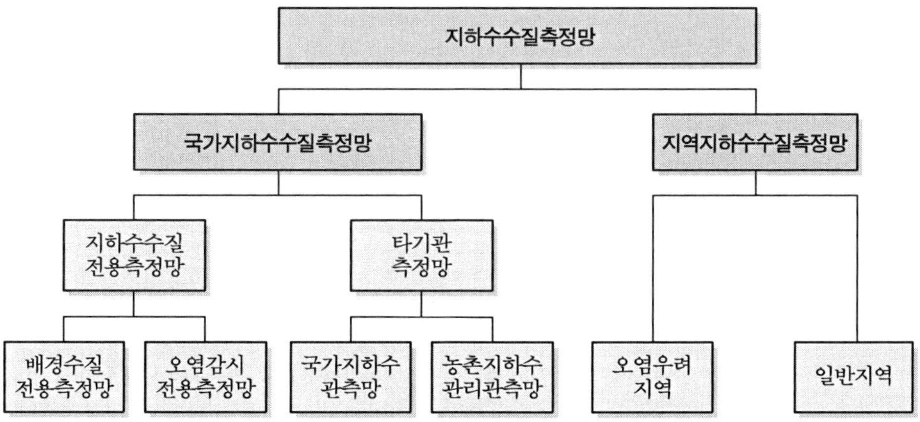

그림 6.8 지하수 수질측정망 설치 및 운영체계

해수침투 관측망의 목적은 해안 및 도서지방의 수리지질학적 특성 및 지속적인 양수에 의한 해수침투의 영향을 관측하고 이에 대한 대책 수립의 기초 자료를 제공하는 것이다. 이를 위해 해당 지역에 있는 관측정의 수위 및 수질변화를 자동관측장치와 해수침투 원격감시 시스템을 이용하여 주기적으로 자료점검 장기관측을 실시한다. 한편 농촌지하수관리 관측망의 목적은 농촌지역의 수리지질학적 특성 및 지속적인 양수에 의한 지하수의 영향을 관측하고 이에 대한 대책 수립의 기초자료를 제공하는 것이다. 이를 위해 지하수자원 관리 조사 완료지구에 대하여 수위 및 수질을 자동으로 관측할 수 있는 자동 관측장치와 원격 감시 시스템을 이용하여 주기적으로 자료 점검 장기관측을 실시한다.

6.6 지하수 수질기준

지하수 수질기준은 지하수를 이용하기 위한 목적 말고도 지하수 오염방지 및 오염된 지하수를 정화하기 위한 목적에 적합하도록 지하수를 관리하기 위하여 총 20개 항목(일반오염물질 4개, 특정오염물질 16개)이 설정되어 있다(표 6.3).

지하수를 음용수로 이용하는 경우는 먹는물관리법 제5조의 규정에 의한 먹는물의 수질기준을 따른다. 그러나 지하수를 생활용수, 농어업용수, 그리고 공업용수로 각각 이용하는 경우에 수질 기준은 표 6.3과 같다. 지하수의 개발・이용을 허가 받거나 신고한 자는 '지하수의 수질보전 등에 관한 규칙'에 규정된 지하수 수질기준에 적합한지 여부를 판정하기 위해 지하수 관련 수질검사를 받아야 한다. 지하수 수질기준을 초과할 경우 지하수 개발・이용시설의 오염 방지를 위해 필요한 조치를 취하도록 하고 있다.

표 6.3 지하수 수질기준 〈개정 2018. 8. 6.〉

(단위 : mg/L)

이용목적별 항목		생활용수	농·어업용수	공업용수
일반 오염 물질 (4개)	수소이온농도(pH)	5.8~8.5	6.0~8.5	5.0~9.0
	총대장균군	5,000 이하 군수/100mL	-	-
	질산성질소	20 이하	20 이하	40 이하
	염소이온	250 이하	250 이하	500 이하
특정 유해 물질 (16개)	카드뮴	0.01 이하	0.01 이하	0.02 이하
	비소	0.05 이하	0.05 이하	0.1 이하
	시안	0.01 이하	0.01 이하	0.2 이하
	수은	0.001 이하	0.001 이하	0.001 이하
	다이아지논	0.02 이하	0.02 이하	0.02 이하
	파라티온	0.06 이하	0.06 이하	0.06 이하
	페놀	0.005 이하	0.005 이하	0.01 이하
	납	0.1 이하	0.1 이하	0.2 이하
	크롬	0.05 이하	0.05 이하	0.1 이하
	트리클로로에틸렌	0.03 이하	0.03 이하	0.06 이하
	테트라클로로에틸렌	0.01 이하	0.01 이하	0.02 이하
	1.1.1-트리클로로에탄	0.15 이하	0.3 이하	0.5 이하
	벤젠	0.015 이하	-	-
	톨루엔	1 이하	-	-
	에틸벤젠	0.45 이하	-	-
	크실렌	0.75 이하	-	-

*비고

1. 다음 각 목의 어느 하나에 해당하는 경우에는 염소이온기준을 적용하지 아니할 수 있다.
   가. 어업용수
   나. 지하수의 이용 목적상 염소이온의 농도가 인체에 해가 되지 아니하는 경우
   다. 해수침입 등으로 인하여 일시적으로 염소이온 농도가 증가한 경우
2. 농·어업용수 및 공업용수가 생활용수의 목적으로도 이용되는 경우에는 생활용수의 수질기준을 적용한다.

참고문헌

1. 국가지하수정보센터(http://www.gims.go.kr).
2. 부산광역시보건환경연구원보 (2018). 제27권. 부산광역시보건환경연구원.
3. 지하수관리기본계획 수정계획 (2017-2026) (2017). 국토교통부.
4. 지하수조사연보 (2017). 국토교통부.
5. 지하수의 수질보전 등에 관한 규칙 (시행 2019. 1. 1 환경부령 제770호, 2018. 8. 6., 일부개정). 환경부.
6. Brady N.C. and R.R. Weil (2008). The Nature and Properties of Soils (14th ed). Prentice Hall, N.J.
7. Hillewaert, H. (2007). Schematic aquifer cross section. U.S. Geological Survey circular 1186.

CHAPTER 07

토양오염물질

7.1 토양오염물질의 정의

일반적으로 토양오염물질은 천연 또는 합성 화합물로서 토양미생물에 의해 분해가 잘되지 않고 지속적으로 남아있으므로 토양에 축적된다. 이들이 환경에서 우려가 되는 이유는 동물, 식물 또는 미생물에 독성을 나타내거나(예 : benzo[a]pyrene, TCE) 미관상 보기가 좋지 않다거나(예 : 스티로폼과 같은 포장재) 또는 분해되지 않고 불필요하게 지속적으로 환경에 남아있다(예 : 나일론, 폴리우레탄)는 점이다.

토양환경보전법에 의하면 토양오염물질은 토양오염의 원인물질로서 환경부령이 정하는 것이다. 현재 우리나라에서 토양오염물질로서 관리되고 있는 22종의 물질은 다음과 같다(표 13.1): 카드뮴 및 그 화합물; 구리 및 그 화합물; 비소 및 그 화합물; 수은 및 그 화합물; 납 및 그 화합물; 6가 크롬화합물; 아연 및 그 화합물; 니켈 및 그 화합물; 불소화합물; 유기인화합물; 폴리클로리네이티드비페닐(PCB); 시안화합물; 페놀류; 벤젠(그림 7.1); 톨루엔; 에틸벤젠; 크실렌; 석유계총탄화수소(TPH); 트리클로로에틸렌(TCE; 그림 7.3); 테트라클로로에틸렌(PCE); 벤조[a]피렌(그림 7.2); 1,2-디클로로에탄. 한편 기타 위 물질과 유사한 토양오염물질로서 토양오염의 방지를 위하여 특별히 관리할 필요가 있다고 인정되어 환경부장관이 고시하는 물질도 토양환경보전법에 의해 관리되고 있다. 이들 화합물에 대한 정보는 국립환경과학원에서 운영하는 화학물질정보시스템(http://ncis.nier.go.kr)을 활용하면 유용하다.

현재 우리나라는 토양환경보전법에 의해 규정된 22개 규제대상 토양오염물에 대하여 3가지 지목(1, 2, 그리고 3지역)에 따라 '토양오염우려기준'과 '토양오염대책기준'을 정하고 있다(표 13.1). '토양오염우려기준'은 사람의 건강 및 재산, 동·식물의 생육에 지장을 초래할 우려가 있는 정도의 토양오염도이다. 반면에 '토양오염대책기준'은 우려기준을 초과하여 사람의 건강 및 재산, 동·식물의 생육에 지장을 주어 토양오염에 대한 대책을 필요로 하는 정도의 토양오염도이다. 우려기준과 대책기준은 각각 지목을 기준으로 1지역, 2지역, 3지역에 따라 차등 적용하는데 1지역은 전·답·과수원·목장용지·대(주거용)·학교용지·구거·공원과 어린이 놀이시설이 해당 된다. 2지역은 임야·염전·대(주거용 외)·창고·하천·유지·체육용지·유원지 및 잡종지가 해당이 되며 3지역은 공장용지·주유소용지·도로·주차장·철도용지 등과 국방·군사시설이다.

7.2 토양오염원

토양오염의 원인이 되는 위험요소로는 크게 다음 세 가지를 들 수 있다. 1) 산업활동에 의하여 직접 피해가되는 물질이 배출되는 경우, 2) 토양 내의 영양물질이나 함수율(간접적 영향)이 영향을 받아 생물학적 토양자정능력이 변하는 경우, 3) 격리, 자원채취 혹은 건축활동 등에 의하여 토양의 물리적 성질이 변하는 경우. 위의 위험요소를 제공하는 오염원은 다음과 같다. 불량 폐기물 매립지, 생활 및 산업폐기물의 비위생 혹은 위생매립지; 가스화설비, 화학공장 등 산업부지; 군부대의 화약저장창고; 누수되는 하수관; 대기에 의한 산성화, 농업활동에 의한 오염 및 홍수에 의한 오수범람으로 인한 넓은 면적의 오염 등.

토양이 오염되는 경로는 위에 제시된 직접적인 토양오염원에 의해서도 일어날 뿐만 아니라 수질 또는 대기오염에 의한 간접 오염에 의해서도 발생한다. 화학물질의 환경배출량·이동량 파악이 명확한 오염원은 점오염원(예 : 사업체)이라 하고, 한편 점오염원인 사업체를 제외한 오염원으로서 개인 및 소규모 업체와 광역적으로 분산된 형태로 오염물질을 배출하는 모든 오염원을 비점오염원(예 : 논이나 과수원의 농약, 쓰레기 속에 버려진 전지 등)이라 한다.

7.3 토양오염물질의 예

7.3.1 유류관련물질

(1) 석유화합물(Petroleum)

석유화합물은 수소와 탄소로 주로 구성된 화합물이고, 고대 동식물의 퇴적으로부터 생성된 원유로부터 만들어졌다. 초기 퇴적물의 생화합물은 혐기성상태에서 점차적으로 비교적 순수한 석유탄화수소로 변화되었으며, 실질적으로 모든 석유 퇴적물은 다소의 황, 질소, 금속원소 등을 함유하고 있다. 석유 화합물의 형성은 수백만 년이 소요되고, 에너지(약 5,200 J/Kg)는 C-H결합의 형태로 저장되며, C-H결합이 깨지거나 새로운 H-O와 C=O결합이 만들어질 때 생성된다. 산화과정동안 O_2분자는 산소원자로 쪼개지고, C-H결합은 산소와 반응하여 깨진다. 탄화수소가 연소될 때 저장된 Energy는 기계에 동력을 공급하며, 석유화합물의 주요 용도로는 수송수단(자동차, 화물차 및 Diesel이용 기관차) 및 산업용 연료, 난방, 윤활유, 석유화학 제품 및 의약품 제조를 위한 생원료, 용제, 전기생산 등이고, 연료로서 사용되는 석유화합물의 약 65%는 자동차 가솔린으로 소모되어 환경오염을 유발시킨다.

석유화합물을 구성하는 물질은 수백 가지 화합물의 혼합용액으로 구성되어 있으며, 모든 석유연료는 주로 탄화수소와 약간의 청정제, 알코올, 아민류와 같은 첨가제로 구성되어 있다. 연소는 주로 탄소와 수소를 CO_2와 H_2로 산화된다. 모든 화석연료는 약간의 황을 함유하고 있으며, S와 N는 고온에서 O_2와 반응하여 질소 및 황화합물을 형성하며, 도시지역 대기오염 및 산성비의 주요인이 되고 있다. 석유화합물제품들은 누출에 의한 공중건강을 저해하며 가솔린 오염은 여러 측면에서 공중건강을 위협하는데 휘발성유기화합물(volatile organic compounds, VOC)의 축적으로 화재 및 폭발의 위험이 있으며, 지하수, 지표수, 토양 등의 오염원이 된다.

(2) 지방족 탄화수소(Aliphatic hydrocarbons)

석유화합물은 지방족 탄화수소와 더불어 방향족탄화수소인 불포화 탄화수소를 함유하고 있다. 환구조가 아닌 탄화수소로서 H와 C결합의 배열로 구성되어 있으며, 적게는 하나에서 수백, 수천개에 이르는 탄소 체인들의 화학결합을 형성하고 있다. 가장 단순한 탄화수소는 methane, ethane, propane이다. 체인구조는 다양하며 구조에 따라 서로 다른 물리화학적 특성을 보유하고 있다.

(3) 방향족 탄화수소(Aromatic Hydrocarbons)

방향족 탄화수소는 보통 특이한(불쾌하지 않은) 냄새를 가지고 있다. 이에 대표적인 화합물은 benzene(C_6H_6)이다. Benzene은 3개의 이중결합을 가진 분자이며 방향족 화합물의 환구조는 공명에너지로 인해 매우 안정적이고 많은 반응물에 비활성을 띤다(그림 7.1).

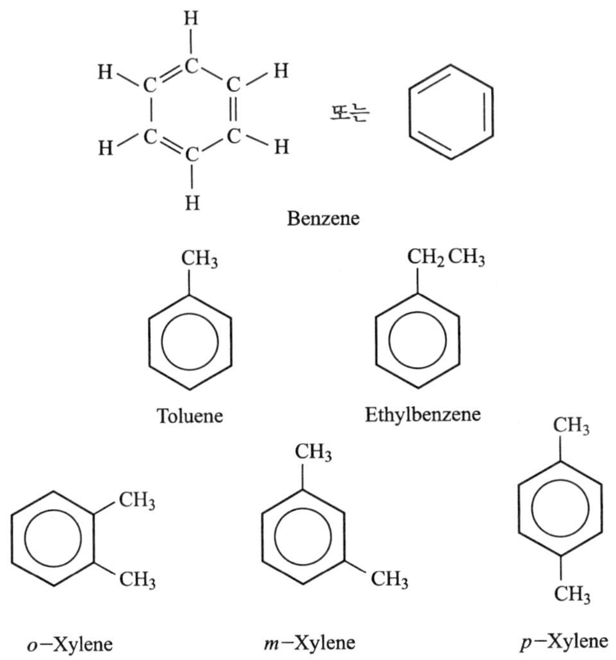

그림 7.1 대표적 방향족 탄화수소 : 톨루엔, 에틸벤젠, 자일린의 화학구조

(4) 알킬벤젠

벤젠환에 알킬기계열 혹은 염소(Cl)와 같은 원소들이 결합된 화합물들은 벤젠보다 다소 유해하다. 이에 해당하는 잘 알려진 오염물질은 PCB(Polychlorinated Biphenyls) 등을 들 수 있다. 가솔린 제조시 알킬벤젠은 연료의 옥탄가를 높이는데 사용하며, 벤젠환에 있는 수소를 CH_3^-로 대체하면 페닐메탄(메틸벤젠 또는 톨루엔이라고도 불림) 화합물이 된다. 톨루엔은 원유 및 여러 가지 석유 생성물질에 함유되어 있으며, 벤젠보다 독성이 약하며, 용해도가 낮다. 에틸벤젠, 큐민 등 다른 알킬방향족 화합물도 가솔린에서 발견된다. 자일렌은 가솔린연료와 여러 가지 용제, 접착제 등에 풍부하다. Benzene, toluene, ethylbenzene, xylene 이 4가지 종류의 화합물(BTEX)은 현재 국내외에서 오염기준이 정해져 있거나 규제물질로 관리하고 있다.

(5) 다환방향족 탄화수소(Polycyclic Aromatic Hydrocarbons, PAH)

다환방향족 탄화수소는 2개 이상의 융합된 벤젠환을 가진 화합물의 총칭으로서 Polycyclic Aromatic Hydrocarbons(PAH), Polyaromatic Hydrocarbons (PAH) 혹은 Polynuclear aromatic hydrocarbons(PNA)등으로 불린다(그림 7.2). PAH는 석탄, 석유와 같은 화석연료의 성분으로 존재할 뿐만 아니라 유기물이 불완전 연소될 때(예 : 자동차 배기가스, 화석연료의 연소, 담배연기 등)에도 발생한다. 그러므로 오염정도에서 차이가 있을 뿐 사실상 PAH는 도처에서 발견된다.

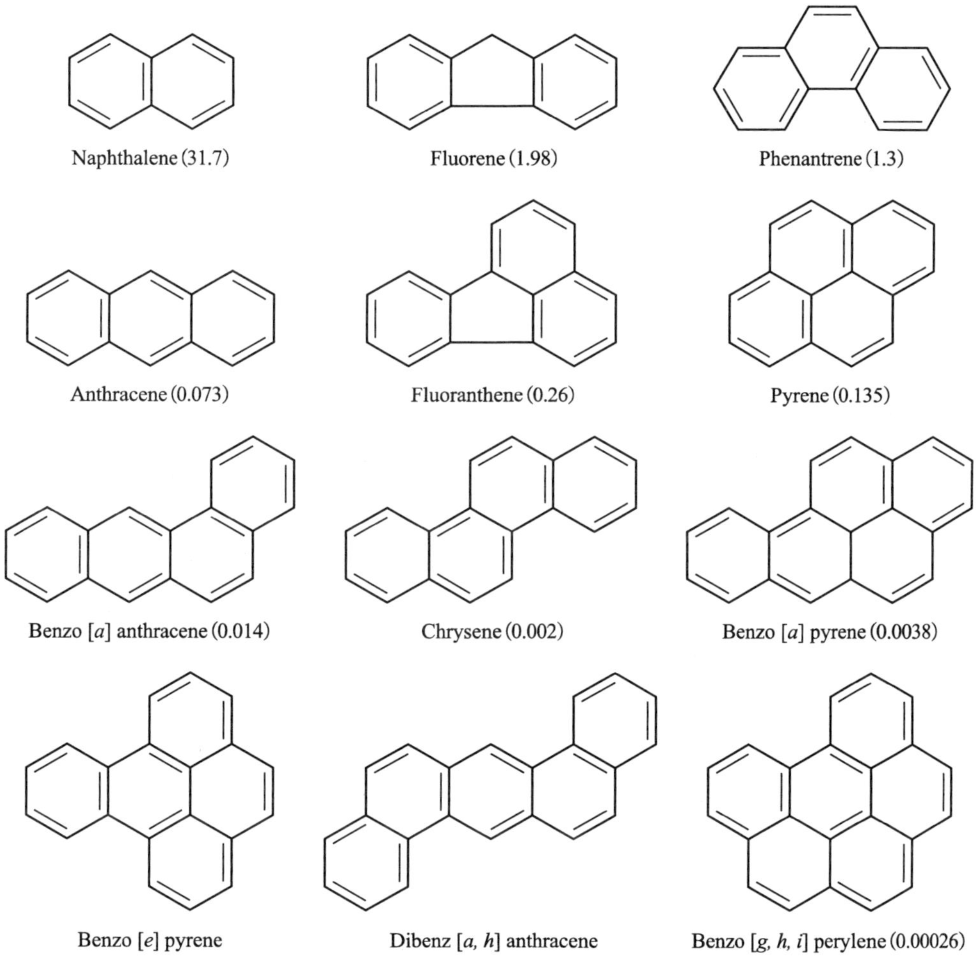

그림 7.2 다양한 PAH의 화학구조와 물에 대한 용해도(mg/l, 25℃)

PAH중에서 벤젠환이 2개 융합된 형태의 나프탈렌은 구조가 가장 간단하고 물에 대한 용해도가 가장 높아(25℃에서 31.7 mg/L) 미생물에 의한 PAH 분해과정을 연구하기 위한 모델화합물로 사용되어왔으며 세균에 의한 나프탈렌의 분해과정은 생화학적 유전적 측면에서 많은 연구가 되어 있다. 그러나 나프탈렌 이외의 PAH는 일반적으로 낮은 용해도 때문에 미생물에 의해 잘 분해되지 않으며, 토양입자 특히 점토에 잘 흡착되어 처리/복원하기가 용이하지 않다. 특히 용해도가 매우 낮은(25℃에서 3.8 mg/L) benzo[a]pyrene (B[a]P; 벤조[a]피렌)은 발암물질로 잘 알려져 있다. 현재 국내에서는 2010년부터 B[a]P가 토양오염물질로서 관리되고 있다.

7.3.2 비유류오염물질

(1) 농약 및 농자재에 의한 토양오염

농약은 농작물에 병해충 제거·예방용, 제초제나 생장조절제 등 약제로 사용된다. 농약은 농산물의 양적·질적인 향상과 노동력의 절감 등을 도모하기 위해 현대농업의 필수 불가결한 자재로서 그 효과를 나타내기 위해서는 어느 정도의 독성과 잔류성은 불가피하고 이로 인해 토양오염이 초래된다. 하지만 과량의 농약 사용으로 인한 토양과 수질오염은 막을 수 있는 오염이기도 하다.

농약이 살포되면 토양내에서의 복합반응으로 인해 그 성질이 유해하게 변화될 수 있으며, 어떤 종류의 농약이든 장기간 이용하면 작물의 수확이 감소된다. 이에 해당하는 대표적인 화합물인 DDT는 토양내에서 분해가 잘 되지 않고 잔류하는 문제가 있다. 농약에 의한 피해는 여러 가지 있을 수 있지만 pH, 습도, 토성, 농약의 투입량 등에 따라 좌우되고, 농약내에 존재하고 있는 중금속류에 의해서도 토양이 오염된다. 자연계에서 분해되기 어려운 합성물질 중 PCB, 유기염소계농약과 같은 유해물질과 합성수지류가 문제되고 있다. 토양이 오염되지 않게 하려면 농약처리 방법을 개선하거나 미생물 또는 화학적으로 잘 분해되고 2차 산물에 의해 유해작용을 초래하지 않는 친환경적 농약의 개발이 필요하다.

유기인화합물은 인이 결합된 유기오염물로서 현재 토양환경보전법에 따라 관리되고 있는 토양오염물 중의 하나이다. 이 오염물은 농약(파라치온, EPN)제조나 사용 시 주로 배출된다. 유기인화합물에 대한 토양오염우려기준은 1과 2 지역에서 모두 10 mg/kg이고 3 지역에서는 30 mg/kg이다. 한편 이 오염물의 지하수 수질기준은 생활용수, 농어업용수, 그리고 공업용수에서 모두 0.0005 mg/L이하이다. 이 화합물의 인체 유해성으로는 약한 중독으로는 전신권태, 식욕부진, 구토, 두통, 어지러움 등이 나타난다. 한편, 심한 중독으로는 의식불명, 전신마비, 호흡곤란 등이 일어난다.

질과 양면에서 우수한 농산물을 생산하기 위해서는 토양만으로는 영양공급량이 부족하여 인위적으로 만든 화학영양분을 토양에 넣어 주어주는 것이 비료다. 하지만 과량 시용된 비료는 하천과 지하수에 유실되어 오염물질로 작용한다. 대표적인 화학비료는 질산염이다. 주요 질산염은 $NaNO_3$, NH_4NO_3, KNO_3, 그리고 $CaNO_3$이다. 이 화학비료가 물에 용해되어 성분인 질산염 이온(nitrate; NO_3^-)이 유수나 지하수에 흘러 들어가면 부영양화를 야기할 수 있다. 한편 질산염 이온은 토양의 암모니움(NH_4^+)으로부터 질산화 세균에 의해 생성되기도 한다: $NH_4^+ \rightarrow NO_2^- \rightarrow NO_3^-$. *Nitrosomonas* 속과 *Nitrobacter* 속 세균은 이들 반응에 각각 관련된 대표적인 세균들이다. 질산염이온으로 오염된 지하수를 식수로 사용할 경우 메트헤모글로빈혈증(methemoglobinemia)을 초래한다. 메트헤모글로빈혈증이 유아에게 발생한 경우 유아청색증(blue baby syndrome)이라고도 한다. 질산염이온은 사람과 동물의 체내에 흡수되면 장간대사(enterohepatic metabolism)에 의해 아질산 이온(nitrite; NO_2^-)으로 전환된다. 아질산 이온은 혈액 중의 헤모글로빈 내의 Fe^{2+}를 Fe^{3+}로 산화함으로써 헤모글로빈이 산소운반을 못하게 한다. 그래서 초래되는 장기조직의 산소부족을 메트헤모글로빈혈증이라고 한다.

(2) 도시하수

도시하수는 일반적으로 유기성분이 낮으나 적절한 처리를 거치지 않은 공장폐수에서 유래한 유해중금속이 포함될 수도 있다. 적절한 도시하수 처리기술이 개발되기 이전에는 보통 농경지에 도시하수를 유입하여 처리하였는데, 그 이유로는 도시하수 내에 존재하고 있는 질소/인등을 토양 내에 공급할 수 있기 때문이었다. 그러나 도시하수 내에는 세균, 사상균, 곰팡이, 바이러스 등의 유해병원성 미생물이 존재하기 때문에, 상수원이나 지표/지하수를 오염시킬 가능성이 있어서, 최근에는 사용되지 않은 실정이다.

(3) 방사성물질

원자핵 등에 의한 실험에 의한 낙진으로 토양은 오염되고 있으며, 또한 이러한 방사성물질을 매립하는 경우 또한 토양오염을 유발시킬 수 있다. 방사성물질로 오염된 물이나 대기에 의해 주변의 토양이 오염되기도 한다. 한편 지하수의 방사성 오염은 오염된 지표수가 주변 대수층에 유입되면서 발생할 수 있다. 방사성 물질 자체가 잔류성이 크고 비중이 높아 이동성이 매우 낮다. 그러므로 토양 내 유입된 방사성물질의 침출에 의한 지하수오염보다는 오염된 지표수에 의한 대수층 오염이 발생한다는 것이다.

토양에 방사성 오염물이 축적되면 이러한 토양에서 재배된 농작물, 축산물(고기, 우유, 달걀 등)을 인간이 섭취함으로써 방사성 물질이 신체로 유입되면 방사선을 방출하여 노출되는 내부 피폭(internal exposure)이 발생한다. 그래서 농경지 토양의 방사능 오염대책이 우선적으로 필요하다. 방사성 물질에 의한 토양오염이 농업과 축산에 미치는 영향은 지속적이고 장기적이므로 일단 오염이 되었다면 문제가 많다. 예로서 1986년에 발생한 체르노빌 사고 후 여러 가지 토양처리 기술들이 사용되었으나 여전히 많은 농경지가 사용되고 있지 않다.

방사성 오염물질 중 특히 세슘(^{137}Cs)은 반감기가 30년인데다 흡착하는 성질을 지니고 있으므로 토양에 유입되면 토양 자체의 오염은 물론 그 토양에서 재배하는 식물을 오염시킬 수 있다. 게다가 세슘은 칼륨과 성질이 비슷하여 함께 토양에 존재할 경우 식물은 세슘을 더 잘 흡수하는 것으로 알려졌다. 방사성물질 중에서 비교적 검출과정이 용이하고 반감기가 긴 세슘과 플루토늄(반감기 최소 88년 – 최대 808만 년)이 방사성 토양 오염의 중요한 지표로 사용된다. 반감기가 길고 방사선량이 많은 방사성 물질에 의한 오염은 자연저감 되는 속도가 느리다. 그래서 플루토늄(^{239}Pu), 세슘, 그리고 스트론튬(^{90}Sr; 반감기 28.7년)과 같이 반감기가 긴 방사성 물질은 매우 장기간 토양이나 지하수에 남아있게 되어 중·장기적으로 정화를 해야 한다. 그러나 반감기가 짧은 방사성 물질(예 : ^{131}I; 반감기 약 8일)은 토양에서 대부분 자연저감 되거나 소멸되기도 한다. 지하수는 유속이 매우 느리기 때문에 이런 방사성 오염물은 확산되기 전에 상당부분 자연저감 되거나 소멸될 가능성이 크다

(4) 금속류

식물의 생육이나 사람 및 가축에 해로운 영향을 주는 광공업 폐기물인 중금속류에 의한 토양 및 작물의 오염이 증가하고 있다. 토양오염원이 되는 무기원소는 As, Cd, Co, Cr, Cu, F, Hg, Mo, Ni, Pb, Se, V, Zn 등이다.

휴·폐광산 인근지역에서 조사된 토양 및 농작물은 종종 카드뮴, 구리, 납, 아연의 최고함량이 토양환경보전법의 대책기준이나 우려기준을 초과하고 있어 토양오염 대책이 필요하기도 한다. 석탄광에 함유되었던 황(黃)이 물 혹은 공기에 노출되어 산화과정을 거치고 갱내수에 녹아서 pH를 낮추고 SO_4^{2-}를 다량 함유하게 된다. 산성의 광산배수는 토양내 금속의 용해를 용이하게 한다. 산성광산 배수가 농경지에 유입될 경우 토양을 산성화시켜 농경지에 피해를 주는 경우가 발생한다.

비소(As)는 AS(Ⅲ)이 AS(V)보다 독성과 이동성이 강하고 밭상태에서 보다 논상태에서 피해가 크다. 1지역에서 75 mg/kg이상일 때 대책지역에, 25 mg/kg 이상일 때는 오염 우려 지역에 각각 해당한다(표 13.1 토양오염기준). 카드뮴 중독증은 1961년 일본의 신통천(神通川)유역에서 이따이이따이 병의 발생으로 유명하다. 구리(Cu)의 오염은 농약성분으로 과수와 사료에 사용되는 $CuSO_4$에 의한다. 토양환경보전법에 의하면 구리의 농도가 1지역의 경우 450 mg/kg 이상일 경우 오염대책지역, 150 mg/kg 이상일 경우에는 오염우려지역으로 지정한다(표 13.1).

크롬(Cr)은 도금공장, 피혁공장, 화학약품공장 등에서 발생하며 Cr^{6+} 형태로 흡수되면 비중격아공(鼻中隔芽孔), 종창, 폐암 등 직업병 발생하는 원인이 된다. 3가 크롬은 6가 크롬에 비해 독성이 약하다. 현재 6가 크롬만이 토양오염물질로 지정되어 관리되고 있다. 수은(Hg)의 인체에 대한 유독성으로 인해 1950년대에 일본에서 발생한 미나마타병의 원인이 되었다. 자연계에 세가지 형태로 존재한다 : 영가수은(Hg^0), 2가수은(Hg^{2+}), 그리고 유기수은, 이중에서 영가수은은 휘발성이고 유기수은은 가장 독성이 높다.

납(Pb)을 다량 섭취하면 인체의 간장, 신장, 뼈 등에 축적되어 독성을 유발한다. 식물체 내에서 납은 $PbCO_3$나 $Pb_3(PO_4)_2$의 형태로 존재하는 비교적 불용성 화합물이다. 아연(Zn)은 식물에 독성을 나타내는 농도는 150~500 mg/kg 이상이고 동물의 경우에는 사료 중 함량이 1,000 mg/kg 이상일 때 독성이 나타난다.

(5) 석면

석면은 천연광물섬유로서 섬유상 규산염광물의 총칭이다. 보통 길이가 1~10 μm 정도이고 가늘다. 호흡기계 질환과 주로 관련된 것은 길이가 5 μm 이상이고 직경이 0.25 μm 이하이다. 석면의 종류는 구성성분에 따라 청석면(crocidolite), 황석면(갈석면; amosite), 백석면(chrysotile), 트레모라이트, 악티노라이트, 안소필라이트(Anthophyllite) 등으로 구분된다(그림 7.3).

석면은 내열성, 불활성, 내구성, 그리고 절연성이 있어 이런 성질이 필요한 여러 제품의 소재로 사용되었다. 석면은 주로 건축자재(82%: 슬레이트, 천장텍스, 석고보드, 바닥용 타일 등)로 사용되었으나 그 외에도 자동차부품(11%: 브레이크 등), 섬유제품(5%: 파이프 보온재, 방화용 피복재, 전기제품의 절연재 등), 기타(2%) 목적으로도 사용되었다. 우리나라에서는 1970~1990년대에 석면을 많이 사용하였으나 석면의 위해성이 알려짐으로 말미암아 2009년부터는 국내사용이 전면 금지되었다.

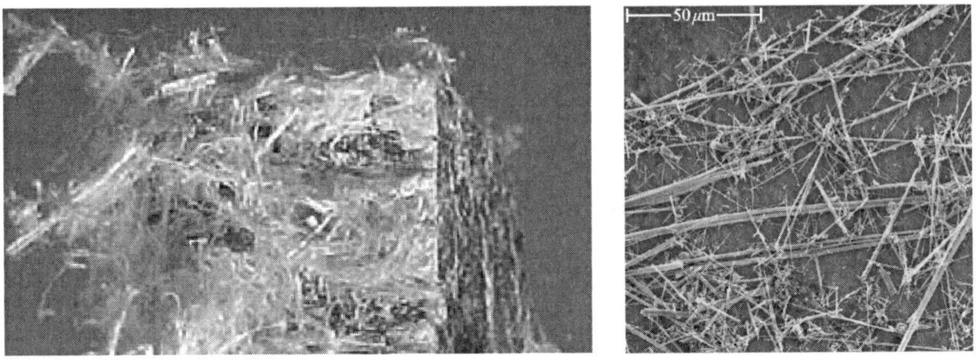

그림 7.3 석면광석의 조각사진(왼쪽)과 청석면의 전자현미경사진(오른쪽).
오른쪽 사진의 왼쪽상단의 흰 줄은 50 μm를 나타낸다. 사진출처: U.S. Geological Survey.

사람이 석면에 노출되는 경로는 석면제품의 사용 및 제조 외에도 지표에 자연적으로 있는 석면이 개발(예: 토양 굴착)에 따라 비산하여 호흡기에 들어가게 된다. 이처럼 주로 호흡에 의해 노출되고 그 외 음료나 음식물과 같이 섭취를 통해서도 석면에 노출된다. 석면에 노출되면 석면증(늑막염, 기침, 숨가쁨, 가슴통증)이 유발된다고 알렸다. 특히 국제암연구소(IARC)에서는 1987년부터 석면을 1급(발암성 확실) 발암물질로 분류하고 있다. 석면을 흡입 시 10~40년간 잠복기를 거친 후 악성 중피종이나 폐암을 유발하는 것으로 보고되었다. 그 외 석면관련 질환은 석면증과 석면폐가 있다. 석면증은 늑막염, 기침, 숨가쁨, 가슴통증 등이다. 석면폐(Asbestosis)는 석면섬유가 폐에 들어가 폐의 섬유화를 초래하는 진폐증의 일종이다. 헐떡임, 호흡부전, 심부전 등 증상을 일으키며 심하면 죽음에 이르게 된다. 석면 종류 중에서 가장 크기가 작은 청석면의 위해성이 가장 크고, 그 다음이 황석면과 백석면 순인 것으로 보고되었다. 환경부는 석면안전관리법에 자연발생석면 관리제도를 도입하였다. 이는 지표에 자연적으로 있는 석면이 개발에 따른 토양굴착과 같은 활동에 따라 비산됨으로써 발생하는 문제를 예방하기 위해서이다.

7.3.3 휘발성 유기화합물

자연계로 배출되는 이들 유기화합물질 중에서 휘발성 유기화합물질(VOC)은 서로 매우 유사한 물리·화학적 특성을 가지고 있다. 이들 VOCs는 주로 친유성이며 반응성이 매우 낮은 것이 특징이다. VOC의 주요 오염원은 드라이크리닝 산업과 원유의 이송사고에 의한 것이다. 또한 음용수에서는 염소 소독과정에서 휘발성 염소화 탄화수소가 생성되기도 한다.

VOCs는 휘발성이 매우 높음에도 불구하고 토양이나 자연수계에서 검출되는데 이것은 많은 양이 환경 중으로 배출된 것에 기인한 것으로 보여진다. 따라서 VOC에 의해서 야기된 토양오염의 평가 및 이러한 배출로부터 오염을 저감할 수 있는 최적기술의 개발 등이 국가적 주요 관심사이다.

(1) VOC의 정의

VOC는 여러 화합물의 총칭으로서 세계보건기구 및 미국의 EPA에 의하면 "VOC란 탄소 원자를 함유하고 있으며 표준온도 및 표준압력에서 0.13 kPa 이상의 증기압을 가지고 있는 물질을 말하며 단, CO 및 CO_2는 제외한다"라고 정의하고 있다. 즉, VOC란 증기압이 높고 비점이 250℃ 이하이고 대기 중으로 쉽게 증발되는 유기탄소화합물을 말한다.

(2) VOC의 종류

VOC의 종류는 산업체에서 많이 사용되고 있는 용매와 화학 및 제약공장, 플라스틱의 건조공정에서 배출되는 유기성기체 등까지 매우 다양하다. 저비점 액체연료, 방향족 화합물 등 우리 생활주변에서 흔하게 사용되는 탄화수소류 등도 거의 VOC에 속한다(표 7.1). VOC에 속하는 화합물로는 방향족 탄화수소와 지방족 탄화수소(paraffin 계와 olefin 계) 등의 일반 탄화수소와 질소, 산소 및 할로겐 원소를 포함하는 비균질성 탄화수소(Heterogeneous Hydrocarbon : 알데히드, 케톤류 등)가 해당된다. 특히 VOC는 방향족 탄화수소와 할로겐 탄화수소와 같이 화합물 자체로서도 환경 및 건강에 직접 유해하거나 지방족 탄화수소와 같이 주로 대기중의 광화학반응에 참여하여 광화학산화물 등의 2차적 유해를 초래할 수도 있다. 특히 탄소-탄소 원자사이에 2중 결합을 갖는 올레핀계 탄화수소화합물은 광화학 반응성이 큰 것으로 잘 알려져 있다.

TCE(trichloroethylene, trichloroethene)와 PCE(perchloroethylene, tetrachloroethene)는 염화탄소(그림 7.4)로서 투명하고 무색인 액체이다. 이들은 유기물질에 대한 우수한 용매로서 드라이크리닝에 사용되는 용제이다. 그 외에도 자동차, 금속 기기나 제품의 그리스 제거에 사용된다. 비중이 1 보다 크고 토양 내에서 DNAPL(제10장 참조)로 존재한다. 그래

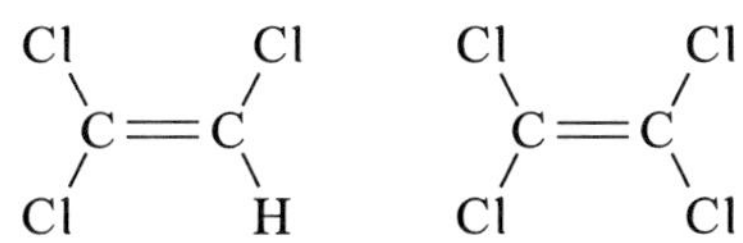

그림 7.4 TCE(왼쪽)과 PCE(오른쪽)의 화학구조

서 지하수면 아래로 가라앉는 성질이 있어 지하수오염이 발생할 경우 일반 유류오염보다 정화가 더 어렵다. 높은 농도로 이들 화합물에 노출되면 간과 신장에 유해한 영향이 나타날 수 있다. 그러나 낮은 농도라도 장기간 지속적으로 노출되면, 두통, 현기증, 졸음 등의 신경계에 유해하다. 유엔 산하 국제암연구소(IARC)는 TCE와 PCE를 "사람에게 암을 일으킬 수 있는 유력한 물질", 즉 '발암성 등급 2A군으로 분류하고 있다.

(3) VOC의 오염원

VOC의 오염원은 종류와 크기가 매우 다양하며 불특정배출과 같이 배출구가 산재되어 있는 특징이 있어 시설관리의 어려움이 있다. 그러나 크게 액체원료, 산업공정, 그리고 유류운송사고로 나눌 수 있다. VOC는 원유, 가솔린 등 액체연료 중에 많은 양이 함유되어 있으며 연료로부터 직접 또는 연료의 연소과정(예 : 자동차 배출가스)에서 발생되기도 한다. 그러나 대부분의 VOC는 인간이 만든 화학물질로서 페인트, 접착제, 석유제품, 의약품, 냉매 등의 제조산업 공정시에 사용되거나 발생되거나 용매, 페인트희석액, 드라이크리닝제의 구성성분으로서 산업폐수와 함께 배출된다. 아울러 유류 운송사고에 의하여 유류가 다량 유출됨으로서 VOC가 발생되기도 한다. 이렇게 발생한 VOC는 휘발, 생분해, 흡착, 광분해 등과 같은 물리·화학 및 생물학적 작용에 의하여 소멸되거나 감소된다.

(4) VOC 특성 및 영향

VOC는 인체 및 동식물에 유해한 2차 오염 물질인 광화학산화물을 형성하는 전구물질로서 오존오염을 증가 시켜 오존주의보 및 경보발령의 원인이 되고 있다. 점점 악화되고 있는 대도시의 시정 장애와도 관련이 있는 물질이다.

표 7.1 VOC의 물리화학적 성질

Compound	끓는점 (℃)	25℃에서 증기압 (kPa)	25℃에서 물에 대한 용해도 (g/l)	25℃에서 헨리상수 (kPa.m^3/mol)
Benzene	80.1	12.7	1.780	0.55
Bromomethane	3.56	183.9	-	-
Carbon tetrachloride	76.7	15.06	1.160	2.0
Chlorobenzene	132	1.581	0.471	0.35
Chloroform	61.7	25.60	7.900	0.38
1,1-Dibromoethane	113	-	-	-
1,2-Dibromoethane	131.7	-	-	-
1,2-Dichlorobenzene	179	0.196	0.145	0.19
1,3-Dichlorobenzene	172	0.307	0.123	0.36
1,4-Dichlorobenzene	173.4	0.902	0.083	0.16
1,1-Dichloroethane	57.3	30.10	5.100	0.58
1,2-Dichloroethane	83.5	10.93	8.700	0.11
1,1-Dichloroethylene	31.6	79.73	0.400	13.32
Dichloromethane	40.5	58.40	19.400	0.26
Ethylbenzene	136.2	1.27	0.152	0.80
Hexanal	131	-	-	-
Isopropylbenzene	152.4	0.611	0.050	0.13
Tetrachloroethylene	121.1	2.48	0.140	2.30
Toluene	110.8	3.80	0.515	0.67
1,1,1-Trichloroethane	74	16.53	0.720	2.8
1,1,2-Trichloroethane	113.5	4.04	4.420	0.12
1,1,2-Trichloroethylene	86.7	9.87	1.100	1.18
1,1,1-Trichloro-2,2,2-trifluoroethane	46	-	-	-
1,1,2-Trichloro-1,2,2-trifluoroethane	47.6	-	-	-
1,2,3-Trimethylbenzene	176.1	0.202	0.075	0.32
1,2,4-Trimethylbenzene	169.4	0.271	0.057	0.59
1,3,5-Trimethylbenzene	164.7	0.328	0.097	0.60
Vinylchloride	-13.9	355	2.700	2.35
o-Xylene	144.4	0.882	0.175	0.50
m-Xylene	139.1	1.10	0.162	0.70
p-Xylene	138.4	1.17	0.185	0.71

참고문헌

1. 김희주, 현윤정, 김영주, 황상일 (2011). 원전사고에 따른 토양 · 지하수 방사성오염의 효과적인 관리 연구. 지하수토양환경. 16(6), 113- 121.
2. 화학물질정보시스템(http://ncis.nier.go.kr).
3. 환경부 석면관리 종합정보망: http://abestos.me.go.kr
4. 환경부 (2018). 토양환경보전법.
5. 환경부 (2018). 환경백서.
6. Aihar, J.-I. (1992). Why aromatic compounds are stable? Sci. American, March 62-68.
7. Alexander, M. (1999). Biodegradation and bioremediation (2nd ed.). Academic press, San Diego, California.
8. Atlas, R.M., and R. Bartha (1998). Microbial Ecology : fundamentals and application (4th ed.). Benjamin/ Cummings Publishing, Menlo Park, California.
9. Brady, N.C. and R.R. Weil (2008). The nature and properties of soils (14th ed.). Prentice Hall, New Jersey.
10. Eweis, J., S.J. Ergas, D.P.Y. Chang, and E.D. Schroeder (1998). Bioremediation principles. McGraw-Hill Book Co. Yew York.
11. Harvey, R.G. (1991). PAHs, chemistry and carcinogenicity. Cambridge Univ. Press.
12. IAEA (2006). Environmental consequences of the Chernobyl accident and their remediation: twenty years of experience report of the UN Chernobyl forum expert group 'Environment'. International Atomic Energy Agency. Vienna, Austria.
13. Kim-Shapiroa, D.B., M.T. Gladwinb, R.P. Patelc, and N. Hogg (2005). The reaction between nitrite and hemoglobin: the role of nitrite in hemoglobin-mediated hypoxic vasodilation. J. Inorganic Biochem. 99(1), 237–246.
14. LaGrega, M.D., P.L. Buckingham, and J.C. Evans (1994). Hazardous waste management, McGraw-Hill, New York.
15. Vallero, D. (2014). Fundamentals of air pollution (5th ed.) Academic press, MA, USA.
16. Yaron, B., R. Calvet, and R. Prost (1996). Soil pollution: processes and dynamics. Springer, Berlin.

CHAPTER 08

토양에서 오염물질의 거동

토양에서의 오염물질의 거동에 영향을 주는 것은 그 화합물 자체의 물리 화학적 특성뿐만 아니라, 기타 다른 환경요인(토성, 토양유기물 함량, 온도, pH, 분해 미생물의 활성, 지하수의 흐름 등)도 작용한다. 그러므로 어떤 오염지역에서의 오염원이 되는 화합물의 거동을 이해하기 위해서는 그 지역의 이러한 환경요인들도 아울러 고려해야만 한다.

토양에서 화합물은 대기로 휘발이 되기도 하고, 토양내의 고형물에 흡착 또는 흡수되기도 한다(그림 8.1). 또한 토양 내에서 화학반응을 일으키기도 하고 자외선에 노출이 되는 표토에서는 광분해가 일어나기도 한다. 토양오염 물질인 화합물은 모세관 현상에 의해 수평적으로 퍼지거나 중력에 의해 토양 아래로 이동하여 침출이 되기도 하고 우수에 의해 유출되기도 한다. 토양에 식생하는 식물에 의해 흡수 또는 분해가 되기도 하며 미생물에 의해 생분해가 되어 제거되기도 한다. 또한 오염물은 농도구배에 의해 오염지역에서 비교적 농도가 낮은 주변으로 확산(diffuson)할 뿐만 아니라 지하수의 흐름에 의해 오염물도 따라 이송(advection)되기도 한다. 물에 잘 용해되는 화합물은 지하수나 토양수에 용해가 되기도 한다. 그 외 3장의 그림 3.1에 제시된 것과 같이 토양입자에 의해 여과가 되기도 한다. 오염물은 토양에서 이렇게 다양한 거동을 나타내며 이런 거동에 의해 오염된 지역에서 다른 지역으로 이동이 되기도 하고 자연저감이 되기도 한다.

8.1 휘발

휘발은 토양에서 VOCs가 제거되는 가장 중요한 과정이다. 이 과정은 물-공기 계면에서의 유체상태는 물론 각 개별 화합물질의 물리화학적 특성과 관련되어 있는 여러 가지 요소에 의하여 영향을 받는다. 물에 대한 용해도, 증기압 및 헨리상수 등이 VOCs의 휘발률을 결정하는 중요한 요소이다.

휘발과정은 화합물의 기화와 그에 의해 생긴 증기의 확산에 의한 분산으로 구성된다. 토양의 오염 물질인 고체나 액체 상태의 화합물이 증기로 변하여 휘발함에 따라 휘발 된 화합물이 토양 공극의 공기에 존재하기도 하고 대기로 소실되기도 한다. 휘발성이 있는 오염물질에는 휘발유, 수은(Hg^0), 유기용매(예 : BTEX, TCE 등), 나프탈렌 등이 있다. 오염물질의 휘발은 그 화합물의 증기압과 관련이 있으나, 실제 토양환경에서 휘발에 의해 화합물이 소실되는 속도는 환경 조건(온도, 흡착, 물에 대한 용해도, 토양의 수분함량, 토성, 기류 등.)과 고체-공기-물의 접촉면에서 화합물의 거동에 영향을 주는 기타 다른 요인들에 의해 결정된다.

토양용액 내에 녹아있는 화합물이 기화하는 현상을 설명하는데 헨리의 법칙을 이용하면 적합하다. 즉 토양공기중의 화합물의 증기밀도(d)는 헨리의 법칙에 따라 그 화합물의 토양 용액내의 농도(c)에 의존한다.

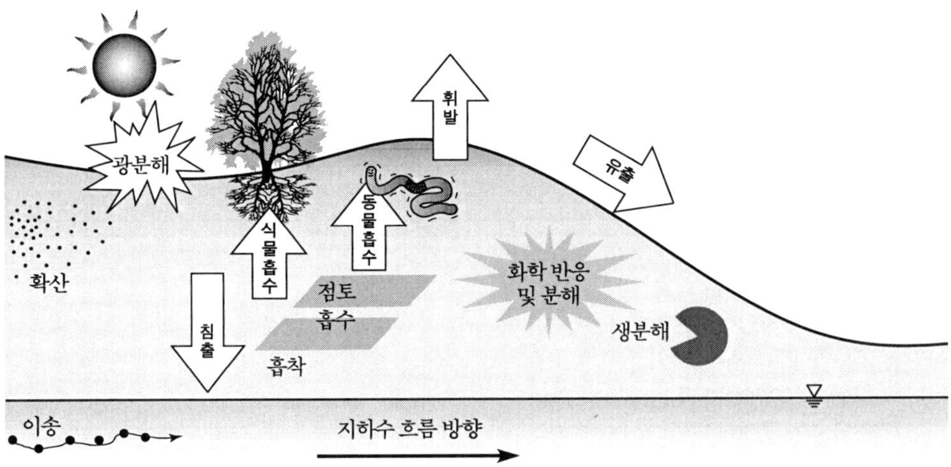

그림 8.1 토양에서의 오염물질의 거동

$$d = hc$$

h는 헨리 상수이고, d와 c의 단위는 mg/L이다. 헨리상수는 온도 함수로서 10℃ 상승할 때 마다 약 1.6배 가량 증가한다. 가스상태의 화합물이 토양층을 통과할 때, 토양의 고체상에 화합물이 흡착함에 따라 그 화합물의 상대적 증기밀도가 감소되기도 한다. 토양에서의 가스흡착은 토성이나 유기물함량과 같은 토양구성성분에 영향을 받고, 이 흡착과정을 통해 휘발속도가 감소된다.

휘발성 무기화합물의 한 예는 토양으로부터 휘발에 의한 암모니아의 소실이다. 암모니아 휘발에 영향을 주는 토양의 주요 요인인 토양 pH, 산화환원상태, 양이온 치환용량, $CaCO_3$ 함량, 토성, 미생물 활성, 그리고 흡착이다. 암모니아의 소실은 pH와 온도가 올라갈수록 증가한다. 석회질 토양에서 비석회질 토양보다 암모니아 소실이 많은 것으로 나타났다. 예로서 비료의 성분인 $(NH_4)_2SO_4$가 투입되었을 때 다음 반응이 일어난다 : $CaCO_3+(NH_4)_2SO_4 \rightarrow 2NH_3+CO_2+H_2O+CaSO_4$.

용액내의 NH_3과 NH_4^+의 상대적 농도는 다음 식을 따른다.

$$NH_4^+ \rightleftharpoons NH_3(aq) + H^+$$

$$\frac{[NH_{3(aq)}][H^+]}{[NH_4^+]} = K = 10^{-9.5}$$

$$\log \frac{[NH_{3(aq)}]}{[NH_4^+]} = -9.5 + pH$$

$[NH_{3(aq)}]$는 용액 속의 암모니아 농도이고 K는 NH_4^+의 해리 상수이다. 이 공식들에 의하면 pH가 5, 7, 또는 9일 때, 토양용액에서 $[NH_{3(aq)}]$는 용액내의 암모니아 질소의 전체량의 0.0036%, 0.36%, 36%에 각각 해당한다. 대기의 NH_3 가스의 분압이 낮을 때 용액과 대기 사이의 NH_3 농도차이로 인해 $[NH_{3(aq)}]$는 가스형태로 용액에서 대기로 이동한다.

일반적으로 NH_3의 휘발은 다음과 같은 요인에 의해 제어될 수 있다: 오염현장의 대기에 있는 NH_3의 분압, 토양 pH, 총 암모니움 농도와 CEC, 그리고 염의 첨가. 오염현장의 대기에 있는 NH3의 분압에 영향을 줄 수 있는 요인은 근처의 NH_3 생성공장, 질소비료의 양, 풍속, 온도, 그리고 습도이다. 토양의 pH 완충력이 클 때 토양의 pH는 중요한데, 일반적으로 초기 pH가 높고 토양의 pH 완충력이 클 때 NH_3 소실이 최대이다.

한편 일반적으로 다량의 암모니움이 pH 완충력이 낮은 토양에 첨가됐을 경우 첨가된 암모니움의 휘발은 쉽게 최소화된다. 토양의 높은 CEC로 인해 암모니움 이온이 흡착되므로 휘발이 감소한다. 무수 암모니아나 요소와 같은 암모니아 질소원이 사용됐을 때, $CaCl_2$, KCl, 또는 KNO_3과 같은 염을 첨가하면 휘발을 최소화하는 경향이 있다. 예를 들면 CO_2와 염기성 비료로부터 유리한 OH^-와 반응하는 칼슘은 pH를 완충시킬 수 있는 $CaCO_3$을 생성한다. 칼륨염의 경우는 콜로이드 표면으로부터 H^+을 치환하는 K^+ 때문에 토양 용액의 pH가 낮아지거나 Ca^{2+}을 치환하는 K^+로 인해 $CaCO_3$이 생성된다. NH_3소실을 제한하는 이러한 작용은 높은 용해도를 가진 칼슘 염(예 : $CaCl_2$, $Ca(NO_3)_2$, $CaCO_3$)을 사용했을 때만 가능하다.

오염된 특정 토양에서 휘발에 의해 독성 화합물의 농도가 감소됐다고 그 토양이 오염으로 인한 위해성에서 완전히 벗어난 것은 아니다. 상당량의 휘발된 화합물이 대기로 전이 돼있고 이들이 비와 함께 토양으로 다시 돌아오기도 하기 때문이다.

8.2 흡착과 흡수

흡착(adsorption)은 토양입자와 같은 고체 표면에 의해 화합물이 머무르는 것을 말하고, 흡수(absorption)는 고체 내부에 화합물이 들어가서 머무르는 것을 말한다. 흡착인지 흡수인지 개념이 분명치 않다거나 흡착과 흡수의 두 작용이 관련될 경우 수착(sorption)이라고 한다. 토양에서의 대표적으로 흡착/수제로 작용하는 것들은 부식토(humus)와 점토이다.

전형적으로 soption에 대한 점토의 효과를 비교하면, kaolinite보다 montmorillonite가 크다. 점토광물은 입자 크기가 작아(입경이 0.002mm 이하) 흡착에 활성인 표면적이 매우 크다. 점토광물의 일반적 구조는 규산판(silica sheet)과 알루미나판(alumina sheet)이 결합되어 결정단위를 이루고 있는 판상격자이다. 규산판 1개와 알루미나판 1개가 결합되어 한 결정단위를 가진 1 : 1 격자형 점토광물인 카오리나이트(kaolinite)는 비팽창격자형(nonexpanding lattice type) 광물로서 판들이 단단히 결합돼있으므로 2 : 1 격자형 광물보다 표면적이 작고 흡착능이 적다. 이에 반해 2개의 규산판 사이에 알루미나판 1개가 삽입된 형태로 한 결정단위를 가진 2 : 1 격자형 점토광물인 몬트모릴로나이트(montmorillonite)는 팽창격자형(expanding lattice type)광물로서 수분이 결정 단위들 사이를 자유롭게 이동하여 통과할 수 있으므로 습할 때에는 결정단위 사이의 간격이 늘어나고, 건조할 때에는 결정단위 사이의 수분이 빠져 나와 결정단위 사이가 좁혀진다. 그래서 이런 팽창형 점토광물의 결정 단위들 사이에 토양 오염물질로 작용하는 유기물, 무기물, 그리고 물이 통과할 수도 있고 안쪽과 바깥 표면에 오염물들이 흡착할 수도 있다. 점토광물의 안쪽과 바깥 표면이 이렇게 sorption에 매우 중요한 역할을 한다.

다음과 같은 화학적인 바탕으로 흡착과 흡수가 일어난다. 정전기적 인력, 소수성 상호작용, 공유 결합, 수소 결합, van der Waals 결합. 정전기적 끌어당김은 반대 전하를 띈 것들이 서로 끌어당기는 것으로, 음전하를 띈 토양의 흡착제(점토광물, 콜로이드성의 부식질)가 양이온을 끌어당기는 것이 한 예이다. 양전하를 띈 유기분자가 점토의 표면에 이미 결합돼있는 양이온을 치환하기도 한다. 그래서 토양의 흡착제에 양전하를 띈 유기물이 머물기도 한다. 반면에 음전하를 띈 유기분자는 음전하를 띈 토양의 흡착제로부터 일반적으로 반발 된다. 점토광물의 종류에 따라 양이온 치환용량(CEC)가 다르기 때문에 생분해에 미치는 영향도 다르다. 예를 들면 몬트릴로나이트는 CEC가 크고 팽창형 격자구조를 가지므로 미생물의 기질로 작용하는 오염물질을 종종 sorption하여 생분해를 방해한다. 질량 당 표면적이 크거나 표면적당 전하를 띈 곳의 수가 많은 화합물일수록 흡착이 잘되는 경향을 보인다. 결론적으로 주어진 토양환경의 pH에서 양전하를 띄는 분자는 음전하를 띈 토양의 흡착제에 의해 대부분 머무르게 된다.

양전하를 띈 분자의 토양의 흡착제로 점토광물과 부식질이 작용하나, 비이온성 화합물의 토양의 흡착제로는 부식질이 주로 작용한다. PAHs나 다른 비극성의 소수성 오염물질은 토양의 점토성분보다는 유기물성분에 주로 sorption된다. 소수성 상호작용은 화합물의 Kow가와 직접 관련돼있는데 PCB나 PAHs는 Kow가가 높아 소수성 상호작용을 받기 쉽다. 즉 화합물의 소수성이 강할수록 소수성 상호작용에 근거한 sorption이 잘된다. 경우에 따라서는 유기화합물이 토양의 유기물과 안정된 결합을 형성하기도 한다. 오랫동안 오염된 토양에서는 주로 저분자량의 화합물과 부식토(humus) 사이에서 공유결합이 형성돼있다.

토양에서 흡착 또는 흡수(흡착/수)가 된 화합물은 토양 미생물에 의한 이용도(bioavailability)가 감소되므로 생분해 속도가 감소되게 된다. 생분해에 관련된 효소는 세포 내 효소(intracellular enzyme) 또는 세포 외 효소(extracellular enzyme)가 있는데, 전자는 세포 내에 존재하는 효소이고 후자는 세포 밖으로 분비되는 효소이다. 화합물이 세포 내 효소에 의해 분해될 경우는 그 화합물이 세포 내로 들어와야 하는데 토양내의 고형물질에 흡착 또는 흡수된 화합물은 세포 내로 들어오지 못하므로 생분해가 어렵다. 화합물이 세포 외 효소에 의해 분해가 일어나는 경우에는 세포 외로 분비된 효소가 토양의 고형물질에 흡착 또는 흡수되어 촉매 능을 소실한다든지, 공간적인 방해로 효소-기질 복합체를 형성하는 것이 방지될 경우 생분해가 어렵게 된다.

흡착 또는 흡수된 화합물을 미생물이 이용하는 방법은 다음 3가지가 제안되었다. 첫째로 흡착/수된 화합물과 흡착/수된 상태로부터 자발적으로 유리되어 용액 속에 있는 화합물이 평형상태를 이룰 때, 용액 속에 존재하는 화합물을 미생물이 이용하는 것이다. 이 때 생분해 속도는 흡착/수된 화합물이 자발적으로 유리되는 속도에 의해 제한된다. 둘째는 미생물이 생물계면활성제(biosurfactant)를 분비하여 흡착/수된 화합물의 유리를 촉진하여 유리된 화합물을 이용하는 것이다. 셋째는 흡착/수된 화합물에 미생물이 부착하여 직접 이용하는 것이다. 흡착/수된 화합물이 자발적으로 유리되어 생분해 되는 속도보다 둘째와 셋째의 경우는 생분해 속도가 빠르다. 더 자세한 흡착에 대한 내용은 제10장을 참고하길 바란다.

8.3 화학반응과 광분해

토양의 점토광물과 금속산화물(metal oxides)은 난분해성 토양오염물질의 비생물학적 전환에 관여한다. 토양오염물질의 가수분해, 산화, 그리고 중합반응은 점토광물과 금속산화물에 의해 촉매된다. 이 촉매반응의 효율은 점토광물의 표면반응성, 구조, 그리고 화학적 성질에 따라 다르다. 또한 오염물질의 화학구조와 성질 그리고 반응조건에 따라서도 촉매 효율이 다르다.

철 또는 망간 산화물과 점토광물(예 : Fe(III)를 포함하는 스멕타이트)는 다양한 유기오염물(예: chlorophenols, chloroanilines, pentachlorophenol, dinitro-orthocresol 등)의 산화반응을 촉매 한다고 잘 알려져 있다.

한편 지하수 내의 Fe^{3+}이온은 PO_4^{-3}과 반응하여 $FePO_4$를 형성하여 침전한다. 그리고 독성인 Cr^{6+}는 지하수의 철(예: Fe^{2+})과 반응해서 덜 독성이고 이동성이 덜한 Cr^{3+}로 환원된다. 토양생물과는 상관없이 토양에 접촉함으로써 어떤 농약들은 화학적변화가 일어난다. 예를 들어 제초제와 살충제로 각각 사용되는 atrazine과 malathion은 토양에서 가수분해 되어진다.

토양이나 바다, 강 표면에서 자외선에 의해 화합물이 분해되기도 한다. 특히 PAHs, DDT, PCB, 농약 등은 광분해에 영향을 받는 것으로 보고되었다. 광분해는 토양 표면에 존재하는 많은 농약의 주요 분해 경로이기도 하다. 때로는 이렇게 생긴 광분해 산물이 독성을 발휘하는 경우도 있으므로, 화합물이 광분해 되었다고 안심할 것이 아니라 생긴 산물이 생분해가 잘 되는지 또는 독성은 없는지를 고려해야만 한다. 생분해가 잘 안 되는 PAHs 중의 하나인 benzo[a]pyrene(BaP)는 토양에서 자연 태양광에 의한 광분해와 함께 H_2O_2로 화학적 산화

처리 시 광분해 단독으로 한 것보다 분해에 효과적인 것으로 보고되었다. 광분해로 BaP는 보다 극성인 광분해산물(benzoic acid, phthalic anhydride, dimethyl phthalate, 그리고 methoxybenzopyrene)로 전환됐으며, 이런 광분해산물은 Ames test결과에 의하면 돌연변이원으로 작용하는 것으로 나타났다. 그러나 토양미생물에 의해 BaP의 광분해산물이 무기화가 되거나 부식산에 결합함으로써 돌연변이 유발성이 빠르게 감소되었다.

8.4 침출과 유출(runoff)

토양에서 화합물의 침출은 물에 대한 용해도가 높은 화합물이 액상으로 토양을 통해 아래로 이동함에 따라 원래 오염이 된 토양으로부터 소실되는 것이다. 침출이 잘돼 지하수오염의 주요 원인이 되는 예는 TCE이다. TCE 외에도 표토에 있는 chloroform이나 살충제들은 우수에 의해 표토를 따라 흐르는 것을 유출이라고 한다. 유출된 오염물은 하천이나 강으로 흘러 들어가기도 한다. 화합물의 침출이나 유출은 물에 대한 용해도가 높을수록, 흡착이 약할수록, 물의 이동속도가 클수록 잘된다. 예를 들면, 사질 토양은 투수성이 높고 토양유기물질이 적어 침출이 잘 된다. 폭우는 침출이나 유출에 의해 토양의 화합물이 소실되게 한다.

폐기물 매립지에서 우려되는 토양오염물질의 거동은 휘발에 의한 악취와 침출수 문제이다. 우리나라 폐기물 관리법의 생활폐기물 매립시설 설치기준에 의하면 침출수가 매립시설에서 유출되는 것을 방지하기 위해 매립시설의 측면 및 바닥을 점토, HDPE 등과 같은 차수막을 사용하여 차수처리를 하여야 한다. HDPE 또는 이에 준하는 합성수지 재질을 사용할 경우 두께 2 mm(지정 폐기물 경우 2.5 mm) 이상의 것을 1겹 이상 포설하여야 하고, 매립시설의 바닥에 설치하는 합성수지 차수막의 상부에는 모래 등으로 30 cm 이상의 합성수지 보호층을 설치하고 매립시설의 측면과 바닥에 설치하는 합성수지 차수막 하부는 투수계수가 10^{-7} cm/초 이하가 되도록 점토, 벤토나이트 등의 점토류를 1 m 이상(지정 폐기물 경우 1.5 m)의 두께로 포설함으로써 폐기물로부터 나온 침출수가 지하수로 들어가는 것을 막는다. 매립시설의 차수층 위에는 침출수를 집배수할 수 있는 유공관 및 집수정과 이를 별도의 저장조 또는 처리시설로 이송할 수 있는 시설을 설치하게 되어있다.

8.5 식물 흡수

토양의 식물이나 동물에 의해 토양의 화합물이 흡수되어 먹이사슬로 이동하기도 한다(그림 8.2). 토양의 지렁이가 오염된 토양을 섭취하면 지렁이 장내의 미생물에 의해 오염물이 분해 또는 전환이 되기도 한다. 토양의 오염물질은 식물의 효소나 근권(rhizosphere)에 있는 미생물에 의해 분해 또는 구조가 변형(transformation)되기도 한다. 이렇게 식물을 이용한 오염된 토양의 복원을 식물학적 복원(phytoremediation)이라고 한다. 이 방법을 적용하기 위해서는 오염된 지역에 잘 성장하는 다년생 식물을 이용하면 보다 효과적이다. 오염 화합물에 따른 적당한 식물의 선택에 대한 정보가 부족한데다 식물 뿌리가 미치는 1~2 m 깊이의 토양이나 얕은 지하수나 하천에만 적용이 가능하고 복원 과정이 느리다는 단점이 있다.

오염물질이 축적된 식물이 동물에 의해 소비되면 생물농축의 위험성도 내포한다. 그러나 이 방법은 경제적이란 장점은 있다. 식물이 토양오염물질을 분해, 제거, 또는 안정화 시키는 것은 다음 5가지 형태로 분류할 수 있다; 식물의 뿌리가 오염물질(예 : Pb, Cd, Cr, 방사능 물질 등)을 흡수하여 식물 조직 내에 고농도로 축적하는 식물에 의한 추출(phytoextraction), 흡수된 오염물질(예 : 수은, 셀레니움, TCE, MTBE)을 대기로 휘발시키는 식물에 의한 휘발(phytovolatilization), 식물의 효소를 이용하여 조직 내의 오염물질(예 : Atrazine)을 분해하는 식물에 의한 분해(phytodegradation), 식물의 근권에 유리된 식물의 삼출물이 토양의 미생물에 의한 오염물질(예 : PAHs, BTEX)의 생분해를 촉진하는 근분해(rhizodegradation), 또는 토양의 독성 금속을 흡수하거나 침전시킴으로써 지하수에 독성 금속이 침출되는 것을 막고 생물이용도(bioavailability)를 감소시키는 식물에 의한 안정화(phytostabilization).

북미나 유럽에서는 중금속, PAHs, 또는 유류로 오염된 토양과 지하수의 복원에 식물이 이용되었으나 식물학적 복원기법에 대한 연구는 주로 실험실에서 나온 결과 이다. 실험실 연구에 의하면 식물이 재배 안된 대조군과 비교할 때, alkanes과 PAH으로 오염된 토양에 지내보리(ryegrass) Loliumperenne를(그림 8.3) 재배할 경우 토양의 총탄화수소가 더 많이 감소하였고, ^{14}C-PCP(pentachlorophenol)의 무기화는 개밀(wheatgrass) *Agropyron desortorum*를 재배한 토양에서 더 빨리 일어났다. 퇴적물에서도 부들(*Typha latifolia*)이 자라고 있는 경우는 근권에서 ^{14}C-LAS가 더 빨리 진행되었다. 근권에서 분해성 미생물의 생존율이 높고 수도 많은 것으로 나타났다. 농약인 Atrazine을 분해하는 미생물들은 옥수

수가 재배되고 있는 토양에서 더 잘 생존하였고 2,5- dichlorobenzoate분해균은 콩의 근권에서 그 수가 더 많이 존재하였다.

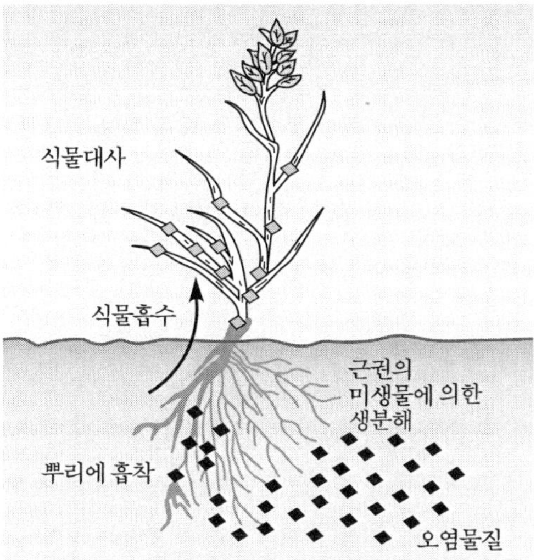

그림 8.2 식물의 근권에서 오염물질의 거동

그림 8.3 지네보리와 열린 씨앗(우측 상단의 작은 그림)

8.6 생분해

생태계에서 미생물은 생산자이기도 하지만 분해자이자 소비자이다. 미생물의 이런 성질에 의해 토양의 오염 물질인 화합물이 토양 미생물에 의해 분해된다. 이러한 생분해를 통해 미생물이 성장할 수도 있고 그렇지 않는 경우도 있다(구체적 생분해에 대해서는 제8장을 참고). 미생물에 의해 화합물이 완전 분해가 되기도 하고 그렇지 않는 경우도 있다. 후자의 경우에 불완전 분해되어 생긴 산물이 다른 미생물에 의해 분해되기도 하고 분해산물에 따라서는 독성을 발휘하고 분해도 잘되지 않는 것도 있다.

생분해가 가능한 화합물일지라도 그것이 흡착/수되어 있다거나 NAPL에 존재할 경우 미생물에 의한 이용도가 낮아 분해속도가 느리다. 생분해가 가능한 화합물이 환경에서 잘 분해되지 않고 남아있는 그 밖의 이유로는 미생물 성장이나 활성에 저해를 주는 독성물질이 고농도로 존재할 때, 분해미생물의 포식자가 존재할 때, 미생물 성장에 필요한 영양분이 저농도일 때, 그 밖에 성장에 저해를 주는 환경요인(pH, 온도, 수분 등) 등이다.

8.7 확산과 이송

점토와 같은 불투수층 내에서 지하수의 유속은 매우 느리기 때문에 용질의 역학적인 분산은 거의 0에 가깝다. 그러나 점토층 내에서도 용질은 그 농도기울기에 의해 확산에 의해 이동될 수 있다. 오염물의 농도가 높은 곳에서 낮은 곳으로 농도 기울기에 따라 오염물의 이온이나 분자가 이동하는 것을 확산이라 한다. 오염물의 유량밀도(유속)와 농도 기울기의 관계를 나타내는 식인 픽의 법칙(Fick's law)에 의해 물에서 오염물의 확산을 설명할 수 있다. 픽의 제1 법칙(Fick's first law)은 정상 상태 조건 하에서 단위면적당 확산되는 물질의 유속은 농도 기울기에 비례한다는 것을 나타낸다(식 8.1).

픽의 제1법칙은 액체 내에서 용질이 자유 확산을 할 경우 확산 방향에 수직의 단면을 통과하는 용질의 양은 단면적과 용질의 농도 기울기와 시간에 비례한다는 법칙이다. 이 식에서 음의 부호는 용질의 이동이 농도가 감소하는 방향으로 이동하는 것을 의미한다. 한편 픽의 제2 법칙(Fick's second law)은 비정상 상태 조건에서, 어떤 위치에서 시간에 따른 농도의 변화는 농도를 위치에 대해 두 번 미분한 값과 비례한다는 것을 나타낸다(식 8.2). 오염물의 농도가 시간에 따라서 변할 때, 즉, 부정류 상태일 때 확산을 설명하기 위해 이 법칙이 적용된다. 분자의 확산계수는 보통 이온확산계수보다 작다. 토양 내에서 이들 분자나 이온은 토양입자들의 불규칙한 배열이나 토양환경내의 토양입자와 같은 고형분에 흡착, 흡수 등으로 말미암아 지하수 보다는 긴 확산 경로를 따라 이동한다.

$$\mathrm{F} = -\mathrm{D}\left(\frac{dC}{dx}\right) \tag{식 8.1}$$

$$\frac{dC}{dx} = \mathrm{D}\left(\frac{d^2C}{dx^2}\right) \tag{식 8.2}$$

- F [mg/(cm^2·sec)] : 단위시간당 단위면적을 지나는 용질의 양(mass flux), 입자의 순 유량밀도(Net Flow Density)에 해당, 유량밀도=농도(mg/cm^3)×이동속도(cm/sec)
- D (cm^2/sec) : 확산계수(확산상수). 용질의 농도 기울기에 따른 이동 용이성을 나타내는 비례상수
- C (mg/cm^3) : 용질의 농도
- x (cm) : 거리
- dC/dx [mg/cm^4 (mg/cm^3)·(1/cm)] : 농도 기울기, 용질의 거리에 따른 농도 변화
- t (sec) : 시간
- dC/dt [mg/cm^3·sec; (mg/cm^3)·(1/sec)] : 시간에 따른 농도변화.

한편 지하수의 오염물이 지하수가 흐름에 따라 지하수와 함께 같은 속도로 이동되는 것을 이송(advection)이라 한다. 이송은 대수층 내에서 오염물질을 이동시키는 가장 중요한 요인이다. 다르시의 법칙(Darcy's law)(식 8.3)을 이용하여 지하수 흐름 속도를 계산 할 수 있다.

$$\mathrm{Q} = -\mathrm{KA}\frac{dh}{dl} \tag{식 8.3}$$

여기서 Q, 유량; K, 수리전도도; A, 물이 흐르는 매질의 내부 단면적; dh/dl, 수두 기울기(hydraulic head gradient; 거리에 따른 수두변화).

참고문헌

1. Alexander, M. (1999). Biodegradation and bioremediation (2nd ed.). Academic press, San Diego, California.
2. Atlas, R.M., and R. Bartha (1998). Microbial Ecology : fundamentals and application (4th ed.). Benjamin/ Cummings Publishing, Menlo Park, California.
3. Avnimelech, Y. and M. Laher (1977). Soil Sci. Am. J., 41, 1080-1084.
4. Boulding, J.R. and J.S. Ginn,(2004): Practical handbook of soil, vadose zone and ground water contamination: assessment, prevention and remediation, CRC Press.
5. Brady, N.C. and R.R. Weil (2008). The nature and properties of soils (14th ed.). Prentice Hall, New Jersey.
6. Buerge, I.J. and S.J. Hug (1997). Kinetics and pH Dependence of Chromium(VI) Reduction by Iron(II). Environ. Sci. Technol., 31, 1426-1432.
7. EPA (2004). How to Evaluate Alternative Cleanup Technologies for Underground Storage Tank Sites: A Guide for Corrective Action Plan Reviewers, (EPA 510-B-94-003; EPA 510-B-95-007; and EPA 510-R-04-002).
8. Evangelou, V.P. (1990). J. Environ. Qual., 19, 428-434.
9. Ferro, A.M., Sims, R.C., and Bugbee, B. (1994). J. Environ. Qual., 23, 272-279.
10. Gunther, T., Dornberger, U., and Fritsche, W. (1996). Chemosphere, 33, 203-215.
11. Huang, X.-D., D.G. Dixon, and B.M. Greenberg (1995). Ecotox. Environ. Safety, 32, 194-200.
12. Madigan, M.T., J.M. Martinko, K.S. Bender, D.H. Buckley, and D.A. Stahl (2014). Brock biology of microorganisms (14th ed.). Prentice Hall, New Jersey.
13. Meckenstock, R.U., M, Elsner, C. Griebler, T. Lueders, C. Stumpp, J. Aamand, S.N. Agathos, H. Albrechtsen, L. Bastiaens, P.L. Bjerg, N. Boon, W. Dejonghe, W.E Huang, S.I. Schmidt, E. Smolders, S.R. Søørensen, D.Springael, and B.M. van Breukelen (2015). Biodegradation: updating the concepts of control for microbial cleanup in contaminated aquifers. Environ. Sci. Technol. 49(12), 7073 – 7081.
14. Miller, R.M., G.S. Siner, J.D. Rosen, and R. Bartha (1988). Appl. Environ. Microbiol., 54, 1724-1730.
15. Pizzigallo, M.D.R., Ruggiero, P., Spagnuolo, M., (1998). Oxidation of pentachlorophenol and dinitro-orthocresol by manganese and iron oxides. Fresenius Environ. Bull. 7, 552–557.
16. Yaron, B., R. Calvet, R. Prost (1996). Soil pollution : processes and dynamics. Springer, Berlin.

CHAPTER 09

토양오염물질의 생분해

DDT(1,1,1-trichloro-2,2-bis[p-chlorophenyl]ethane)(그림 9.1)는 첫 염소화유기 살충제이다. 이 화합물은 원래 1873년에 합성되었으나 1939년에 와서야 스위스의 폴 뮬러(Paul Muller)에 의해 살충제로서 효과가 있다는 것이 발견되었다. 제2차 세계대전 후 말라리아나 발진 티프스와 같은 전염병을 유발하는 모기와 유해곤충에 의한 효력으로 인해 DDT의 사용은 전 세계적으로 증가하였다. 세계보건기구(WHO)의 추정에 의하면 DDT사용으로 그 당시 2,500만 명의 인명을 구했다고 한다. 그래서 DDT의 발견으로 인해 그는 1948년에 노벨 의학·생리학상을 수여하였다.

그러나 저렴하고 효력 좋은 살충제로서 광범위하게 사용되던 DDT는 1940년대 말부터 문제를 나타내기 시작했다. DDT가 먹이사슬을 통해 축적됨에 따라 동물 체내에서 빨리 대사가 되지않고 시간이 감에 따라 지방조직에 계속 축적되었다. 이로 인해 기형, 유산 등이 초래되었을 뿐만 아니라, DDT에 저항성을 나타내는 해충들이 나타났다. 또한 DDT로 오염된 토양에서는 미생물에 의한 DDT의 분해가 아주 느리게 일어나므로 생물농축의 위험도 보고되었다(그림 9.2). 그래서 1960년대까지 전 세계적으로 사용되던 대표적인 살충제인 DDT는 결국 한국과 미국을 포함한 대부분의 국가에서 1970년대에 사용이 금지되었다. 그러나 인도를 포함한 몇 국가에서는 아직도 사용되고 있다. DDT에 대한 이러한 일화는 새 유기화합물 개발에 있어서 각종 독성실험을 통해 사람이나 생태계에 미치는 영향을 면밀하게 조사·분석하는 안전성 평가가 중요하며 지속 가능한 환경보전을 고려해야 할 필요성을 나타낸다. 왜냐하면 아무리 효능이 뛰어난 의약이나 신물질이 개발되더라도 사람이나 생태계에 해를 끼칠 우려가 있으면 그 가치가 없기 때문이다.

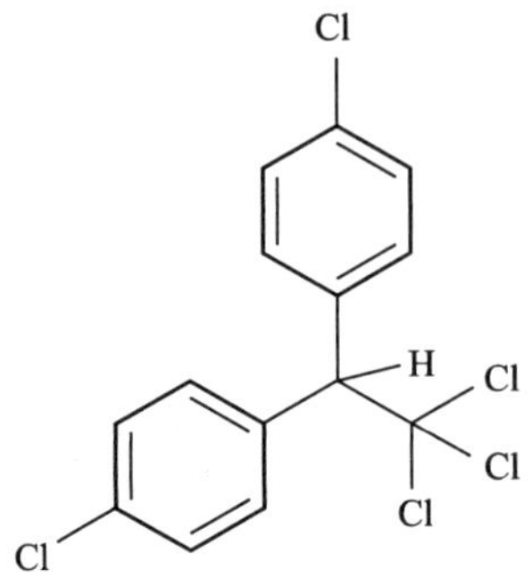

그림 9.1 DDT(1,1,1-trichloro-2,2-bis[p-chlorophenyl]ethane)

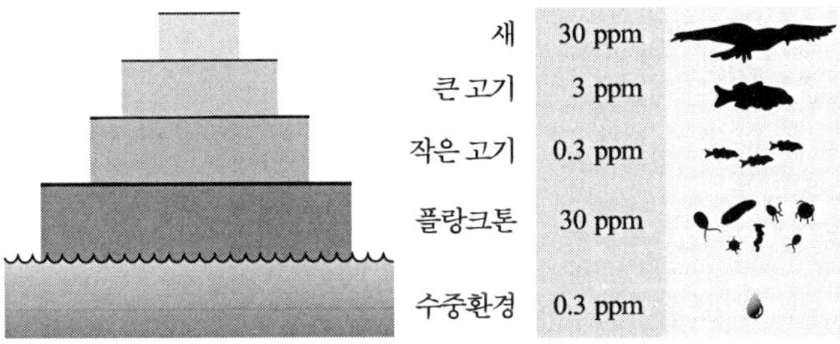

그림 9.2 DDT의 생물 농축

용해된 소량의 DDT가 플랑크톤에 흡착된다. 영양단계가 올라갈수록 개체 수는 적고 이 화합물은 농축되어진다. DDT 농도는 실제 데이터는 아니나 전형적인 값이다.

미생물을 이용한 토양오염물질의 생분해 연구는 미생물이 환경의 도처에 존재한다는 점과 생태계에서 궁극적 분해자로서 그들의 대사능이 다양하다는 점을 근거로하여 출발한다. 또한 미생물은 다른 토양생물 보다 세대기간이 짧아 실험실에서 연구하기에 적합하다는 실용적인 면도 감안된다. 토양오염물질의 생분해에 대한 유용한 정보는 생촉매반응/생분해 데이터베이스(Biocatalysis/ Biodegradation database, BBD)를 통해 얻을 수 있다. 이 데이터베이스의 인터넷 주소는 http://eawag.bbd.ethz.ch인데 미생물에 의한 난분해성 화합물의 생분해를 주로 다룬다. 이 데이터베이스는 지금까지 보고된 분해성 미생물, 효소, 효소반응, 그리고 완전한 분해경로에 대한 정보를 제공한다.

9.1 미생물 성장과 연관된 생분해

미생물은 오염물질을 생분해함으로써 세포를 구성하는 원소(예: 탄소, 황 등)와 에너지를 얻을 수도 있다. 이때 미생물 수 또는 생체량(biomass)은 생분해가 일어남에 따라 증가한다(그림 9.3). 예로서 세포의 구성 성분이 된 탄소양($C_{동화}$)은 기질로 작용하는 오염물질의 탄소량($C_{기질}$)에서 무기화(mineralization)된 탄소량($C_{무기화}$)을 뺀 것이다.

$$(C_{동화}) = (C_{기질}) - (C_{무기화})$$

시간이 감에 따라 자연 환경에서 생체량으로 동화된 특정 기질의 탄소의 퍼센트는 감소하고, 그 기질의 무기화 된 탄소의 퍼센트는 증가한다. 이것은 그 기질로 성장하는 미생물이 다른 종에 의해 분해 또는 포식 되어 CO_2로서 전환되었기 때문이다.

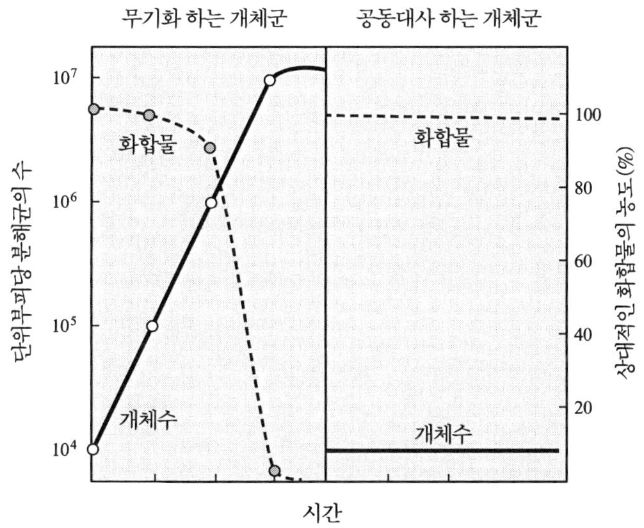

그림 9.3 미생물 성장과 연관된 생분해와 공동대사를 할 경우의 생분해

왼쪽 그래프의 경우 개체수가 증가함에 따라 생분해로 인한 화합물의 농도가 감소한다. 오른쪽의 경우 미생물 성장에 필요한 기질이 첨가되지 않는 한 개체 수는 증가하지 않는다. 관찰된 극소량의 화합물 농도 감소는 미생물이 성장은 하지 않으나 살아 있는 동안 분해한 화합물의 농도이다.

기질로부터 생체량을 생성하는 효율은 흔히 생체 수확량(growth yield)으로 나타낸다. 생체 수확량(Y)은 생산된 생체량에서 사용한 기질의 무게를 나누어 계산한다. 그러나 생체량을 생성하는 효율은 미생물 종류, 기질의 종류와 농도, 그리고 온도와 같은 미생물 성장에 영향을 미치는 환경 요인들에 따라 다양하다.

$$Y = \frac{\text{생산된 생체량(g)}}{\text{사용된 기질량(g)}}$$

9.2 미생물 성장과 연관 안된 생분해 : 공동대사(cometabolism)

공동대사는 미생물에 의해 유기물질이 분해가 되기는 하나 그 물질이 에너지원이나 세포 구성성분이 되는 기질로서는 사용되지 않는다. 즉, 미생물이 그 화합물을 성장을 위한 기질로서 사용하지 않으므로 미생물의 성장을 위한 다른 물질이 기질로서 필요하다. 공동대사의 특징은 공동대사 되는 유기화합물을 분해하더라도 미생물 성장이 일어나지 않는다는 것과 공동대사산물이 완전분해 되지않고 종종 축적된다는 것이다. 대표적인 공동대사의 예는 호기 하에서 메탄자화균(methanotroph; 예, *Methylosinus trichosporium*)에 의한 TCE(trichloroethene)의 분해이다(그림 9.4). 이 세균의 methane monooxygenase (MMO)가 TCE에 반응하여 산소원자 하나를 결합시킴으로써 TCE epoxide를 생성하나 메탄자화균은 TCE epoxide를 이용할 수 없다. TCE epoxide은 자발적으로 가수분해 되어 formate,

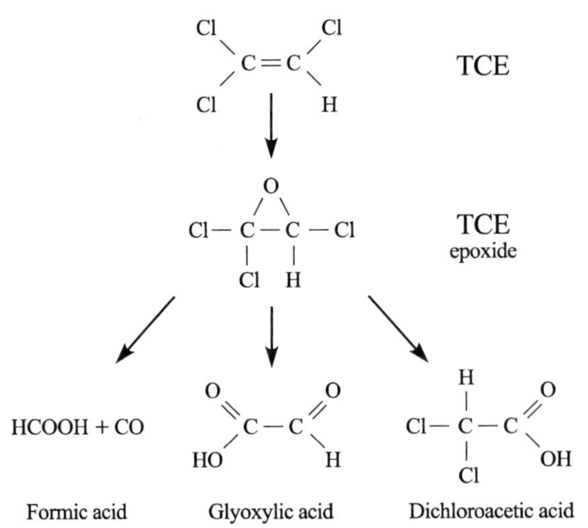

그림 9.4 메탄자화균에 의한 TCE(trichloroethene)의 공동대사

CO, glyoxylate, 또는 dichloroacetate로 전환되고 이들은 다른 미생물들에 의해 분해가 된다.

환경에서 다음과 같은 경우에는 공동대사가 일어나고 있을 가능성이 크다. 첫째는 멸균이 안됐을 때는 시료내의 화합물이 분해가 되나 멸균되었을 때는 그 화합물의 분해가 일어나지 않는 시료로부터 그 화합물을 에너지원으로 이용하거나 성장을 위한 원소로 이용할 수 있는 미생물이 분리되지 않을 때이다. 둘째는 ^{14}C로 표시된 화합물을 분해는 하지만 세포 내에 ^{14}C이 동화가 안 될 때이고, 셋째는 한 유기화합물로 성장하는 미생물이 다른 화합물을 분해하여 자연 환경에서 발견되는 산물을 만들 때이다. 그리고 넷째는 항상 그런 것은 아니나 축적된 분해산물이 검출될 때이다. 종종 공동대사로 생긴 화합물들은 더 이상 분해되지 않고 축적되는 경향이 있기 때문이다.

공동대사로 미생물이 성장하지 못하는 것은 다음 두 가지의 경우 때문이다. 미생물에 의해 기질이 분해산물로 전환이 되기는 하나 그 산물을 더 이상 분해하는데 필요한 효소가 없는 경우이다. 그래서 그 미생물이 필요로 하는 에너지를 못 만들거나 생합성에 사용되는 대사산물을 만들지 못하는 경우가 가장 흔하다. 이에 해당하는 예로는 위에 언급한 메탄자화균이 TCE를 분해하는 경우가 그렇고, 다른 예는 *Arthrobacter* sp.이 3-chlorobenzoate를 4-chlorocatechol로 전환은 하지만 4-chlorocatechol을 더 이상 분해할 수 있는 효소가 없어 3-chlorobenzoate를 이용하여 성장을 할 수가 없다 (그림 9.5). 이외의 경우는 미생물이 기질을 전환하여 생긴 산물이 그 미생물의 성장을 억제하거나 또는 그 산물이 더 이상 분해되는데 작용하는 효소들을 저해하는 경우이다. Chlorobenzene을 3-chlorocatechol로 공동대사하는 *Pseudomonas putida*의 경우, 3-chlorocatechol 자체가 이것의 분해에 연속적으로 작용하는 효소들을 저해한다. 4-Ethylbenzoate를 4-ethylcatechol로 공동대사하는 P. *putida*의 경우도 4-ethylcatechol이 이것의 분해에 잇달아 작용하는 효소들을 실활 시킨다.

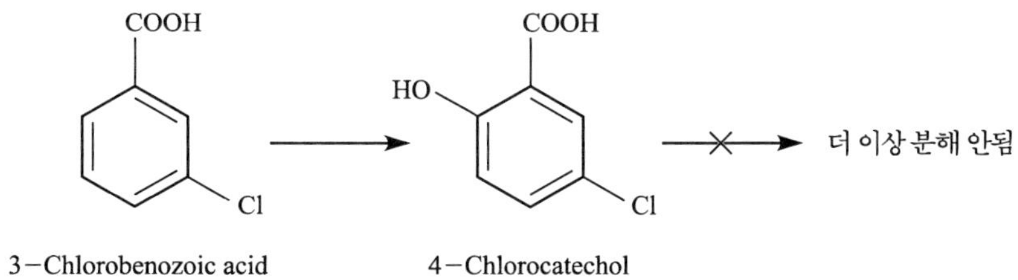

그림 9.5 *Arthrobacter sp.*에 의한 3-chlorobenzoic acid의 분해

효소의 기질특이성이 넓어 공동대사를 하는 예는 다음과 같다. 이미 언급한 메탄자화세균(*Methylosinus trichosporium*)은 Cl 유기화합물(예 : CH_4, methanol, formate)을 이용하여 자라면서 MMO가 Cl유기화합물을 산화하는데 작용할 뿐만 아니라 TCE를 공동대사 하는데도 작용한다. 톨루엔을 기질로 사용하여 성장하는 분해균들은 toluene monooxygenase 또는 toluene dioxygenase가 있는데, 이 효소들은 톨루엔에 산소원자를 각각 하나와 둘을 결합시키는 반응을 촉매한다. 게다가 이 효소들은 TCE에도 작용하여 공동대사가 일어나게 한다. *Nitrosomonas europaea*는 암모니움 이온을 에너지원으로 CO_2를 탄소원으로 각각 이용하는 화학독립영양체이다. 이 세균의 ammonia monooxygenase는 TCE와 1,1-dichloroethylene에도 작용한다. 공동대사를 위해 첨가되는 성장을 지지하는 화합물은 표 9.1과 같다. 이 화합물들은 공동대사하는 미생물의 성장을 가능하게 할 뿐만 아니라, 이 화합물 자체 또는 그 대사산물이 공동대사에 필요한 효소를 유도하는 것으로 알려졌다.

공동대사는 다음과 같은 이유로 인해 환경에서 중요하게 인식된다. 미생물의 성장과 연관된 생분해 경우에는 개체군이 화합물을 탄소나 에너지원으로 사용하므로 시간이 감에 따라 세포의 성장과 더불어 생분해 속도도 증가한다. 이에 반해 공동대사를 하는 경우는 성장을 지지하는 화합물이 소진되고 없다면 시간이 지나도 생분해 속도가 거의 증가하지 않는다. 공동대사로 인해 때로는 독성인 산물이 생길 수도 있고, 공동대사산물이 종종 분해가 더 이상 일어나지 않아 환경에 축적되는 경우도 있다. 하지만 공동대사산물에 따라서는 다른 미생물에 의해 무기화(그림 9.6) 되거나 공동대사가 되기도 한다. 동일 화합물이라도 그것의 공동대사가 일어나는 특정조건 이외에는 환경이나 농도에 따라 공동대사가 일어나지 않을 수도 있으므로 공동대사를 예측하는데 주의를 기울여야 한다.

표 9.1 공동대사 되는 화합물과 미생물 성장을 위해 첨가되는 화합물

공동대사 되는 화합물	분해균의 성장을 위해 첨가되는 화합물
PCB(polychlorinated biphenyl)	Biphenyl
TCE(trichloroethene)	Toluene/phenol/CH_4
Trifluoromethylbenzoates	Alkyl-substituted benzoates
2,4-dichloroaniline	Aniline

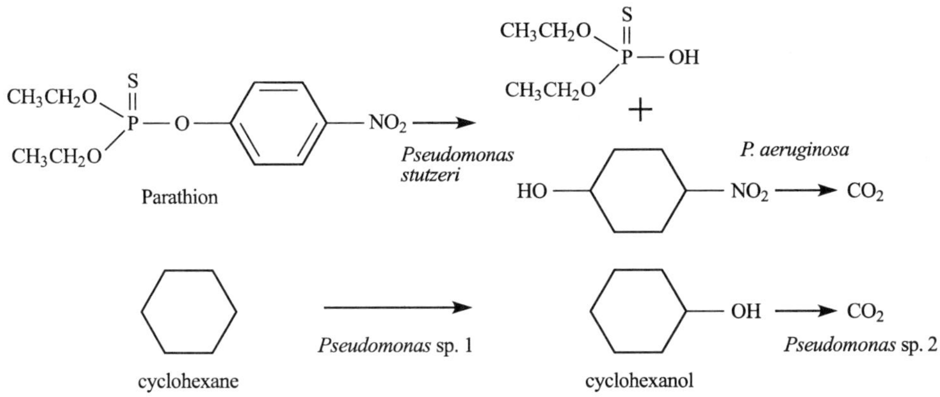

그림 9.6 한 종의 미생물에 의해 생긴 공동대사산물이 다른 종에 의해 무기화 되는 예

9.3 생분해에 대한 화학구조의 영향

치환기나 화학구조에 따라서 환경에서의 화학물질의 생분해 정도는 다르다. 생리적으로 흔하지 않거나 아예 존재하지 않는 치환기들은 생분해에 영향을 준다. 이러한 치환기의 예는 다음과 같다: Cl, NO_2, SO_3H, Br, CN, CF_3. 이들이 방향족 분자나 지방산에 결합할 경우는 생분해가 잘 되지 않는다. 예로서 benzoic acid와 이에 NO_2이나 Cl기가 치환된 것이 환경에서 생분해 되는 정도는 다르고, 치환된 것이 안된 것보다 생분해도가 더 떨어진다. 이러한 치환기가 어디에 또는 몇 개가 결합됐나에 따라서도 생분해 정도가 다르다. 토양환경에서 3-chlorobenzoic acid는 2,4-dichlorobenzoic acid보다 분해가 잘되고 2-methylphenol은 4-methylphenol보다 분해가 잘되는 것으로 알려졌다(그림 9.7).

일반적으로 알킬기나 지방산이 방향족 환에 결합한 위치에 따라 환경에서의 생분해 되는 정도에 영향을 미치기도 한다. Phenoxy 부분이나 benzene 환이 지방산의 첫 탄소(α 위치)에 결합된 것보다 마지막 탄소(ω 위치)에 결합된 것이 빨리 분해가 일어난다(그림 9.8; 가, 나). LAS (linear alkylbenzene sulfonate)와 ABS(nonlinear alkylbenzene sulfonate)는

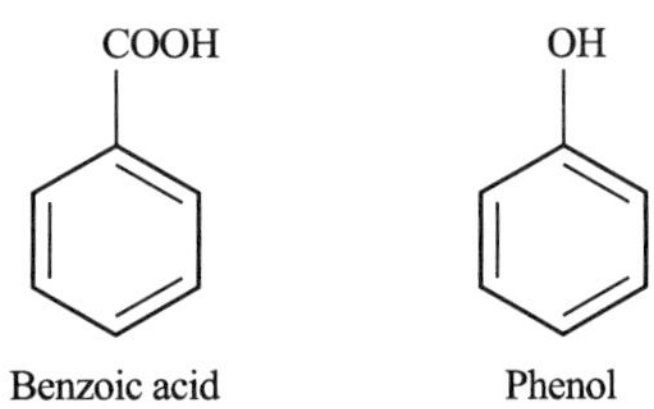

그림 9.7 Benzoic acid 와 phenol

합성세제의 성분인데, LAS는 직쇄의 alkyl기를 가진 반면 ABS는 methyl기 가지가 있는 구조이다(그림 9.8; 라). 그 가지로 인해 ABS는 LAS보다 분해속도가 느리다. LAS 중에도 방향족 환이 alkyl기의 중간에 결합된 것이 alkyl기의 끝에 결합된 것 보다 분해가 잘 안 되는 것으로 알려졌다(그림 9.8; 다). Phenyl이나 phenoxy부분이 carboxyl기에 가까이 있을 경우 β-산화가 방해를 받는 것으로 보인다.

다환방향족 탄화수소(polycyclic aromatic hydrocarbons, PAHs)는 결합된 benzene환이 2개 이상인 화합물의 총칭으로 보통 환수가 증가할수록 물에 대한 용해도도 저하되고 생분해도 잘되지 않는다. 예를 들어 가장 간단한 PAH는 naphthalene으로 2개의 결합된 benzene환을 가지고 25℃에서 물에 녹는 정도는 31 mg/L이다(제6장, 그림 6.2). 한편 5개의 결합된 benzene환을 가진 benzo[a]pyrene의 물에 대한 용해도는 3.8 μg/L이다. 일반적으로 환이 4개 이상인 고분자 PAHs는 난 분해성인 것으로 알려졌다.

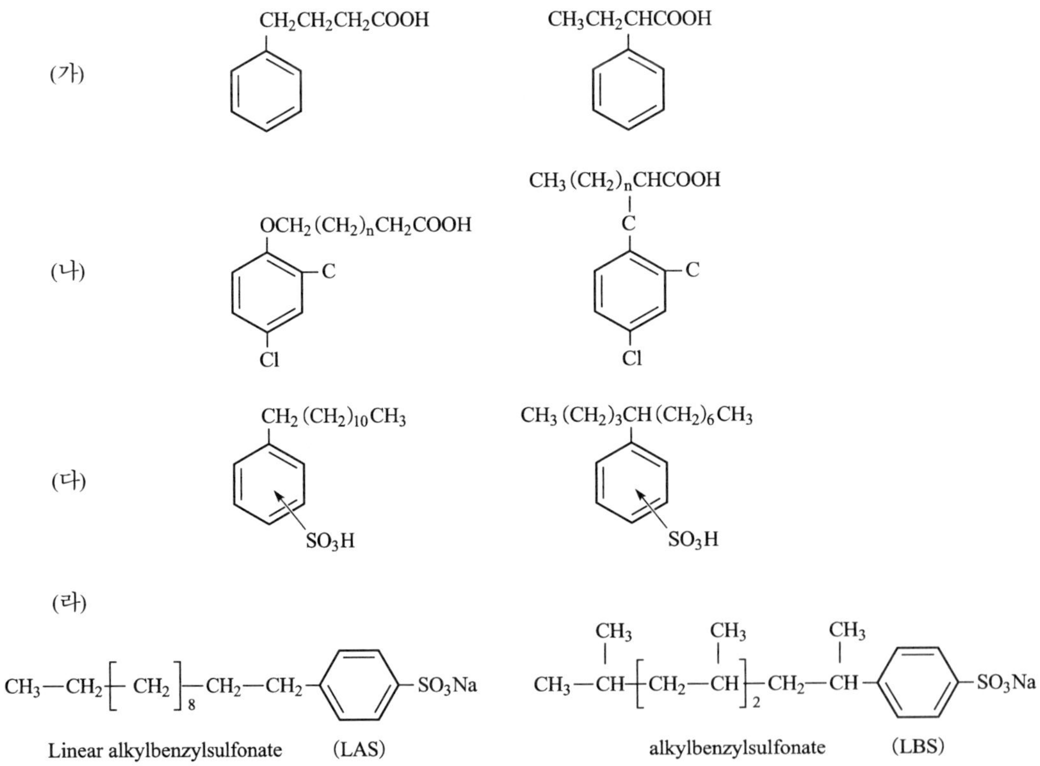

그림 9.8 알킬기나 지방산이 벤젠고리에 결합한 위치에 따른 생분해의 영향.

왼쪽의 화합물들이 오른쪽보다 환경에서 빨리 분해된다.

위에 기술한 호기적인 환경에서의 구조와 생분해의 관계에 대한 일반화는 혐기적 환경에서는 적용이 안 된다.

9.4 난분해성 물질

난분해성 물질은 생분해가 잘 되지 않아 환경에 지속적으로 남아있는 화합물들이다. 이들이 환경에서 우려가 되는 이유는 독성이 있거나(예 : benzo[a] pyrene) 미관상 보기가 좋지 않다거나(예 : 스티로폼과 같은 포장재) 또는 분해되지 않고 불필요하게 지속적으로 환경에 남아있다(예 : 나일론)는 점이다. 난분해성은 모화합물(parental compound)이 생분해가 잘 되지 않아 지속적으로 환경에 남아있는 경우도 있고, 모화합물은 쉽게 분해가 되어 토양에서 검출이 안 되더라도 그것의 생분해 산물이 계속 남아있는 경우가 있다. PCB(polychlorinated biphenyl)과 고분자 PAHs는 전자의 경우에 해당하고 nonylphenol polyethoxylate와 dimethylamine이 후자에 해당한다. 그림 9.9에서 왼쪽의 모화합물들은 오른쪽의 생성물로 쉽게 분해가 일어나나 이 생성물들은 난분해성이다.

합성중합체는 포장재, 단열재, 건설자재, 자동차 제조등에 사용되고 있는데 이들의 폐기물은 난분해성이고 미관상 좋지 않아 환경문제가 된다. 미국에서는 도시 고형폐기물의 상당부분(무게의 8%, 부피의 20%)이 합성 중합체들인 것으로 분석되었다. 미생물에 의한 분해에 대해 저항성을 나타내는 중합체로는 그림 9.10에 제시된 것들 이외에도 Nylon, Teflon, acetate rayon, polyurethane 등이 있다.

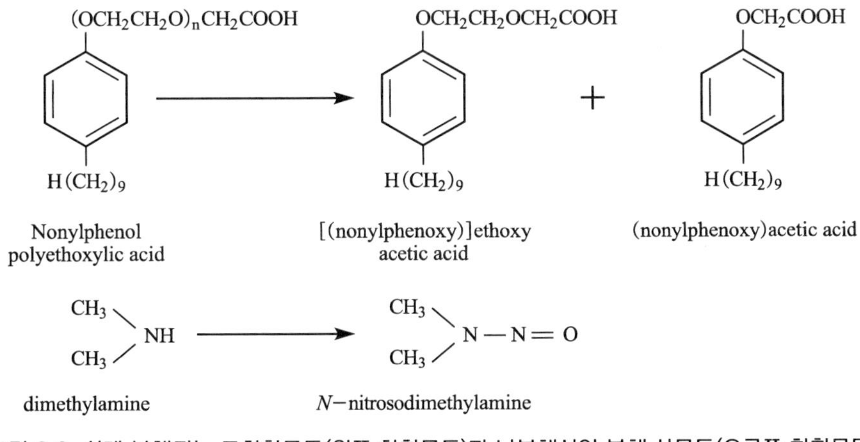

그림 9.9 쉽게 분해되는 모화합물들(왼쪽 화합물들)과 난분해성인 분해 산물들(오른쪽 화합물들)

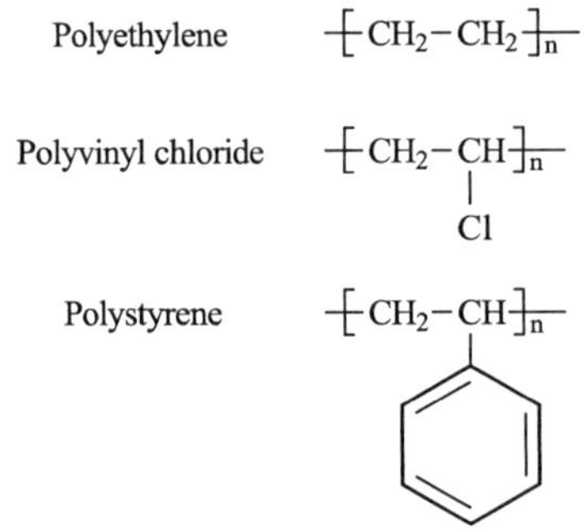

단량체인 괄호내의 구조가 반복하여 연결되어있다.
단량체나 짧은 중합체는 생분해가 가능하다.

그림 9.10 생분해에 저항성인 중합체들

9.5 생분해에 영향을 주는 환경인자

생분해에 영향을 주는 요인은 환경적 요인, 기질적 요인, 미생물적 요인 등으로 나눌 수 있다. 오염된 토양의 처리를 위해서는 이러한 요인들을 조절함으로써 그 효율을 극대화할 수 있다. 주요환경인자로는 토양의 수분량, pH, 온도, 산소함량(통기), C : N : P 비, 미생물 밀도 및 활동성, 토양입자의 크기 분포, 유기물함유량, 양이온치환능력(CEC) 등을 들 수 있다. 생분해에 영향을 주는 기질적 요인으로서는 기질의 독성, 농도, 용해도, 휘발성, 화학구조 등이 있다. 미생물적 요인으로서는 대상화합물을 분해하는 미생물의 존재유무, 미생물의 순응(acclimation), 기타 포식자와 같은 생태적 요인을 들 수 있다.

9.5.1 전자공여체

전자공여체(electron donor)는 전자를 주는 특성이 있어 반응을 통해 자신은 산화되고, 전자공여체로부터 전자를 받는 상대물질을 환원시키는 환원제이다. 전자공여체는 생물의 에너지원으로서 모든 생물은 전자를 전자공여체에서 전자수용체로 전달시킴으로써 에너지를 얻는다. 즉 생체 내에서 전자공여체의 전자가 세포호흡의 전자전달계를 통해 전달되는 과정에서 고에너지화합물인 ATP가 생성되고 최종 전자수용체에 전달됨으로써 이 수용체는 환원된다. 전자공여체로서 유기물을 사용하는 생물을 종속영양생물이라고 하고, 한편 무기물을 사용하는 생물을 독립영양생물이라고 한다(표 5.2 참조).

그림 9.11 미생물(☺)에 의한 질산염이온 제거(탈질)

토양의 유기물과 환원된 무기물은 물론이고 토양 내에 유입된 유기 및 무기 오염물은 미생물의 전자공여체로 작용할 수 있다. 그래서 생물은 살아가는데 필요한 에너지를 얻을 뿐만 아니라 자연적인 생분해가 일어난다. 예로서 종속영양형태의 유류분해 미생물은 유기오염물인 유류를 분해하면서 에너지를 얻는다. 이때 유류가 전자공여체로 작용하는 것이다. 질산염이온(NO_3^-)나 퍼클로레이트(ClO_4^-)와 같은 무기 오염물을 분해는 미생물종류에 따라 전자공여체로서 유기물을 사용하는 종속영양형태의 분해균과 무기물을 사용하는 독립영양형태의 분해균이 있는 것으로 알려졌다(그림 9.11). 그래서 이런 화합물로 오염된 토양이나 지하수를 생분해로 정화하려면 오염부지의 전자공여체가 부족하지 않고 미생물이 이용 가능해야 한다. 만일 그렇지 않다면 외부에서 전자공여체를 주입해줘야 한다.

9.5.2 pH

토양의 pH가 미생물의 활성에 미치는 영향은 크다. 토양시료로부터 pH를 측정하기 위해서는 물을 첨가하게 되는데, 그 비(W/V)는 1 : 1, 1 : 5, 1 : 10 등 국가마다 다르게 적용하고 있다. 일반적으로 미생물의 원활한 성장을 위해서는 pH 6~8이어야 하는데, 사상균의 경우는 오히려 pH 4가 최적인 것으로 알려져 있다. pH가 적절하지 못한 토양의 처리를 위해서는 이를 조절할 필요가 있는데, 이때 pH의 급격한 방지를 위해 완충용액(buffer solution)을 사용하기도 한다.

토양의 pH는 미생물의 주요 영양소가 되는 인의 용해도에 영향을 주고, 유해한 금속이 토양내에서 이동하는데도 영향을 준다. 인의 용해도는 pH 6.5에서 최고이고 금속의 이동은 pH 6 이상에서 최소화 된다. 자연에서 토양은 일반적으로 산성이다. 그러나 탄산석회의 농도가 높거나 유해성 폐기물로 인해 토양의 pH가 높을 경우 S°나 황을 포함하는 화합물(황산, 액상 ammonium polysulfide, aluminum, iron sulfates 등) 등을 첨가하여 pH를 중화시킨다.

pH를 증가시키기 위해 칼슘이나 칼슘을 함유한 화합물(석회, calcium hydoxide, calcium carbonate, magnesium carbonate 등)을 토양에 첨가하기도 한다.

9.5.3 온도

온도의 경우는 특히 오염된 토양을 원위치에서 처리하는 방법(*in-situ*)에 있어 중요한 역할을 한다. 약 10℃ 감소함에 따라 미생물 반응속도가 2배 감소하는 것으로 알려져 있다. 온도의 증가에 따른 미생물로서 반응속도 증가는 미생물의 활성의 증가, 오염물의 용해도 증가, 또는 토양에 오염물이 흡착되는 정도의 감소 등을 원인으로 들 수 있다. 굴착해서 처리하는 생물반응기(bioreactor)의 경우 직접 온도제어가 가능하기 때문에 현장의 온도는 그다지 중요하지 않다.

미생물은 비교적 좁은 범위의 온도에서 일반적으로 성장을 잘한다. 대부분 토양미생물은 중온균(mesophiles)으로서 15~45℃ 사이에서 성장하고 25~ 35℃에서 최적성장을 나타낸다. 저온균(psychrophiles)은 20℃ 이하에서 잘 성장하고 고온균(thermophiles)은 45~65℃에서 잘 성장한다.

현장에서는 계절에 따른 기후 변화가 토양온도를 결정하고 그로인해 생분해 속도도 영향을 받는다. 토양의 온도를 조절하기 위해 나뭇잎이나 톱밥으로 만든 거름을 사용하거나 물을 사용하기도 한다. 수분은 토양의 온도 전달성을 감소시키므로 토양내의 온도변화를 감소시킨다. 비닐과 같은 덮개를 사용하여 토양의 온도를 증가시키기도 한다.

9.5.4 산소함량(통기)

산소는 물에 대한 용해도가 매우 낮으므로(25℃에서 8 ppm), 토양용액에서의 용존산소량이 그곳에 존재하는 호기성 미생물의 생존에 중요하다. 그러나 토양에 함유된 경우 기포(air bubble)의 분산에 의한 표면적 증가 및 공기포획(air trap)효과가 있으므로 순수한 물에서보다 용해에 유리하다.

9.5.5 C : N : P 비율

미생물의 성장을 위해서는 영양분의 공급이 충분해야 하는데, 탄소원은 오염물질에서 얻을 수 있으나, 질소나 인은 토양내 함유량이 낮은 경우를 흔히 접하게 된다. 특히 미생물이 섭취하기 용이한 형태는 질소의 경우 ammonium과 nitrate이고, 인의 경우 orthophosphate인데, 실제 토양내에서는 다양한 형태로 존재하여 미생물의 성장에 도움이 되지 않기도 한다. 뿐만 아니라, 이러한 형태로 존재하더라도 토양입자에 강하게 흡착되어 미생물이 쉽게 이용할 수 없는 경우도 흔히 나타난다. 실제 보고에 의하면, 흡착하여 무용하게 된 ammonia가 10~60%에 이른다고 한다. 따라서, 이들 N, P의 분석에 있어 원소분석치를 따르게 되면 실제 미생물이 필요로 하는 양보다 적은 양을 첨가하게 되는 것이다. 따라서 pH와 마찬가지로 물과의 혼합물로부터 실제 ammonium, nitrate, orthophosphate의 함량을 분석하는 것이 바람직할 것이다. 이들 N, P 이외에도 S, Mg, Fe, Ca, K, Na, Mn, Bo등의 무기물질과 비타민, 그리고, 아미노산 등 공유기질의 첨가가 처리효율을 증가시킬 수 있을 것이다.

9.5.6 토양수분량

자연상태의 토양은 25% 정도의 물을 함유하고 있으나, 원활한 미생물의 성장을 위해서는 30~90% 정도의 물이 요구된다. 따라서 생물학적 처리방법인 토양경작법(landfarming) 또는 생물학적 통풍법(bioventing)의 경우 물을 첨가해 주어야 한다: '11장 토양복원기술' 참고. 생물반응기를 이용하는 후처리에서 토양으로부터 물을 제거하는데 필요한 비용을 줄이기 위해 물의 양을 줄여야 하므로 적은 양의 물을 사용하는 공정의 개발이 필요하다.

물은 미생물의 세포를 구성하는 주요 성분(70% 이상)이므로 미생물의 성장과 활성의 발휘에 중요하다. 또한 물은 오염물질이나 영양분을 미생물이 있는 곳으로 이동시키기도 하고 미생물로부터 대사산물을 다른 곳으로 이동시키는 전달매개체가 된다. 토양의 수분함량은 토양내의 통기(산소전달), 토양구성성분의 용해도, 토양의 pH에 영향을 준다.

토양의 수분함량이 너무 적을 때는 미생물활성을 저해하고 너무 많을 때는 통기가 저해되어 혐기상태가 되므로 호기성 미생물은 감소하고 혐기성이나 통성혐기성 미생물 수가 증가한다. 토양공극이 물로 채워지지 않은 경우 공기로 채워지므로 토양의 통기와 물은 직접적으로 관련되어 있다. 대부분의 호기성 세균은 50~70%의 포장용수량(4.3.2 참고)을 가진 토양에서 활성을 잘 발휘한다.

9.5.7 미생물량

토양내 미생물의 수는 평판법(plate count technique)을 이용하여 생성된 미생물의 집락(CFU, colony forming unit)의 측정, MPN(Most Probable Number)법, acridine orange나 DAPI(4', 6-diamidino- 2-phenylindole) 등의 형광염료로 착색한 후 현미경으로 관찰하는 법, 효소반응을 이용한 ATP 측정 등을 사용하여 측정할 수 있다. 그 중에서 가장 간단하면서도 다양한 배지를 이용한 CFU 측정이 제일 흔히 사용되는 방법이다. 또한 미생물의 동적변화를 측정방법에는 오염토양에 존재하고 있는 미생물의 핵산을 추출 및 분석함으로써 처리가능성을 진단하는 방법(DNA probing, mRNA probing) 혹은 호흡률측정기(Respirometer)를 이용하는 방법 등을 들 수 있다.

9.5.8 토양입자의 크기분포

토양입자의 크기분포도는 특히 공극률과 관련되어 가스교환 측면에서 해석하게 된다. 즉 모래, 자갈, 바위 같은 큰 입자의 경우에는 공극률이 증가하여 가스교환이 용이하게 된다. 그러나 이러한 점은 원위치처리공정에서 중요한 역할을 하게 되며 반응기를 응용할 경우에는 모니터링 방법 등이 오염물질의 농도를 측정하는데 큰 영향을 미친다. 액상의 경우 토양입자의 원활한 혼합을 위해서는 큰 입자는 배제되어야 할 것이다. 또한 반응기의 경우에 있어서도 토양입자의 크기가 혼합 및 응집현상에 중요한 역할을 할 것이다. 입자의 크기에 따라 오염물질의 분포가 많은 차이를 보이는데, 실트/점토 부분에 PAH의 90%가 흡착되어 있다는 사실이 보고되고 있다. 따라서 입자의 크기에 따라 다른 처리 공정을 적용하는 것도 중요한 의미를 가진다.

9.6 순 응

9.6.1 순응의 정의 및 생태학적 중요성

순응기(acclimation period)는 적응기 또는 잠복기라고도 한다(그림 9.12). 이 기간 동안에는 화합물 농도의 감소가 관찰되지 않는다. 순응기의 끝에는 느리거나 빠른 생분해의 시작이 관찰된다. 즉 분해하고자 하는 화합물에 대해 이미 순응이 된 미생물을 이용하면 순응기 없이 또는 단축된 순응기를 생분해가 일어나므로 오염된 토양을 복원하는데 도움이 된다. 이 장에서는 이 순응기간이 왜 나타나며, 이 기간을 단축시킬 수 있는 방법에 대해 논한다.

이 기간의 생태학적 중요성은 오염물질로 작용하는 화합물이 분해가 안 되므로 농도에 변화가 없어서 식, 동물 및 인간이 이에 노출되는 시간이 연장된다는 것이다. 따라서 그 독성효과도 지속 또는 증가될 가능성이 크다. 그리고 이 기간 동안에 오염물질이 다른 곳으로 전파되어 그 곳의 생태계에 위험을 줄 가능성도 있다.

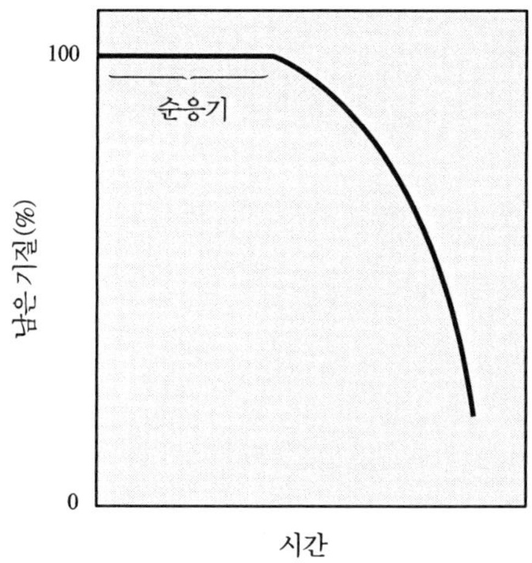

그림 9.12 토양의 화합물이 분해될 때 관찰되는 순응기

9.6.2 순응기의 길이 및 단축

화합물에 따른 순응기의 길이가 고정된 것은 아니다. 순응기의 기간은 화합물 종류, 화합물 농도, 환경 조건(pH, 온도, 호기상태 등), 그리고 미생물에 따라 다양하다 (표 9.2). 환경요인으로는 온도가 중요한다. 낮은 온도에서 높은 온도보다 유류를 생분해 하기위한 적응기가 더 긴 것으로 나타났다. 환경에 따라서 미생물 성장에 필요한 질소나 인의 농도가 낮아서 순응기가 길게 나타나기도 한다. 분해하고자 하는 오염 화합물의 농도가 높을수록 일반적으로 순응기가 길다. 화합물에 대한 순응에 역치 농도가 필요하기도 하는데, 4-nitrophenol는 퇴적물(sediment)에서 10 μg/L 이상일 때 그리고 토양에서 2,4-D (2,4-Dichlorophenoxyacetic acid; 제조체)는 3.3 mg/kg 이상에서 순응기가 나타났다고 보고되었다. 그러나 환경에 따라서 순응기가 나타나지 않는 경우도 있다.

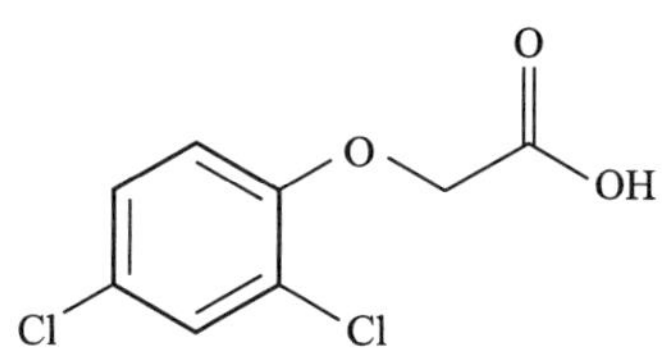

그림 9.13 2,4-D의 화학구조

표 9.2 유기 화합물의 환경에서의 보고된 순응기간

화합물	환경	순응기간	참고문헌
4-nitrophenol	물-퇴적물	40~80시	Spain & van Veld (1983)
Isopropyl N-phenylcarbamate	토양	20 일	Robertson & Alexander (1994)
Nitrilotriacetic acid	강하구	50 일	Pfaender et al. (1985)
Halobenzoates	퇴적물 (혐기성)	3주~6월	Linkfield et al. (1989)
2,4,5-Trichloroacetic acid	토양	4~10주	Rosenberg & Alexander (1980)

생분해가 일어나고 있는 동안 다시 동일 화합물을 첨가하면 종종 순응기간이 없거나 짧게 나타나서 생분해가 쉽게 관찰된다(그림 9.14). 즉 동일 화합물로 반복 오염된 토양에서는 그 화합물로 처음 오염된 곳보다는 생분해 속도가 빠르다. 예를 들자면, 살충제인 parathion으로 매달 처리된 농토에서는 상대적으로 그 화합물의 생분해 속도가 높은 것으로 나타났다.

동일 화합물로 반복해서 여러 번 오염되지 않았을 지라도 재차 오염됐을 경우에도 순응기간이 단축되거나 없어서 생분해가 빠르게 진행된다. 항진균제인 iprodione이 투여된 경험이 있는 농지에서 이 화합물이 재투여 됐을 때 생분해 속도가 이전보다 증가되었다. 이러한 적응기의 단축이란 효과가 전처리 후 얼마나 지속될 것인지에 대해서는 다양한 결과

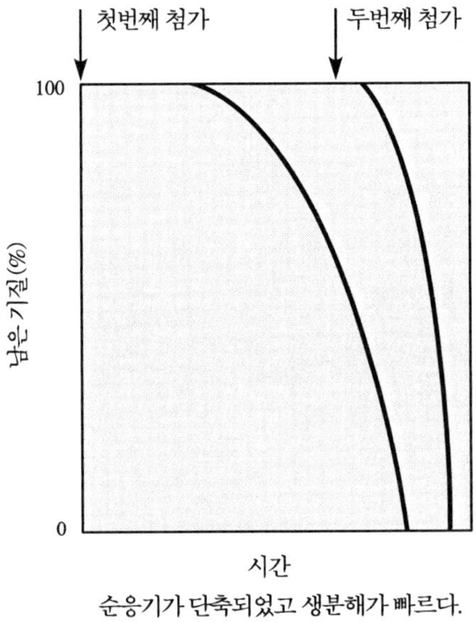

그림 9.14 화합물을 두 번째 첨가 시에 생분해 시작 전에 관찰되는 순응기

가 보고되었다. 4년 전에 2,4-D가 오염된 토양에서 이 화합물이 재오염 됐을 때 이 화합물로 오염된 경험이 없는 토양보다 생분해가 빠르다고 보고되었다. 이렇게 순응이 된 분해성 미생물의 활성이 한 동안 지속되는 경우도 있으나 그렇지 않은 경우도 있다. 담수와 퇴적물의 혼합물에서 7주 후에 4-nitrophenol로 재오염 됐을 경우에 적응기에 변화가 없었다고 한다. 이러한 순응기의 단축이란 효과가 상실되는 기작에 대해서는 아직 알려지지 않았다.

오염물질을 분해하는 미생물이 구조적으로 유사한 화합물에 동시에 순응되는 경우도 있다. Phenol에 순응된 미생물이 4-chlorophenol, 3-aminophenol, 그리고 m-cresol에 대해 증가된 분해능을 나타내었다. Benzene이나 naphthalene으로 순응된 미생물이 다른 PAHs에 대해 증가된 분해를 나타내기도 했다.

9.6.3 순응기에 대한 설명

순응기가 나타나는 이유는 소수의 분해성 미생물 군집이 증식하는데 걸리는 시간이다. 즉 오염지역에 존재하는 소수의 분해 미생물이 증식하여 화합물의 생분해를 나타낼 만큼 소요되는데 필요한 시간이 순응기인 것이다. 그림 9.15에서 초기 미생물 수는 ml당 100이

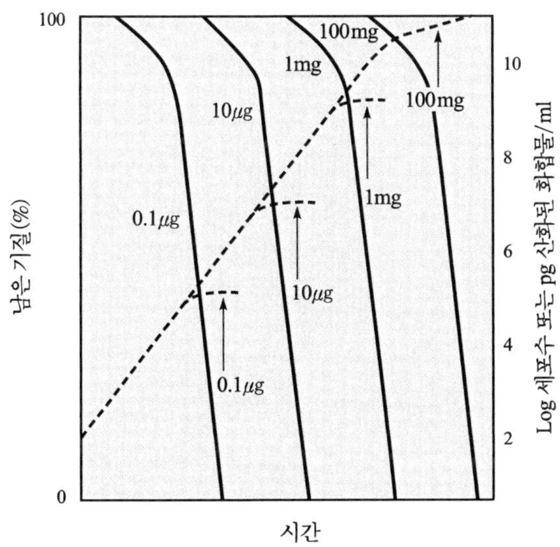

이것은 미생물이 유일 탄소 원으로 기질을 사용하여 대수증식하고 각 세포는 1 pg씩 소비하고 1 pg의 CO_2를 형성한다는 가정 하에 계산한 것이다.

그림 9.15 단위 부피 당, 기질 농도의 감소(실선), 분해된 기질의 양(또는 분해산물) 증가(점선), 분해 미생물 수의 증가(점선)

고, 한 미생물이 1 pg의 기질을 분해한다고 하면 0.1 μg/ml의 초기 화합물 감소가 일어난다. 이 농도는 너무 낮아 분석기기에 따라 초기에 관찰이 안될 수도 있다. 그러나 세포수가 시간이 감에 따라 증가하고 기질 농도의 감소가 관찰되는 것이다. 그리고 기질의 초기 농도가 높을수록 순응기도 길어지게 된다. 만약 ^{14}C가 표시된 기질을 이용하여 미생물이 이 기질을 생분해하여 발생한 $^{14}CO_2$를 측정하는 것과 같은 감도가 높은 분석법을 사용한다면 순응기가 짧거나 없는 것으로 나타날 것이다.

미생물 성장에 영향을 주는 요인들이 순응기의 기간에 영향을 준다. 예로서, 분해성 세균을 포식하는 원생동물이 존재한다든지 성장을 저해하는 독성물질이 존재할 경우에는 이런 성장 저해요인이 없을 때보다 순응기가 길어진다. 재차 동일 화합물로 오염이 일어나도 오염된 토양에서의 그 화합물의 분해 속도가 예상한 속도보다 느린 경우 원생동물에 의해 분해성 세균이 포식 되었거나 다른 이유로 사멸됐을 가능성이 있다. 원생동물은 또한 폐수에서 발견되는 주요 진핵 생물이다. 원생동물에 의한 포식으로 인해 분해미생물의 증식 속도가 감소되어 순응기가 길게 나타날 수 있다. 4-Nitrophenol(PNP), 분해성 세균 그리고 원생동물이 있는 하수 시료에 진핵 생물에만 작용하는 항생제인 cycloheximide를 넣어준 경우는 넣어주지 않은 경우보다 순응기가 짧은 것으로 관찰되었다. 그러므로 생분해에 의해 오염물질을 제거할 때는 분해성 미생물의 성장에 저해를 주는 환경요인이 있는지를 조사할 필요가 있다.

실제로 토양오염물질은 단일 화합물 보다는 일반적으로 혼합물일 경우가 많다. 오염물질이 혼합물일 경우 그 성분 중 분해하고자 하는 화합물을 분해하는 미생물의 성장에 다른 성분(들)이 독성을 발휘할 수 있다. 이런 경우 그 독성물질이 생분해, 흡착, 화학반응, 휘발 또는 기타 다른 방법에 의해 제거되었을 때 또는 희석되었을 때 순응기는 끝나고 목적 성분의 분해가 관찰되기 시작한다. 독성성분은 유기 또는 무기화합물로서 분해성 미생물의 성장 속도를 저하시키므로 순응기를 길게 한다. 무기물이 생분해에 저해효과를 나타내는 예로서, 활성 오니에 의해 nitrilotriacetic acid를 생분해 할 때 중금속에 의한 독성으로 인해 나타나는 순응기이다. 독성물질에 따라 미생물에 의해 제거 또는 분해가 되기도 한다. 그래서 순응기 동안 이 화합물의 농도는 독성을 나타내지 않는 정도로 낮아지고 연이어 목적 화합물을 분해하는 미생물은 증식을 한다. Phenol과 PNP이 포함된 폐수에서 phenol은 PNP 분해균들에 대해 독성을 발휘하는데, phenol이 활성오니 속의 분해균에 의해 생분해되고 PNP분해균들이 증식하고 나서야 순응기가 끝나고 PNP 생분해가 관찰되었다. 독성물질이 초기에 존재하는 경우도 있으나 생분해 동안 생길 수도 있다. 예를 들면, PNP 대사산물이 phenol 분해를 저해한다.

순응기는 오염물질을 분해할 수 있는 새로운 유전자형을 가진 미생물이 나타나는데 필요한 기간일 수도 있다. 새로운 유전자형은 돌연변이나 미생물 개체간의 DNA 전달을 통해 가능하다. 이렇게 획득된 형질은 오염물질을 기질로 사용하여 증식할 수 있는 선택적 이점(selective advantage)이 있다.

그러므로 이런 경우에 순응기는 변이나 유전자 전달에 필요한 시간과 새 유전자형을 가진 개체들이 증식하는데 필요한 시간을 더한 개념이다.

분해하기 쉬운 화합물과 오염 물질인 목적화합물이 함께 존재할 경우, 분해성 미생물이 목적 화합물보다는 분해가 쉬운 화합물을 먼저 탄소원으로 사용하기도 한다. 그러므로 미생물 성장곡선은 대수증식기가 두번 나타낸다(그림 9.16). 첫번째 대수 증식기 동안 이용하기 쉬운 기질이 미생물 성장에 사용되고, 둘째 대수 증식기 동안에는 목적화합물이 기질로서 사용된다. 즉 분해가 쉬운 화합물이 완전 소비된 후에야 비로소 목적 화합물의 분해가 일어난다. 무기 인산과 methylphosphate가 존재할 경우, *Pseudomonas testosteroni*는 methylphosphate보다는 무기 인산을 성장에 필요한 인을 얻기 위해 먼저 소모한다. 무기 인산을 다 소모한 후에서야 비로소 methylphosphate를 이용하였다.

순응기는 목적화합물의 분해에 필요한 효소를 유도하는데 필요한 시간이기도하다. 효소에는 구성효소와 유도 효소가 있는데 전자는 미생물에 의해 항상 일정량의 효소가 생성되는 경우이다. 반면에 후자는 평소에는 소량이 생산되다가 유도원이 존재할 경우에 그 생산이 증가되는 경우이다. 포도당과 2,4-D에서 각각 배양 된 2,4-D 분해균을 사용하여 2,4-D 분해 실험을 했을 때 2,4-D에서 자란 균주의 순응기는 거의 없거나 짧은 것으로 나타났다. 이것은 2,4-D의 분해에 필요한 효소가 이미 유도된 즉 순응이 된 균주를 사용했기 때문이다.

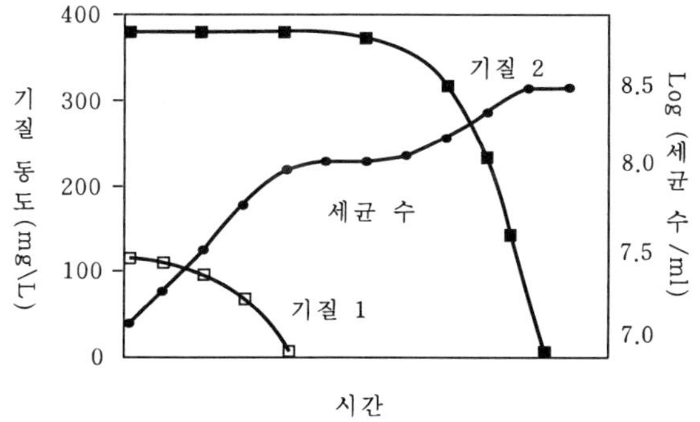

그림 9.16 기질 1과 2를 탄소원으로 순수 배양했을 때 관찰되는 세균의 이단계 성장

참고문헌

1. Alexander, M. (1999). Biodegradation and bioremediation (2nd ed.). Academic press, San Diego, California.
2. Amellal, N., J.M. Portal, T. Vogal, and J. Berthelin (2001). Biodegradation, 12, 49-57.
3. Atlas, R.M., and R. Bartha (1998). Microbial Ecology : fundamentals and application (4th ed.). Benjamin/ Cummings Publishing, Menlo Park, California.
4. Brady, N.C. and R.R. Weil (2008). The nature and properties of soils (14th ed.). Prentice Hall, New Jersey.
5. Eweis, J.B., S.J. Ergas, D.P.Y. Chang, and E.D. Schroeder (1998). Bioremediation principles. The McGraw-Hill Compainies, Inc.
6. Gao, J.1., L.B. Ellis, and L.P. Wackett (2010). The University of Minnesota Biocatalysis/Biodegradation Database: improving public access. Nucleic Acids Res. 38, D488-491.
7. Leblond, J.D., T.W. Schaltz, G.S. Sayler (2001). Chemosphere, 42, 333-343.
8. Linkfield, T.G., J.M. Suflita, and J.M. Tiedje, (1989). Appl. Environ. Microbiol. 55, 2773-2778.
9. Madigan, M.T., J.M. Martinko, K.S. Bender, D.H. Buckley, and D.A. Stahl (2014). Brock biology of microorganisms (14th ed.). Prentice Hall, New Jersey.
10. Meckenstock, R.U., M, Elsner, C. Griebler, T. Lueders, C. Stumpp, J. Aamand, S.N. Agathos, H. Albrechtsen, L. Bastiaens, P.L. Bjerg, N. Boon, W. Dejonghe, W.E Huang, S.I. Schmidt, E. Smolders, S.R. Sørensen, D.Springael, and B.M. van Breukelen (2015). Biodegradation: updating the concepts of control for microbial cleanup in contaminated aquifers. Environ. Sci. Technol. 49(12), 7073 – 7081.
11. Pfaender, K.F., R.J. Shimp, and R.J. Larson (1985). Environ. Toxicol. Chem. 4, 587-593.
12. Robertson, B.K. and M. Alexander (1994). Pestic. Sci., 41, 311-318.
13. Rosenberg, A. and M. Alexander (1980). J. Agric. Food Chem., 28, 705-709.
14. Spain, J.C. and van Veld, P.A. (1983). Appl. Environ. Microbiol., 45, 428-435.
15. Van den Berg, Henk (2009). Global status of DDT and its alternatives for use in vector control to prevent disease. Environ. Health Perspectives. 117(11), 1657-1663.
16. Yaron, B., R. Calvet, and R. Prost (1996). Soil pollution: processes and dynamics. Springer, Berlin.

CHAPTER 10

NAPL과 소수성 화합물의 생분해

10.1 NAPL의 예와 특징

물이 아닌 액상의 화합물을 NAPL(nonaqueous phase liquid)이라고 하는데, NAPL은 단일 화합물이거나 여러 가지 화합물이 혼합된 것이다. 전자의 예로는 각각의 유기용매, 즉 benzene, TCE, toluene등이 있고 후자의 예로는 원유, 경유 등이 있다. NAPL의 종류는 물보다 가벼운 LNAPL(light NAPL)과 무거운 DNAPL (dense NAPL)로 나누어진다. 이러한 특징으로 인해 LNAPL은 지하수면 위에 머무르게 되고, 한편 DNAPL은 지하수면(water table)을 통과하여 아래로 내려가 불투수층인 하부의 기반암(bedrock)에 도달하게 된다(그림 10.1). 인위적으로 만들어진 화합물 중에서 토양에서 오염물질로 작용하는 가장 대표적인 DNAPL은 PCB, TCE(그림 7.4), chlorophenols 등이다.

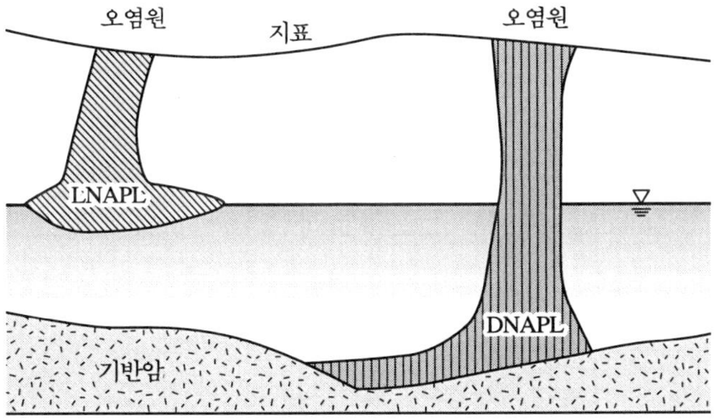

그림 10.1 DNAPL과 LNAPL이 지하수면을 투과하는 정도를 보여 주는 모형도

지하층의 불포화층(vadose zone)지역 아래에는 모세관지역(capillary zone)이 존재하는데 모세관지역은 토양입자 사이의 빈 공간에 물이 모세관현상에 의해 상승하는데서 기인한다. 물분자의 표면장력은 불포화된 빈 공간에 물을 끌어올리는 역할을 하고 지하수면위에 있는 토양의 포화정도를 증가시킨다. 다음으로 아래에 위치한 지역은 유동지역(fluctuation zone)이다. 지하수면의 위치는 고정되어 있지 않고 순환적 형태로 오르내리면서 움직인다. 예로서 연안지역의 많은 지하수의 유동은 조류와 관련이 있다. 다른 지역에서는 지하수면이 우기 때와 눈이 녹는 초여름 동안에 올라간다. 많은 양의 빗물이나 녹은 눈의 유출(run off)이 있는 기간동안 지하수는 증가하게 되고 이로 인해 유동지역은 포화되어진다.

지표 아래에서 유류 오염물질은 다른 물리적 상태로 존재하면서 복잡한 혼합 형태로 분포한다. 예로서 석유계 탄화수소는 증기상태, bulk 액체상태, 흡착상태, 수중 또는 용해상태로 지하에 존재할 수 있다. 대조적으로 메탄올은 지하수에 쉽게 용해된다. 불포화층 지역에서 토양입자의 공극은 휘발성 오염물질이 휘발할 수 있도록 해준다. 휘발성 오염물질은 토양공극이 밀도가 낮을 때 이동하고, 보다 밀도가 높아 빈틈이 없을 경우 토양에 남게 된다. 포화지역(saturated zone)의 오염물질은 주로 용해된 탄화수소의 형태나 토양에 흡착, 분산되어 있는 형태로 한정되어 있다. 지하수면이 상승하는 기간 동안에도 액체 상태의 탄화수소는 물의 이동속도보다 느려 토양에 남아 있게 된다. 물이나 bulk 액체상태의 탄화수소가 아직 채워지지 않은 불포화지역의 공극에 증기상태의 탄화수소가 존재한다.

탄화수소 오염물질은 중력에 의해 아래로 이동하고, 일부 수평으로의 퍼지기도 한다. 이는 유동하는 액체와 토양입자 사이에서 일어나는 모세관 현상에 의해 발생한다. 용해된 탄화수소는 평형에 도달할 때까지 물에 전이된다. 용해상태에서의 이동은 지하수의 속도와 이동비율에 의존하고 용해상태에서 탄화수소의 이동과 퍼짐은 토양입자에 탄화수소의 흡착과 불포화층에서의 휘발율, 미생물에 의한 분해율에 따라 달라진다.

석유계 탄화수소는 보통 비유동상과 유동상 사이에 분배(partition)되어 있다. LNAPL의 경우에 유동상은 지하수의 흐름 방향으로 흐른다. DNAPL는 지하수의 방향으로 흐르는 것이 아니라 기반암의 기울기 방향으로 흐른다.

10.2 NAPL과 소수성 화합물의 생분해에 영향을 주는 요인들

NAPL을 구성하는 성분은 대부분이 물에 잘 녹지 않는 화합물들이다. 원유 내에 존재하는 PAHs가 그 예이다. 따라서 이들 화합물의 물에 용해된 농도(화합물$_{물}$)는 낮고, 이 농도는 NAPL상에 있는 화합물의 농도(화합물$_{NAPL}$)와 평형상태를 이룬다. 평형상태에서 물에 용해된 농도가 너무 낮을 경우는 용해된 화합물을 기질로 이용하는 미생물의 성장이 이루어지기 어렵다.

$$화합물_{NAPL} \rightleftharpoons 화합물_{물}$$

표 10.1 물에 대한 용해도(25℃)

종 류	화 합 물	용해도(mg/L)
지방족 화합물	heptane (C_7H_{16})	2.9
	octane (C_8H_{18})	0.66
	nonane (C_9H_{20})	0.22
	decane ($C_{10}H_{22}$)	0.052
	hexadecane ($C_{16}H_{34}$)	0.00002
	eicosane ($C_{20}H_{42}$)	0.00000011
방향족 화합물	naphthalene	31
	phenanthrene	1.3
	anthracene	0.05
	pyrene	0.13
	chrysene	0.002
	benzo[*a*]pyrene	0.0038

NAPL을 구성하는 소수성의 이 화합물 들은 지방족 화합물들이거나 방향족 화합물들이다. 일반적으로 지방족 탄화수소는 탄소수가 많을수록, 방향족 탄화수소 경우는 환이 많을수록 물에 대한 용해도가 떨어진다(표 10.1). 제6장과 제8장에서도 언급했듯이 화학구조에 따라서도 용해도가 다르다.

10.3 NAPL과 소수성 화합물의 생분해

NAPL에 존재하는 화합물이 기질로서 미생물에 이용되는 정도는 단독으로 있는 것 보다 감소되는 경향을 보인다. 그리고 같은 화합물이 다른 NAPLs에 존재하는 경우에 그 화합물의 생분해 속도는 다른 것으로 보고되었다. 예로서 2-ethylhexyl phthalic acid (DEHP)가 토양에서 무기화 되는 실험에서, DEHP가 NAPL인 cyclohexane 또는 hexadecane에 용해된 경우보다 NAPL에 용해되지않았을 때 무기화가 가장 많이 되었고, 그 다음이 cyclohexane에 용해된 경우 그리고 hexadecane에 용해된 경우 순으로 나타났다.

NAPL의 구성성분이 되는 화합물의 생분해에 영향을 주는 것은 오염 토양에 존재하는 미생물의 분해능이외에도 다음과 같은 요소들이 작용한다. NAPL로부터 물에 화합물이 분배하는 속도는 일반적으로 생분해 속도에 비례관계를 보이며, 물에 분배하는 속도는 화합물 또는 NAPL에 따라 다양하다. NAPL의 점성(viscosity)은 물질이동을 저하하므로 생분해 속도를 저하시킨다. 표 10.2는 phenanthrene이 다른 NAPL이 있는 토양 슬러리에서 생분해 되는 속도와 정도를 조사한 것이다. 이 화합물의 생분해되는 속도와 정도는 NAPL의 점성과 반비례하는 것으로 나타났다. 유기용매와 같은 NAPL의 독성이 분해성 미생물의 성장을 억제하여 생분해에 영향을 주기도 한다. 물과 NAPL의 계면 면적이 증가하면 생분해 속도가 증가하는데 도움을 주는 것으로 나타났고, 상대적으로 쉽게 생분해 되는 다른 화합물이 존재할 경우 분해하고자 하는 화합물의 생분해가 억제되기도 한다.

NAPL이나 물에 대한 용해도가 낮은 화합물을 미생물이 이용하는 기작은 흡착된 화합물을 미생물이 이용하는 기작에 대한 가설과 같다. 즉 물에 자발적으로 분할되는 속도에 의존 하는 생분해, 미생물이 생성한 계면활성제(biosurfactant)에 의해 가용해(pseudosolubilization)된 화합물의 생분해, 그리고 미생물이 NAPL과 직접 접촉하여 생분해 하는 것으로 구별된다(그림 10.2와 10.3). 물에 자발적으로 분할하는 속도에 의존한 생분해의 경우 미생물은 물에 용해된 화합물만을 기질로 이용한다.

표 10.2 다른 NAPL이 있는 토양 슬러리에서의 phenanthrene 생분해&

NAPL	무기화 속도 (ng/ml · h)	136 시간에서 무기화 된 정도 (%)	NAPL의 점성 (cSt*)
제트 연료유	29.0	51.6	8.45
경유	21.7	44.5	12.2
원유	6.91	14.1	260

*cSt는 점성을 나타내는 단위.

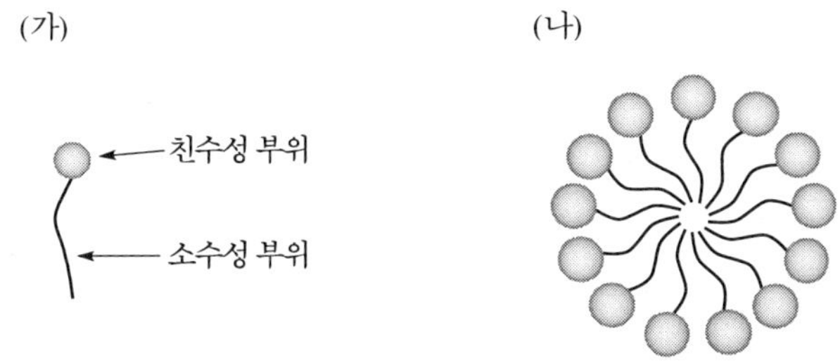

그림 10.2 (가) 한 분자의 계면활성제,)나) 계면활성제 분자들이 모여 형성한 미셀

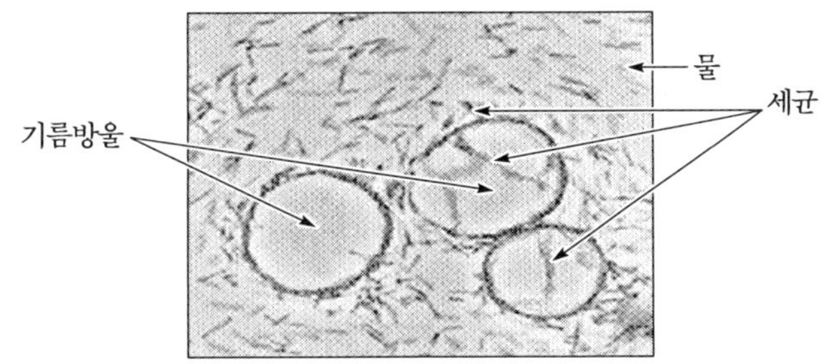

그림 10.3 기름과 물의 접촉면에 집중적으로 모여 있는 탄화수소 산화 세균들

물에 녹아있는 화합물의 농도가 생분해에 중요하다. 이는 어떤 세균들은 물에 용해된 기질만을 이용하기 때문이다. 그 증거로는 다음 세 가지이다. 첫째로, 기질의 물에 대한 용해도와 분해 미생물의 성장률이 비례관계를 나타낸다는 것이다. 예로서, naphthalene, phenanthrene, 그리고 anthracene의 물에 대한 용해도는 25℃에서 각각 31, 1.1, 그리고 0.05 mg/L이다. 이들을 분해할 수 있는 세균의 성장률은 naphthalene에서 가장 높았고, 그 다음이 phenanthrene과, anthracene의 순으로 나타났다. 둘째로, 포화상태의 phenanthrene(또는 naphthalene)을 포함하는 배지와 포화상태의 phenanthrene과 용해가 안된 여분의 phenanthrene을 함께 포함하는 배지에서 이 화합물을 분해하는 세균의 성장 속도가 같은 것으로 관찰되었다. 셋째로, 물에 용해된 기질이 미생물 성장에 소모되어 그 농도가 검출이 안될 때 미생물 성장 속도가 감소되었다.

물에 용해된 화합물의 초기 농도와 자발적으로 용해되는 속도는 NAPL과 물에 용해도가 낮은 화합물의 생분해에 중요하다. 그러나 생분해 속도는 자발적 물질이동 속도만으론 예측할 수 없다. 왜냐면 미생물 계면활성제 생성에 의한 생분해, 미생물이 물-NAPL계면에 직접 부착하여 화합물을 분해하는 것과 같은 다른 기작들이 생분해 속도에 영향을 주기 때문이다.

미생물 계면활성제는 미생물이 생성하는 계면활성제 역할을 하는 물질로서 다당류, 다당-단백질 복합체, 또는 당지질(glycolipid) 등이 있다. Rhamnolipid는 대표적인 당지질의 미생물 계면활성제이다. 미생물 계면활성제는 물과 NAPL 사이의 접촉면적과 분할 속도를 증가시키고 계면 장력을 감소시킨다. 그로 인해 물질 전달이 잘 되므로 생분해도 잘 된다.

계면활성제 분자는 소수성 부위와 친수성부위로 구성되어 있는데(그림 10.2가), 이런 계면활성제 분자들이 모여 물 속에서 미셀(micelle)을 형성한다(그림 10.2나). 미생물 계면활성제는 지름이 1 μm 이하인 미셀을 형성하는데 이 미셀들 안에 소수성 화합물들이 가두어져 있다. NAPL이나 NAPL로부터 유래한 소수성 화합물이 미셀 내부에 들어감으로 가시적으로 물에 이들 화합물들이 용해된 것처럼 보인다. 즉 가용해 상태가 된다. CMC(critical micelle concentration)은 미셀이 생성되기 시작하는 최소의 계면활성제 농도이다. 일반적으로 가용해는 CMC 이상에서 일어나고 미생물은 이 가용해된 화합물을 기질로 이용할 수 있다. 그리고 미셀의 지름이 작을수록 미생물 성장과 생분해 속도가 빠른 것으로 보고되었다. 이는 계면의 면적을 증가시킴으로써 물질전달을 증가시켜 미생물이 기질로 이용할 수 있는 정도를 증가시키는 것에 기인하는 것으로 추정된다.

NAPL에 미생물이 직접 부착하여 생분해하는 것은, 지방족 탄화수소방울에 미생물이 많이 모여 있는 것이 관찰되었고, 팔미트산과 스테롤과 같은 고형기질의 표면에 세균이 집락을 형성한 것을 관찰한 것을 근거로한다(그림 10.3). 미생물에 따라 NAPL에 결합하는 정도는 다른 것으로 알려졌다. NAPL과 물의 계면에 부착해야만 생분해를 하는 미생물의 예는 다음과 같다. Acinetobacter calcoaceticus는 NAPL에 부착하여 NAPL내의 hexane을 기질로 성장하는데, NAPL에 부착하는 능력이 소실된 이 균주의 돌연변이는 NAPL내의 hexane을 기질로 성장할 수가 없었으며 계면활성제를 첨가한 후에나 성장을 할 수 있었다. *Rhodococcus* sp.은 NAPL과 물의 계면에 부착하여 pyrene을 분해하였고, *Candida* sp.은 NAPL의 표면에 생물막을 형성하여 NAPL내의 ethyl butyrate를 기질로 성장하였다. Arthrobacter sp. 균주는 NAPL에 부착하여 NAPL 내의 hexadecane을 기질로 성장하는데, 독성을 주지않는 농도의 triton x-100를 첨가하였을 때 NAPL에 이 균주의 부착이 저해되어 결국 생분해가 저해되었다.

10.4 NAPL과 소수성 화합물의 생분해 촉진

NAPL이나 물에 대한 용해도가 적은 화합물의 생분해를 증가시키기 위해서 계면활성제 첨가, 강한 혼합/통기, 무기 영양분 첨가, 분해성 미생물 첨가(bioaugmentation) 등의 방법들을 사용하는 것이 시도되었다. 이러한 방법들은 오염상태나 상황에 따라 단독 또는 병행하여 사용되었다.

계면활성제를 첨가하며 계면의 면적을 증가시켜 물질전달을 증가시킬 수 있다. 그림 10.4는 계면활성제의 농도에 따른 소수성화합물의 용해도, 표면장력, 계면장력의 변화에 대한 개략도를 나타낸다. 원유의 n-alkane (C_{17-28})의 분해를 증가시키기 위해 Sugee2를 첨가하거나 토양 슬러리에 있는 윤활유의 생분해를 증가시키기 위해 Corexit 사용을 시도하기도 했다. 그러나 계면활성제 자체의 독성이나 미생물이 NAPL에 부착하는 것을 저해하는 성질 때문에 모든 계면활성제가 미생물에 의한 생분해를 증가시키는 것은 아니다. 또한 계면활성제 사용에 의한 2차 오염 문제를 야기할 수도 있다. 그 외에도 계면활성제가 경쟁적 기질로 착용하거나 미셀 내부에 있는 기질의 생물이용도(biodvailability) 감소 등도 보고되었다.

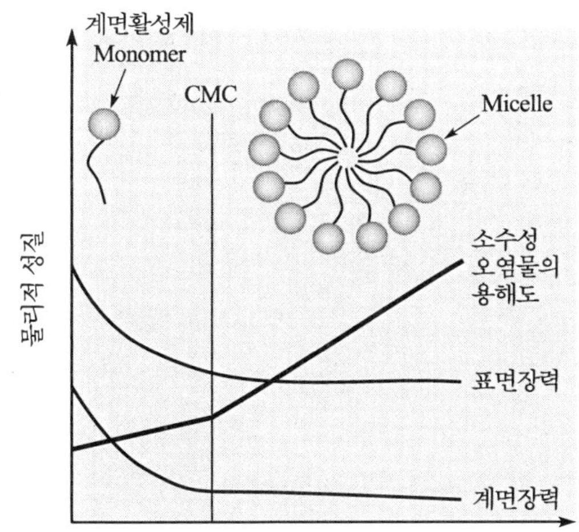

그림 10.4 계면활성제농도에 따른 소수성오염물의 용해도, 표면장력, 계면장력의 변화를 나타낸 개략도

두 번째 방법은 강한 혼합/통기이다. 이로 인해 호기적 생분해에 필요한 산소의 확산을 증가된다. 강한 혼합/통기에 의한 NAPL의 작은 방울들(droplets)을 형성함으로써 계면면적을 증가시키고 분할 속도를 증가시킨다. 이 방법을 적용하기 위해 NAPL을 포함하는 토양을 슬러리 상태로 혼합하거나 공기, 순산소 또는 H_2O_2를 포함하는 물을 NAPL로 오염된 지하수나 토양에 주입한다.

분해성 미생물이 필요한 무기 영양분을 오염된 토양에 첨가함으로써 토착미생물의 분해능을 활성화시키기도 한다. 특히 질소나 인과 같은 무기 영양분이 공급된다. 1989년 Alaska에서 Exxon Valdez의 원유 유출 사건때 실시한 정화작업에서도 이 방법이 사용되었다. 공급되는 질소나 인이 과할 경우 그 자체가 2차 오염으로 작용하기도 한다.

오염된 토양에 생분해를 증진시키기 위해 분해성 미생물을 투입하는 것을 bioaugmentation (생물첨가법)이라 한다. 분해능이 우수하거나 이미 순응된 미생물을 투여함으로써 생분해 속도를 증가시키기 위한 것이다. Bioaugmentation 목적으로 사용되는 균주는 오염된 지역에서 분리한 토착 미생물, 다른 곳에서 분리한 외래 미생물, 또는 유전자 공학적 기법으로 만든 미생물(genetically engineered microorganisms, GEMs) 등이 이용될 수 있다. 다른 곳에서 분리한 외래 미생물보다 오염된 그 지역에서 분리한 토착 미생물을 사용하면 그 지역의 환경 조건에 이미 순응이 됐을 가능성이 높아 효과적으로 bioremediation 목적을 이룰 수 있다. 하지만 편리하다는 점에서 분해능이 좋은 것으로 알려진 상업화 된 미생물 제재를 사용하기도 하는데 이 경우 오염된 환경 조건에 따라서 첨가된 미생물이 살아남을지와 살아남는다 할지라도 활성을 제대로 발휘할 것인지에 대해서는 보장하기가 어렵다.

오염물질로 작용하는 화합물을 분해 또는 탐지하는 능력이 우수하도록 bioremediation 목적용의 GEMs이 실험실에서 유전 공학적인 기법으로 만들어져 왔다. 실험실 규모의 실험결과에 의하면 이들이 bioremediation에 유용할 것 같은 잠재력을 보인다. 그래서 장기간 자연 생태계에 GEM을 유리하여 bioremediation에 있어서 GEM의 유용성을 조사할 필요성이 있다. 그러나 GEM을 실제 실험실 밖의 오염된 토양에 적용하는 것은 생태계에 미칠 위해성에 대한 안전성 문제를 제기한다. 그래서 미국의 경우에는 미환경보호청(U.S. Environmental Protection Agency, EPA)의 승인 하에 GEM을 bioremediation 목적으로 오염된 토양에 유리한 사례는 1996년 말에 처음 실시되었다. 약 2년간 실행되었으며 GEM이 PAHs로 오염된 토양의 bioremediation을 제어하고 모니터 하는데 유용한가를 조사하기 위한 것이었다. *Pseudomonas fluorescens* HK44는 그 때 사용한 GEM으로서 P.

*fluorescens*의 naphthalene을 분해하는 유전자에 해양 세균인 *Vibrio fischeri*의 발광 유전자(*lux genes*)가 결합된 재조합 유전자를 가지고 있고 naphthalene을 완전 분해 할 뿐만 아니라 분해할 때 마다 bioluminescence를 낼 수 있다. 유리된 HK44가 생태계에 미칠 수도 있는 위해성을 고려하여 PAHs로 오염된 토양이 있는 반개방형의 lysimeter를 사용하여 이 연구는 진행되었다. 약 2년간 조사한 결과, HK44는 유리된 토양에서 생존하였고 그것이 토양에서 naphthalene을 분해할 수 있었으며 분해와 더불어 나타낸 빛은 photomultiplier(PMT)로 측정이 가능하였다.

GEM 사용에 따른 세계적 추세와 우리 정부의 안전법규마련과 더불어 이러한 GEM의 유용성에도 불구하고 생태계에 초래될 수도 있는 위해성에 대한 안전성 문제로 말미암아 앞으로 GEM은 반응기내나 소형 센서의 성분으로 사용이 국한될 가능성이 크다. 안전하고 저렴한 새로운 형태의 GEM 적용방법에 대한 연구개발이 필요하다.

참고문헌

1. Alexander, M. (1999). Biodegradation and bioremediation (2nd ed.). Academic press, San Diego, California.
2. Atlas, R.M., and R. Bartha (1998). Microbial Ecology : fundamentals and application (4th ed.). Benjamin/ Cummings Publishing, Menlo Park, California.
3. Brady, N.C. and R.R. Weil (2008). The nature and properties of soils (14th ed.). Prentice Hall, New Jersey.
4. Ellis, B., Balba, M.T., and Theile, P. (1990). Environ. Technol., 11, 443-455.
5. Harayama, S. (1997). Polycyclic aromatic hydrocarbon bioremediation design. Curr. Opin. Biotechnol., 8, 268-273.
6. Hopkins, G.D. and P.L. McCarty (1995). Field evaluation of in situ aerobic cometabolism of trichloroethylene and three dichloroethylene isomers using phenol and toluene as the primary substrates. Environ. Sci. Technol., 29, 1628-1637.
7. Madigan, M.T., J.M. Martinko, K.S. Bender, D.H. Buckley, and D.A. Stahl (2014). Brock biology of microorganisms (14th ed.). Prentice Hall, New Jersey.
8. Mao, X., R. Jiang, W. Xiao, J. Yu (2015). Use of surfactants for the remediation of contaminated soils: A review. J. of Hazardous Materials. 285(21), 419-435.
9. Mulligan, C.M., R.N. Yong, and B.F. Gibbs (2001). Surfactant-enhanced remediation of contaminated soil: a review. Eng. Geol., 60, 371-380.
10. Ripp, S., D. Nivens, Y. Ahn, C. Werner, J. Jarrell, J.P. Easter, C.D. Cox, R.B. Burlage, and G.S. Sayler (2000). Environ. Sci. Technol., 34, 846-853.
11. Robertson, B.K. and M. Alexander (1996). Mitigating toxicity to permit bioremediation of constituents of nonaqueous-phase liquids. Environ. Sci. Technol., 30, 2066-2070.
12. Ron, E.Z. and E. Rosenberg (2002). Biosurfactants and oil bioremediation. Curr. Opin. Biotechnol., 13, 249-252.
13. Sayler, G.S. and Ripp, S. (2000). Curr. Opin. Biotechnol., 11, 286-289.
14. Sayler, G.S., C.D. Cox, R. Burlage, S. Ripp, D.E. Nivens, C. Werner, Y. Ahn, and U. Matrubutham (1999). Field application of a genetically engineered microorganism for polycyclic aromatic hydrocarbon bioremediation process monitoring and control. In Novel approaches for bioremediation of organic pollution (Fass et al., ed.). Plenum press, New York, p241-254.
15. Song, H. G. and R. Bartha (1990). Effects of jet fuel spills on the microbial community of soil. Appl. Enivron. Microbiol. 56, 646-651.
16. Yaron, B., R. Calvet, and R. Prost (1996). Soil pollution : processes and dynamics. Springer, Berlin.

CHAPTER 11

흡 착

11.1 흡착의 정의

고체와 용액의 두 가지 상(phase)이 존재할 때 그 경계면(interface)에 물질이 쌓이는 현상을 흡착(adsorption)이라고 한다. 즉, 토양과 용액이 있는 경우 용액 중의 이온이나 화합물 등이 토양표면에 축적되는 것이 흡착의 한 예라 할 수 있다. 경계면에 쌓이는 물질을 흡착물 또는 피흡착물(adsorbate), 피흡착물이 쌓이는 고체의 표면을 흡착제(또는 흡착매; adsorbent)라고 한다.

흡착은 토양 안에서 일어나는 중요한 화학반응이다. 토양표면에 남아있는 식물영양소, 금속, 농약, 기타 유기화합물 등의 양이 흡착에 의해 결정되기 때문에, 흡착은 토양 내 영양소 및 오염물질의 이동에 있어서 중요한 역할을 한다. 토양에서 일어나는 흡착반응에는 토양표면에 존재하는 작용기(functional group)가 중요한 역할을 한다.

농약 등 유기화합물이 토양에 흡착되는 현상은 다음과 같이 몇 가지로 나누어 설명할 수 있다. 첫째, van der Waals의 힘에 의한 물리적 결합이 있다. van der Waals의 힘은 모든 분자 사이에 존재하는 힘으로서 비교적 약한 편이지만, 비극성분자(특히 분자량이 큰 분자)의 흡착에서는 매우 중요한 역할을 한다. 둘째, 양이온교환이나 양성자가 첨가되는 양성자화반응(protonation)을 통한 정전기적 결합을 들 수 있는데, 예를 들면, 약염기성인 유기화합물이 pH에 따라 양전하를 띠게 되어 토양 내의 금속이온과 치환되는 경우가 있다(그림 11.1(a)). 유기화합물의 탄소사슬길이 등 여러 가지 요인의 영향도 있지만 pH의 영향이 아주 크다고 할 수 있다. 셋째로 수소결합을 들 수 있다. 수소결합이란 전기음성도가 큰 두

원자와 하나의 수소원자사이에 생기는 화학결합을 말하는데, 이온결합이나 공유결합보다는 약하지만 van der Waals의 힘에 의한 결합보다는 강하다. 토양표면에서 일어나는 수소결합의 예를 그림으로 나타내면 그림 11.1(b)과 같다. 넷째로는 배위결합이 있다. 토양과 유기화합물 사이에서 다원자가의 금속이온이 다리 역할을 하는 경우인데, 제초제 트리아진이나 카르복실기를 가진 유기화합물의 흡착 등을 예로 들 수 있다.

금속이온의 흡착에 영향을 주는 것으로는 pH, 흡착질의 농도, 그리고 흡착제의 유형 등이 있다. 실험에 의하여 양이온의 상대적인 흡착력과 선택성을 알아볼 수 있다. 1가인 알칼리금속이온의 경우에는 정전기적 인력이 가장 크게 작용하기 때문에, $Li^+ < Na^+ < K^+ < Rb^+ < Cs^+$의 순으로 선택성이 점점 커진다. 2가 이온의 경우에는 선택성의 순서에 뚜렷한 규칙이 없다. 작용기와 결합된 이온이나 분자 사이에 물이 존재하면 outer- sphere complex, 물이 존재하지 않으면 inner-sphere complex라고 한다(그림 11.2).

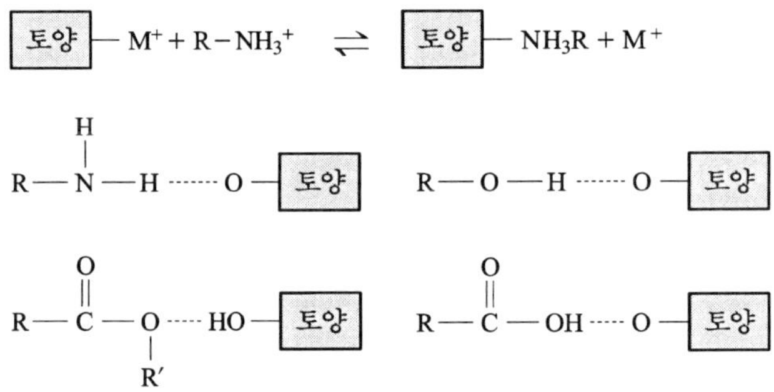

그림 11.1 토양과 유기화합물의 흡착반응. ; (a) 정전기적 결합의 예 (b) 수소결합의 예

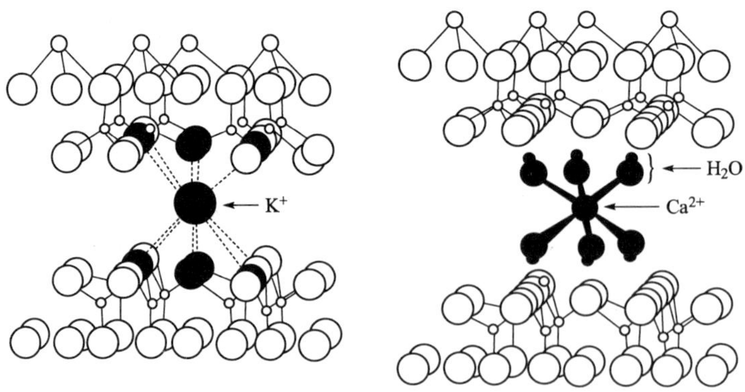

왼쪽 그림은 Vermiculite에 K^+이 흡착하여 inner-sphere complex를 이루는 것을 보여주고 있다. 오른쪽 그림이 보여주는 것은 Montmorillonite에 $Ca(H_2O)_6^{2+}$가 흡착되는 것으로써 outer-sphere complex를 형성한다.

그림 11.2 점토광물에 양이온이 흡착되는 경우

음이온의 흡착도 양이온의 경우와 마찬가지로 pH의 영향을 많이 받는다. Cl^-, NO_3^-, ClO_4^- 등이 양전하를 띄는 흡착제의 표면에 비교적 느슨하게 결합되어(outer-sphere complex) 있는데 반해, SO_4^{2-} 같은 경우에는 outer-sphere complex와 inner-sphere complex, 둘 다 형성한다. 금속이온이나 음이온의 흡착량이 흡착가능한 최대치에 가까워지게 되면 침전이 일어난다.

11.2 흡착등온선(Adsorption Isotherms)

흡착등온선(adsorption isotherm)은 일정한 온도에서 흡착된 피흡착물의 양과 평형상태에서의 흡착질의 농도(평형농도)가 어떤 상관관계가 있는가를 보여준다. 등온흡착선은 보통 L, S, C, H, 이렇게 네 가지 형태로 분류할 수 있다(그림 11.3).

(1) L형

일명 Langmuir 흡착등온선이라고 불린다. 낮은 농도에서 높은 친화력을 보이며 농도가 증가함에 따라 기울기가 감소한다. 흡착제와 피흡착물의 친화력이 큰 경우가 이에 해당하며 가장 흔하게 나타난다고 할 수 있다.

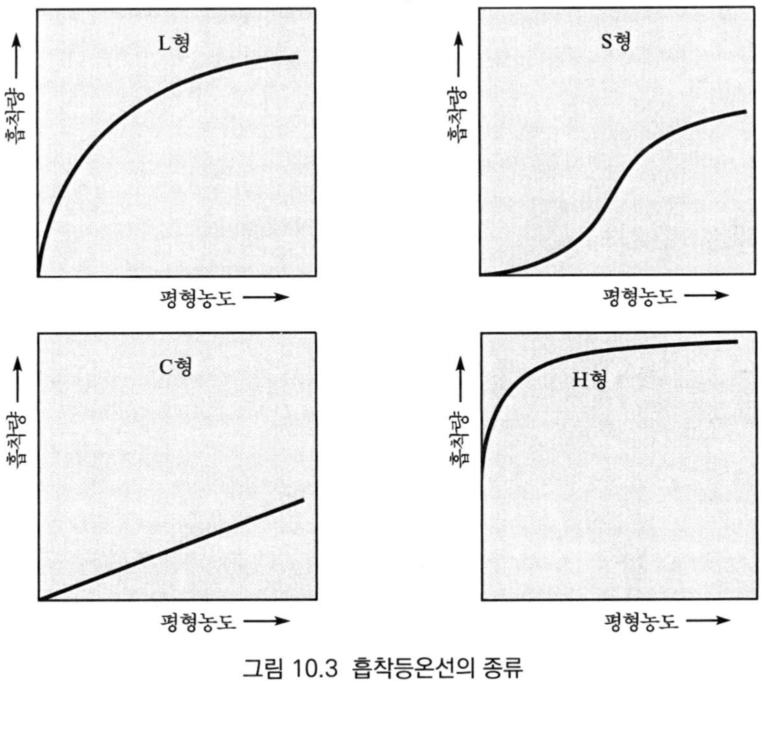

그림 10.3 흡착등온선의 종류

(2) S형

흡착질의 농도가 낮을 때는 낮은 흡착 정도를 보이다가 농도가 증가함에 따라 흡착곡선의 기울기가 커진다. 그러나 흡착이 일어날 수 있는 용량이 다 차면 농도가 증가하더라도 기울기가 0이 된다. 이는 흡착제와 피흡착물 사이보다 피흡착물과 피흡착물 사이의 친화력이 더 크기 때문에 피흡착물이 서로 뭉쳐서 흡착제의 표면에 존재하려고 하기 때문이다.

(3) C형

평형농도와 흡착량이 비례하는 경우, 즉 분배(partitioning)가 일어나는 경우이다. 비극성 유기화합물이 토양에 흡착되는 경우 흔히 이런 양상을 보인다. C형은 그래프가 일정한(constant) 기울기를 가진다는 의미에서 붙여진 이름이다.

(4) H형

양전하를 띠는 유기화합물이 음전하를 나타내는 점토광물에 흡착하는 화학흡착(chemisorption)과 같이 아주 강한 친화력(high affinity)을 보이는 경우가 이에 해당한다. 즉 H형은 'high affinity'에서 H를 말한다. L형의 극단적인 경우라고 말할 수 있다.

농약의 흡착을 예로 들어보면 다음과 같다. 양전하를 띠는 제초제 Paraquat는 이온교환반응을 통해 흡착되므로 흡착등온선을 그리면 H형을 나타낸다. 극성이 없는 Lindane은 토양표면과 용매 사이에 분배(partition)되어 C형을 보인다. 살충제 Dasanit은 S형, Prometone은 L형을 나타낸다.

11.3 흡착평형 모델

토양표면에서 일어나는 흡착반응을 설명하는 몇 가지의 모델 중에서 Langmuir 방정식(혹은 Langmuir 흡착등온선)과 Freundlich 방정식(혹은 Freundlich 흡착등온선)에 관하여 기본 개념을 정리하였다.

(1) Langmuir 방정식

흡착반응을 설명하는 가장 보편적인 모델 중의 하나인데, 이는 다음과 같은 가정을 바탕으로 하고 있다. 1) 흡착반응은 평평한 표면에서 일어나며 흡착이 일어날 수 있는 점은 정해진 수만큼만 존재하고 한 점에 하나의 분자만 흡착할 수 있다. 2) 흡착반응은 가역적이다. 3) 분자는 표면에서 옆으로 움직이지 않는다. 4) 흡착이 일어나는 표면은 균질하고 피흡착물끼리의 간섭은 없다. 즉, Langmuir 모델은 흡착되는 이온이 표면에 단분자층(monolayer)으로만 흡착되는 경우, 그리고 흡착되는 이온과 흡착 자리와의 상호인력이 흡착되는 양에 관계없이 항상 같을 경우에만 적용될 수 있다. 그러나 실제로 반응이 일어나는 토양의 표면은 불균질하기 때문에 흡착을 Langmuir 모델만으로 설명할 수는 없다. Langmuir 방정식은 다음과 같이 나타낼 수 있다.

$$q = \frac{kCb}{(1 + kC)}$$

q는 흡착질의 평형농도가 C일 때 흡착제 단위질량 당 흡착되는 피흡착물의 양(mol kg^{-1})을 말하며 x/m으로 쓰기도 한다. C는 흡착질의 평형농도(mol L^{-1}), k는 상수, b는 최대흡착량을 나타낸다. 위의 식을 다시 정리하면 아래와 같이 쓸 수 있다.

$$\frac{C}{q} = \frac{1}{kb} + \frac{C}{b}$$

즉, C와 C/q의 그래프를 그리면 기울기와 교점으로부터 최대흡착량(b)을 구할 수 있다.

(2) Freundlich 방정식

Freundlich 방정식은 처음에는 기체와 고체의 흡착을 설명하는 데 사용되었으나, 환경토양화학에서도 널리 쓰이는 실험적 흡착모델이라 할 수 있다. 농약이 토양에 흡착되는 경우를 비롯하여, 일반적으로 불균질한 표면에서 일어나는 흡착반응을 잘 설명한다. 식으로 나타내면 다음과 같다.

$$q = K_d C^{1/n}$$

위의 식은 아래와 같이 바꾸어 쓸 수 있다.

$$\log q = \log K_d + \frac{1}{n} \log C$$

q와 C는 Langmuir 방정식에서와 마찬가지로 각각 흡착질의 평형농도가 C일 때 흡착제 단위질량 당 흡착되는 피흡착물의 양(mol kg^{-1})과 흡착질의 평형농도(mol L^{-1})를 나타내며, K_d는 분배계수, n은 상수이다. Freundlich 모델을 이용하는 경우에는 최대흡착량을 예측할 수 없다는 것이 단점이라 할 수 있다.

참고문헌

1. McBride, M. B., Environmental Chemistry of Soils, New York: Oxford University Press, 1994.
2. Sparks, D. L., Environmental Soil Chemistry, San Diego: Academic Press, 1995.
4. Sposito, G., Chemical Equilibria and Kinetics in Soils, New York: Oxford University Press, 1994.
5. Stevenson, F. J., Humus Chemistry: Genesis, Composition, Reactions, 2nd ed., New York: Wiley, 1994.
3. Stumm, W. and J. J. Morgan, Aquatic Chemistry: Chemical Equilibria and Rates in Natural Waters, 3rd ed., New York: Wiley, 1996.

CHAPTER 12

토양복원 기술

12.1 복원기술 개요

토양복원의 목표는 오염물질이 검출되지 않는 농도나 검출되더라도 법에서 규정하여 허용하는 농도 이하로 오염물질을 제거하는 것이다. 이 장에서는 오염지역을 복원하기 위한 여러 가지 처리 기법을 소개하고 원리 및 장・단점을 소개한다. 토양오염복원방법은 오염부지에 대해 수집된 모든 데이터와 정보를 바탕으로 가장 적절하게 오염 장소에서 효율적으로 오염 물질을 제거하는데 있다. 오염부지에 대한 정화전략을 세우기 위해 고려해야 할 요소는

1) 오염부지의 특성
2) 오염물의 전환(transformation)
3) 지구화학적 요소
4) 수리지질학적 요소
5) 오염물의 이동과 거동이 있다(그림 12.1).

이러한 요소를 근거로 정화전략을 세우고 처리효율과 비용 및 인간의 건강과 환경에 대한 영향을 고려해서 적절한 복원기술을 선택해서 적용한다.

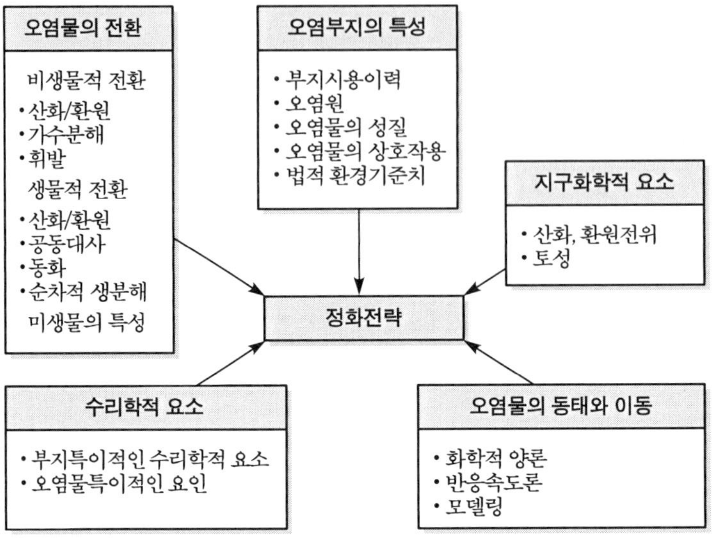

그림 12.1 오염부지의 정화전략에 고려할 요소들

현재까지 다양한 토양복원기법들이 개발되어 실재 현장에 적용되고 있다. 이러한 복원기법들은 오염물을 처리하는 원리에 따라 물리화학적 처리, 생물학적 처리, 그리고 열처리로 구분된다(그림 12.2). 생물학적 방법은 물리화학적 방법에 비하여 경제적이고 친환경적이지만 토양을 정화하는데 비교적 오랜 기간이 걸리고 고농도로 오염되어 있을 경우에는 기술이 제한적으로 사용된다. 반면 물리화학적 방법은 2차 오염 물질이 생성될 가능성이 있으나 생물학적 방법에 비하여 처리 시간이 짧고 고농도로 오염된 토양에도 유동적으로 기술 적용이 가능하다. 그래서 물리화학적 처리법과 생물학적 처리법이 가지는 단점을 보완하고 장점을 활용해서 복합적인 정화방법을 사용하기도 한다.

2013년도에 보고된 환경부자료에 의하면 2005-2011년도에 사용된 토양정화공법 건수 중에서 생물학적 처리가 58.7%로 가장 많았고 그 다음이 물리화학적 처리, 열적 처리, 그리고 기타 순으로 각각 33.2%, 3%, 그리고 5.1%로 나타났다. 그래서 생물학적 처리가 단연히 건수 면에서 높은 것으로 나타났다. 생물학적 처리 중에서는 토양경작법이 1700건으로 1위를 차지했고, 그 다음이 생물학적 통풍법(185건), 생분해법(119건), 바이오파일(26건), 식물정화법(19건), 그리고 퇴비화법(1건)으로 나타났다. 물리화학적 처리법에서는 화학적산화환원법(393건) > 토양세척법(310건) > 토양증기추출법(286건) > 토양세정법(112건) > 동전기법(53건) 순으로 나타났다. 한편 열적 처리법에서는 열탈착법(99건) > 소각법(4건), 열분해법(4건) 순으로 나타났다.

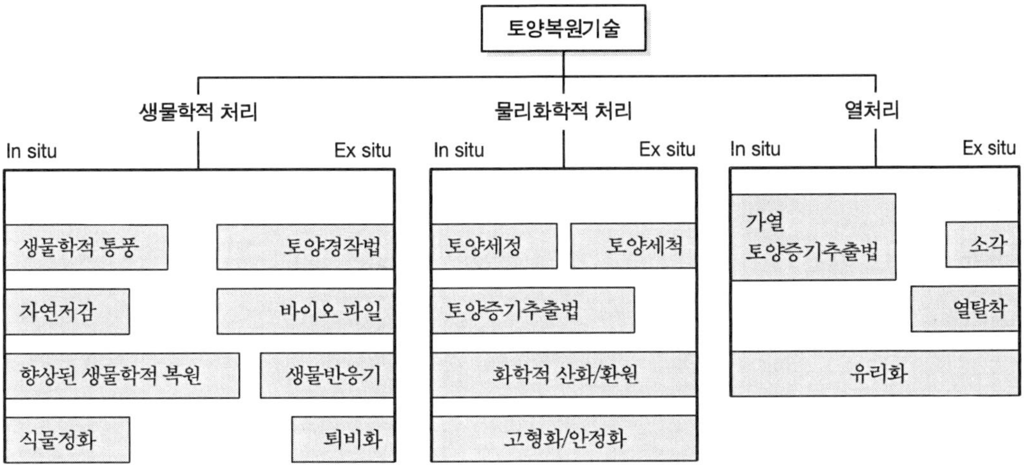

그림 12.2 다양한 토양복원기술의 처리장소에 따른 분류

각 복원기법이 적용될 때 어디에서 오염된 토양이나 지하수가 처리되느냐에 따라 원위치(in situ)처리기술과 이동(ex situ)처리기술로 분류할 수 있다. 원위치 처리는 말 그대로 오염된 부지 그 자리에서 토양을 굴착하지 않고 정화하는 것이다. 한편 오염된 부지의 토양을 굴착해서 처리하는 것을 이동처리라고 한다. 이동처리에는 굴착한 토양을 오염부지 내에서 처리하는 현장 내(on site) 처리와 굴착한 토양을 다른 장소로 이동해서 처리하는 현장 외(off site) 처리로 구분된다.

원위치 처리는 오염이 발생한 곳에서 처리가 이루어지므로 굴착작업과 토양운반이 필요치 않아 이에 소요되는 비용이 절감되어 정화비용이 비교적 저렴한 장점이 있다. 또한 굴착으로 인한 주변 환경과 작업자들의 오염물에 대한 노출가능성이 낮다. 그러나 그 곳의 주어진 지질, 토양, 그리고 수문학적 환경조건하에서 처리가 이루어져야 하므로 처리공정을 제어하기가 비교적 어렵다. 게다가 토양과 대수층의 불균질성 때문에 일정한 처리가 잘 되지 않아 비교적 정화공정을 모니터 하기가 어렵고, 정화에 소요되는 시간이 길다.

한편 이동처리가 가지는 장점은 다음과 같다: 오염부지로 부터 오염물을 빨리 제거함으로써 오염에 따른 위해성을 감소 및 제거; 오염물의 전파 전에 오염물을 오염부지로부터 제거; 처리 전에 굴착된 토양을 균질화할 수 있어 정화공정의 모니터링이 수월함; 오염물 제거에 필요한 조건의 제어에 용이; 정화기간이 비교적 단기간임. 그러나 이동처리는 토양을 굴착해야 하고 처리장(예 : 반입장)으로 이동시켜야 하므로 비교적 비용이 많이 소요된다는 단점이 있다. 또한 굴착에 따른 오염부지의 지반환경교란이나 오염의 확산을 유발할 수도 있다. 오염토양의 굴착과 이동 중 작업자가 오염물에 노출될 위험성도 배제할 수 없다.

처리기술에 따라서 원위치와 이동처리 둘 다 적용이 가능할 수가 있다. 이 경우 동일한 기술의 원리가 다른 곳에 적용된 것이다. 최근에는 굴착 후 오염된 토양을 매립하는 데 사용하는 방법보다는 "재활용"의 방향으로 나아가고 있다. 이것은 허가된 매립지에 토양을 보관하여 오염물질을 더하는 대신 오염된 토양을 세척하여 재사용하는 것을 말한다. In situ 기법과 ex situ 기법의 선택은 다음과 같은 요인에 의해 결정된다. 토양의 용도, 법규, 지역특이성, 토지 소유자의 요구성과 목적, 처리효과, 위해성, 처리기간, 비용. 그 외에도 그림 12.1과 같은 요인들을 고려해서 정화전략을 수립해야 한다.

원위치처리의 예는 생물학적 통풍(bioventing), 토양세정(soil flushing), 그리고 원위치 생물학적 복원(in situ bioremediation)이 있다. 한편 퇴비화기법(composting)과 생물반응기(bioreactor)를 이용한 토양복원은 대표적인 이동처리의 예이다. 현재까지 다양한 복원기법들이 개발되고 있으나 이 장에서는 대표적인 기법을 소개한다.

12.2 물리화학적 처리방법

12.2.1 토양증기추출법(Soil Vapor Extraction; SVE)

토양증기추출법(그림 12.3)은 불포화층에서 토양을 진공상태로 만들어 토양으로부터 휘발성 또는 준휘발성 오염물질을 제거한다. 또한 이 기술은 외부에서 오염지역으로 공기를 주입하여 오염물을 추출하는 방법이다. 토양으로부터 제거되는 가스는 지상에서 처리한다.

추출정, 주입정(환기정, 송풍정) 등을 오염지역에 설치하고 정을 이용하여 지중 토양에서 공기를 유동시킨다. 공기가 흡입될 때 통기성이 가장 좋은 지역을 통해 공기가 흐르게 된다. 추출정은 오염지역까지 설치되고, 진공펌프는 정을 통해서 오염된 지역으로부터 공기를 빨아들인다. 과도한 수분을 제거한 후 휘발성 유기오염물을 처리한다. 부지가 넓은 경우에는 여러 개의 정이 설치되어야 한다.

이 기술을 이용하는데 있어 토양의 특성상 발생하는 제한요인은 다른 기술에 비해 적은 편이고, 소요 비용이 저렴하다. 그래서 광범위하게 오염된 토양의 복원에 적합하다. 토양증기추출법은 비교적 설치가 용이하고, 다른 미생물 공정에 비해 소요 시간이 짧다. 이 기술은 다른 기술과 복합적으로 사용될 수 있다. 이러한 잇점 때문에 SVE를 이용한 토양복원 방법이 많은 현장에 적용되고 있다.

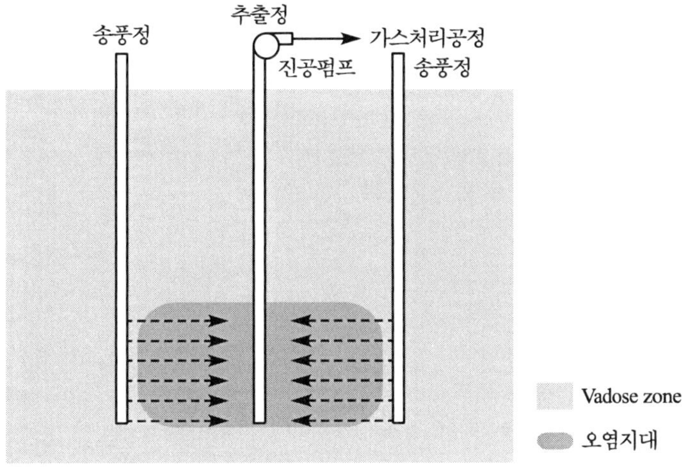

그림 12.3 전형적인 SVE 공정의 개략도.

송풍정은 관측정(monitoring well)으로도 사용된다. 추출정(extraction well)이 영향을 미치는 반경은 토양의 특성에 따라 다르나 보통 10m 미만이고 가스 유속율은 $5m^3$/min 이하이다.

토양증기추출법을 이용하여 처리할 수 있는 오염물질은 휘발성 유기물질과 유류오염물질이다. 이 기술은 Henry상수가 0.01 atm · m^3/mol(또는 100 atm) 이상인 휘발성 오염물질과 증기압이 20℃에서 1~0.5 mmHg 이상인 물질에 적용이 가능하다. 토양증기추출법의 효율에 영향을 주는 요인으로는 수분 함유량, 유기물 함유량, 토양의 통기성 등이 있다. 토양증기추출법은 heavy oil, 중금속, PCBs, dioxins의 정화에는 부적합한 것으로 알려졌다. 이 공정은 토양 내부로 지속적으로 공기를 주입하므로 휘발성이 낮은 유기물질의 생분해를 증진시키기도 한다.

12.2.2 토양세정(Soil Flushing)

오염물질의 용해도를 증가시키기 위한 첨가제를 함유한 물 또는 순수한 물을 토양 및 지하수에 주입하여 오염토양 지역 내의 지하수위를 상승시킨다. 이 공정을 통해 오염물질은 지하수내로 침출되고 침출된 오염물은 추출되어 지상에서 처리된다. 토양세정(그림 12.4)은 주입공정을 통해서 오염물을 포함하는 침출액을 지하수로 이동시킨다. 지하수내의 오염물은 지상으로 추출함으로써 지하 대수층으로부터 제거되고 지상으로 양수된 지하수는 정화 후 재순환된다. 재생된 지하수나 탈착된 오염물질을 포함한 세정액은 공공 하수처리장이나 저류조로 보내지기 전에 기준을 만족시키기 위해 적절히 처리한다. 경제성을 최대한 증가시키기 위해 재생된 세정액은 세정공정에 재사용된다. 처리수에서 계면활성제를 재생

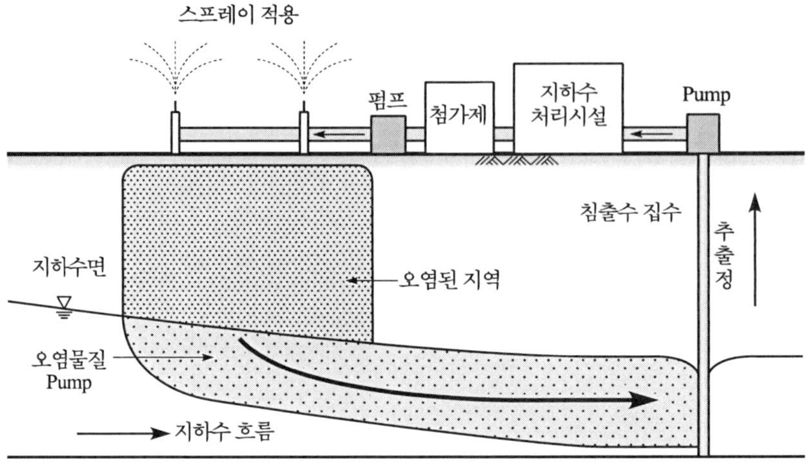

그림 12.4 Soil Flushing의 대략적인 개략도

함으로써 토양세정 공정의 비용을 줄일 수 있다.

In-situ 토양세정은 유기물질, 무기물질, 방사능 오염물질을 제거하는데 적용할 수 있다. 이 공정은 토양으로부터 오염물을 제거하기 위한 용해반응에 필요한 물이나 계면활성제 등을 사용한다. 현장에서 제거효율은 토양에 따라 다양하다. 이러한 제거효율의 차이는 토양의 수리지질학적인 요인 때문이다. 그래서 실제 현장에서는 지중에서의 유체 흐름을 잘 이해하는 것이 중요하다. 토양세정의 주 처리 대상물질은 방사능 오염물질을 포함한 무기물질이다.

12.2.3 토양세척(Soil Washing)

토양세척기법은 적절한 세척제를 사용하여 토양입자에 결합되어 있는 유해 유기오염물질의 표면장력을 약화시키거나 중금속을 액상으로 이동시켜 토양입자로부터 오염물질을 분리시켜 처리한다. 적용하는 위치에 따라 in-situ 토양세정기법(soil flushing)과 ex-situ 토양세척기법(soil washing)으로 나눌 수 있다. 토양세척기법에 사용되는 세척제는 오염물질을 토양으로부터 분리 및 용해하는 역할을 한다. 계면활성제는 계면의 자유에너지를 낮추고 계면의 성질을 변화시켜 물에 용해성이 낮은 물질을 열역학적으로 안정한 상태로 용해시킬 수 있다.

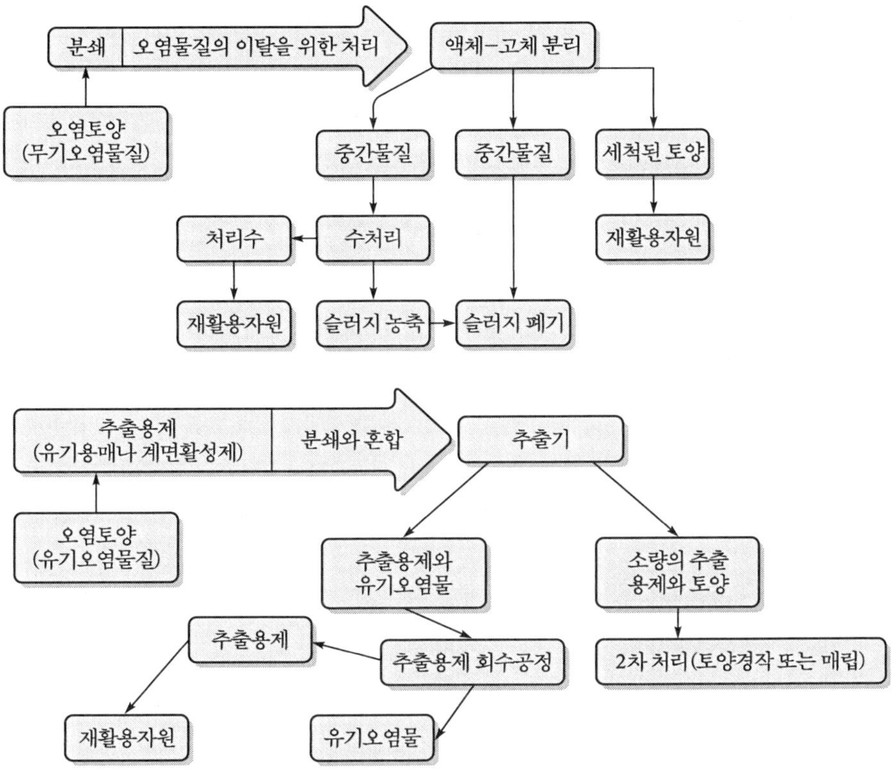

그림 12.5 Soil Washing의 대략적인 개략도

위, 무기오염물의 제거를 위한 토양세척. 아래, 유기오염물질의 제거를 위한 토양세척

토양세척은 일련의 물리적 시설과 화학적인 공정을 거쳐서 수행된다(그림 12.5). 물을 사용하여 토양을 여러 분획으로 분리하고 세척함으로써 모든 오염물이 토양에서 액상(aqueous phase)으로 이동한다. 액상의 오염물은 따로 분리하여 처리되거나 이 오염된 물과 함께 처리된다.

12.2.4 화학적 산화/환원법

화학적 산화/환원법은 화학적으로 오염물들을 위해성이 없거나 덜한 물질로 산화시키는 기술이다. 오염물의 이동성이나 독성이 덜 한 화합물들로 전환시킴으로써 위해성을 줄일 수 있다. 화학적 산화/환원법은 반응물질들 사이의 전자전달로 인해 한쪽은 산화되어 전자를 잃고 다른 한쪽은 환원되어 전자를 얻는다. 산화제로서 오존, 과산화수소, 과망간산염(permanganate), 염소, 이산화염소, 차아염소산염(hypochlorite) 등이 사용된다. 화학적 산화/환원법의 주요 처리대상은 유기오염물들이다: 유류, TCE, DCE, BTEX 등. 화학적 산화/환원법은 지중처리 시 주입되는 산화제와 오염물질이 접촉을 원활하게 하기 위해서는 투수성이 큰 토양에 적용하면 용이하다.

토양오염물 처리에 화학적 산화법이 도입되기 전부터 하폐수 처리에 이 기술은 널리 사용되었다. 이 기술은 토양세척법과 더불어 비교적 빠르고 효과적으로 토양정화를 할 수 있는 기술이다. 토양세척법은 EX Situ 기법인 반면에 화학적 산화환원 기술은 in situ및 ex situ 에 적용이 가능하다는 장점이 있다(그림 12.6). 반면에 이 기법은 대상 오염물이 고농도이거나 토양 내에 산화제를 소모하는 유기물이 있다면 약품비가 많이 든다. 이 처리법이 모든 유기물에 효과적이지는 않다는 것과 대상 오염물이 제거 되더라도 그 것의 불완전 산화로 인해 중간산물이 축적될 수도 있다.

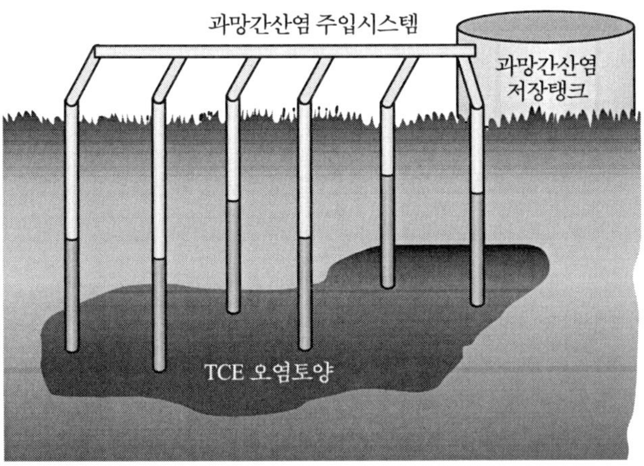

그림 12.6 지중 화학적 산화/환원법에 의한 TCE처리의 예

12.2.5 고형화/안정화(Solidification/Stabilization)

물리적, 화학적 방법을 사용하여 오염물질을 고형물로 만들거나 불용해성으로 전환시킴으로써 토양오염물질의 이동을 방지하는 처리기술이다. 즉 접합제나 화합물 첨가로 오염물을 고형화해서 이동을 물리적으로 감소시키고 화학적으로 용해도를 저하시키거나 무해한 형태로 전환시키는 기술이다.

이 기술은 In-situ와 ex-situ에 모두 적용이 가능하다(그림 12.7, 12.8). 슬러리 상태의 오염토양에 접합제 또는 화합물을 첨가해 고상의 형태로 만들거나 오염물을 불용해성으로 만든다. 지상 고형화/안정화기법은 세 단계로 구성된다: 오염된 토양 섞기, 첨가제 및 주입 시스템 준비, 토양에 첨가제 주입하여 혼합하기.

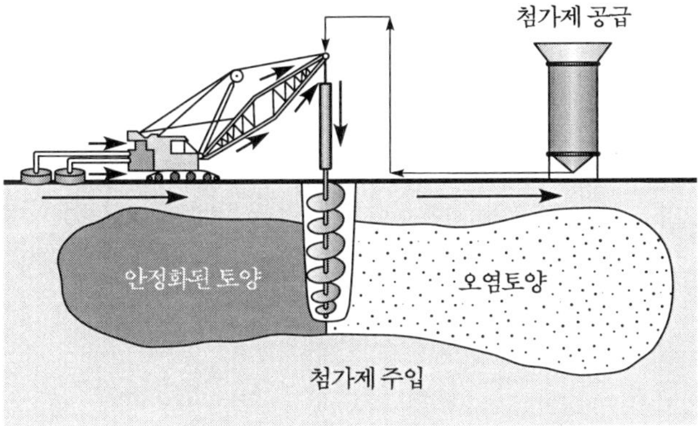

그림 12.7 In situ 고형화 및 안정화 공정 예

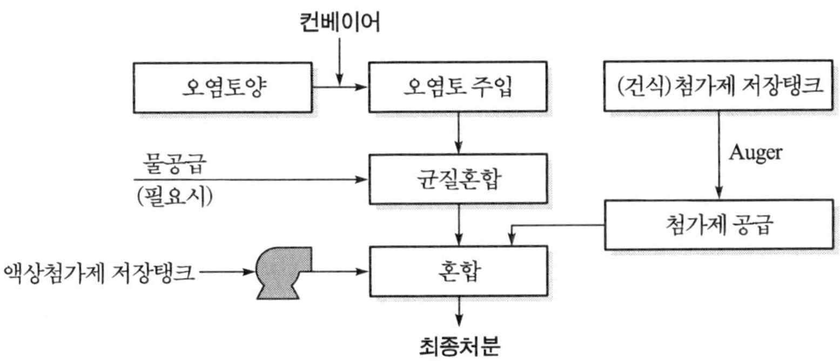

그림 12.8 Ex situ고형화 및 안정화 공정 예

첨가제(접합제)는 무기성과 유기성으로 구분된다. 무기 접합제에는 시멘트, 석회, 점토, 슬래그, 비산재, 규산 등이 있다. 한편 유기 접합제로는 아스팔트, 폴리에틸렌, 에폭시, 폴리에스테르 등이 사용된다. 무기 접합제의 장점은 저비용이고 장기적 안정성이 있다는 것이다. 또한 구입이 용이하고 독성이 없기 때문에 주로 적용되고 있다. 무기 접합제로는 포틀랜드 시멘트(Portland cement)가 널리 사용되고 있다. 한편 유기 접합제는 용해도가 높은 오염물이나 유기 오염물을 화학적 접합시켜 안정화하는 효율이 무기 접합제보다 크다는 장점이 있다. 그러나 가격이 비싸고 고도의 기술을 요한다는 단점이 있다. 이 기술의 대상 오염물질은 주로 중금속 등 무기 오염물이다. 특히 방사성 물질의 처리에 효과적이다. 그러나 소량의 유기 오염물에도 적용 가능한 것으로 보고되었다. 핵폐기물이나 독성이 강한 오염물질에는 주로유기 접합제를 사용한다.

오염물질이 존재하는 토양의 깊이에 따라 적용이 제한될 수 있으며 비용도 달라진다. 고형화/안정화 처리된 오염토양의 부피를 되도록이면 최소화하여 토양생태계를 보전하도록 한다. 이 기술은 토양으로부터 오염물을 제거하는 것이 아니라 오염물의 이동성 및 용해도를 저하시키는 기술이므로 이 기술로 처리된 부지에 대해서는 사후 오염물질의 이동에 대해 장기간 모니터링을 할 필요가 있다. 특히 in situ 처리시 첨가제의 주입과 혼합이 용이하지 않고 처리 효율을 확인하기가 어렵다. 그래서 고형화 및 안정화를 제대로 하지 않은 경우에는 오히려 오염토양의 부피가 증가할 수 있다.

12.3 열처리 방법

열처리를 기반으로 하는 대표적인 토양복원기법은 소각, 열탈착법, 그리고 유리화이다. 소각은 오염토양에 열을 가해서 오염 물질을 분해한다. 열탈착은 토양으로부터 오염물을 분리해서 처리하는 기술이다. 한편 유리화는 오염토양을 전기적으로 용융시켜 오염물의 용출을 최소화한 결정구조로 만든다.

12.3.1 소각

소각은 산소를 공급하여 토양의 유기물을 연소시켜 분해하는 공정이다. 오염토양의 유기물질을 871~1,204℃의 고온으로 소각하여 이산화탄소, 수증기, 황하수소, 그리고 할로겐화 수소로 분해한다. 토양의 독성 유기오염물질은 고온에 의해 분해할 수 있지만 불완전연소되면 독성의 재가 생성된다. 일반적인 소각로의 오염물질 제거효율은 99.99% 이상이고, PCB나 dioxins에 대해서는 99% 이상의 효율을 나타낸다. 그러나 처리비용이 비교적 높고 중금속을 포함하는 토양을 소각하면 중금속이 포함된 소각재가 생산되므로 폐기물이 발생하는 단점이 있다.

12.3.2 열탈착법(Thermal Desorption)

열탈착법은 Ex-situ처리기법으로서 오염토양내의 유기오염물질을 고온에서 휘발시키거나 토양으로부터 탈착시키는 기법이다. 발생하는 배기가스는 가스처리 시스템으로 처리한다. 고온 열탈착법(High temperature thermal desorption, HTTD)은 320℃ 이상을 사용하고 저온 열탈착법(Low temperature thermal desorption, LTTD)은 90~320℃ 범위의 온도를 사용한다. 처리대상 토양오염물은 고온 열탈착의 경우 SVOC, PAHs, PCBs, 살충제 등이다. 반면에 저온 열탈착은 VOC, 유류 등을 제거하는데 사용된다. 열탈착법은 유기화합물을 토양으로부터 탈착시키는 것이 목적이나, 적용되는 온도와 유기물의 종류에 따라 유기성분이 부분적으로 또는 완전히 분해되기도 한다. 열탈착법의 처리효율은 입도, 수분함량 등에 영향을 받는다. 이 처리 기술은 탈수공정과 가스처리공정이 필요하다는 단점이 있다. 아울러 처리비용도 비교적 고가이다.

저온 열탈착은 저온 열휘발(low temperature thermal volatilization)이라고도 하는데 굴착된 토양으로부터 석유계 탄화수소를 물리적으로 분리하기 위해 열(90~320℃)을 사용하는 ex situ 처리기법이다. 열탈착기(thermal desorber)를 이용해서 토양으로부터 오염화합물을 물리적으로 휘발 및 탈착을 시키기 위한 온도로 토양을 가열한다. 열탁착기는 유기화합물을 분해하도록 고안된 것은 아니지만, 적용되는 온도와 유기물의 종류에 따라 오염물의 유기성분이 부분적으로나 완전히 분해되기도 한다. 휘발된 탄화수소는 일반적으로 2차처리 공정(연소, 촉매산화, 농축, 탄소흡착)을 거쳐 공기중에 배출된다. 연소 및 촉매산화는 유기성분을 파괴시키고 농축 및 탄소흡착은 다음 처리나 폐기를 위해 유기화합물을 모으는 과정이다.

12.3.3 유리화

유리화 처리기법은 오염토양을 전기적으로 용융(1,600~2,000 ℃ 또는 2,900~3,650℃)시켜 용출을 최소화한 결정구조로 만든다. 전극을 통해 전류를 흘려보내어 발생하는 열로 오염토양을 녹여서 결정구조화 함으로써 안정화시킨다. 처리 대상 오염물은 유기물과 무기물이다. 핵폐기물이나 방사능 오염물도 유리화 처리할 수 있다. 유리화를통해 무기물은 고정화되고, 유기물은 열로 인해분해된다. 무기물의 경우 결정화된 토양 내에고정되므로 일종의 고형화/안정화기법에 해당하나 접착제가 아닌전극을 통해 발생한 열을 사용한다는 점에서 고형화/안정화기법과 구분된다. 유리화 기법은 In situ 및 Ex situ 적용이 가능하다. 공정상에 발생되는 가스는 포집하여 이송한 후 처리한다.

12.4 생물학적 오염토양복원방법

생물학적 환경복원(bioremediation)은 20세기 후반에 생긴 신종 산업으로서 미생물을 이용하여 이미 오염된 환경을 정화하는 것을 말한다. 복원기법 중에서 bioremediation이 가지는 장점은 경제적이고 환경 친화적이란 것이다. 그러나 실제 처리기법으로서 bioremediation을 적용하기 위해서는 다음의 조건이 충족돼야만 한다. 첫째, 목표로 하는 오염물질을 분해할 수 있는 미생물이 존재해야 한다. 둘째, 복원기간 내에 미생물에 의해 오염물질이 분해되어 법에서 정한 허용 농도로 충분히 전환될 정도로 미생물의 분해속도가 타당해야 한다. 셋째, 복원 동안 오염물질의 분해로 허용치 이상의 독성 산물이 생성되어서는 안된다. 넷째, 분해성 미생물의 성장이나 활성에 저해를 주는 독성화합물은 저해 농도 이하로 제거 또는 희석하여 생분해의 저해를 방지한다. 다섯째, 오염물질은 미생물이 이용 가능한 상태이어야 한다. 여섯째, 처리장소나 반응기 내부 조건(예 : 영양분, 산소, 수분, pH 등)이 미생물 성장이나 활성에 적합해야 한다. 마지막으로 다른 기법에 비해 비용이 저렴해야만 한다.

부지에 특이적인 사정(토양, 장소, 오염물질의 종류 및 농도, 인건비, 장비, 비용 등)에 따라서 오염된 토양의 복원에 드는 비용은 다양하다. 일반적으로 원위치 bioremediation이 다른 기법에 비해 가장 저렴한 경향을 보인다. 2004년에 보고된 자료에 의하면 오염된 토양 톤당 복원에 사용되는 전형적인 비용은 다음과 같다: 토양 경작법, $30-60; 토양 세척법, $170; SVE, $20-50; 생물학적 통풍, $30-90.

미국 환경청의 1995년 조사에 의하면 미국 내에서 토양과 지하수가 각각 368과 204 군데에서 정화가 실시되었다. 기타 퇴적물 33군데, 슬러지 15군데, 그리고 지표수 15곳에서 정화가 실시되었다. 이런 정화가 실시된 곳의 오염물질을 분류해보면 313곳이 석유, 60곳이 용매, 51곳이 목재 보존재, 15곳이 농약, 4곳이 화약류인 것으로 나타났다. 정화에 적용된 기법은 bioventing이 108곳, 원위치 지하수 처리가 103곳, 원위치 bioremediation이 103곳, 원위치 퇴적물 bioremediation이 11곳, air sparging이 40곳, 수동적 bioremediation이 11곳, ex situ에서 퇴비화, soil pile, prepared bed와 병행한 반응기 운전이 116곳, 그리고 ex situ에서의 반응기 운전이 73곳으로 나타났다.

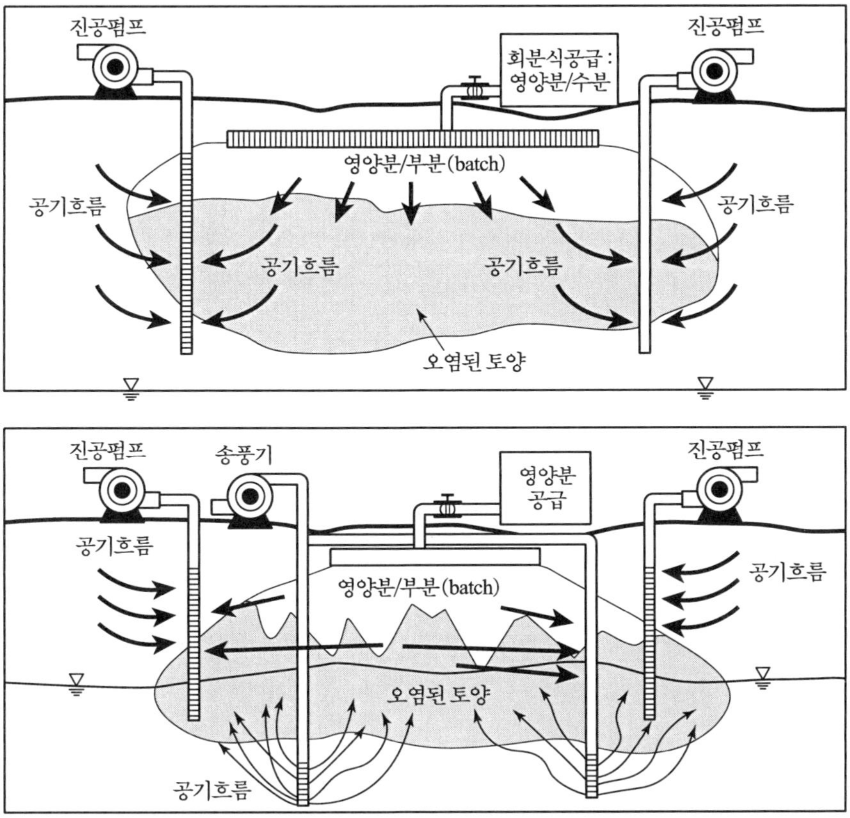

위, 지하수면위의 토양을 처리하기 위한 bioventing
아래, 지하수면 아래와 위를 처리하기 위한 air sparging

그림 12.9 Bioventing과 biosparging의 개략도

12.4.1 생물학적 통풍(Bioventing)

생물학적 통풍(bioventing)은 원위치 처리기법으로서 지하수면 위의 오염 토양을 정화하기 위해 이용된다. 지하수면 위의 토양으로 공기를 주입함으로써 토양에 존재하는 미생물에 산소를 공급하여 토양에 오염된 생분해가 가능한 유기오염물의 생분해를 활성화시키는 기술이다. 생물학적 통풍은 호기성 미생물의 활성을 위해 산소를 주입한다는 것이 토양증기추출법과는 구분된다. 오염물질이 있는 토양에 직접 공기를 주입함으로써 산소를 공급한다.

생물학적 통풍은 유류탄화수소, 비염소계용매, 살충제, 그리고 기타 생분해가 가능한 유기물로 오염된 토양을 정화하는데 적용할 수 있는 것으로 보고되었다. 그리고 토양의 휘발성 오염물을 확산시킬 우려가 있는 단점이 있다. 미생물의 활성을 높이기 위해 필요에 따라 영양분은 산소와 함께 공급하기도 한다. 생물학적 통풍은 원위치처리기법으로 처리비용이 비교적 저렴하나 토양증기법과 비교하면 토양증기법은 오염물질을 휘발에 의해 주로 제거하는 반면 Bioventing은 토양증기법 보다 공기유속을 느리게 하여 휘발을 최소로 하고 오염물질의 생분해를 주로 촉진한다는 점이 다르다. SVE와 Bioventing을 적용할 경우 실지로 어느 정도의 휘발과 생분해가 일어난다.

Bioventing의 경우 지하수면 위로 공기를 주입한다. 그런데 지하수면 아래의 포화층이 휘발성 화합물로 오염되었을 경우 공기를 오염된 포화층에 주입하여 휘발성 화합물을 vadose zone으로 끌어올리는 경우는 biosparging이라 한다. 즉 bioventing과 biosparging은 공기의 주입으로 불포화층에 있는 토착미생물의 활성을 증진한다는 점에서 원리는 같고 공기가 주입되는 지점이 다르다.

12.4.2 원위치 생물학적 복원(in-situ Bioremediation)

원위치 생분해(그림 12.10)는 원위치에서 미생물이 토양이나 지하수에서 존재하는 유기오염물질을 분해시키는 과정이다. 산소가 충분히 공급되면, 미생물은 유기오염물질을 이산화탄소, 물, 그리고 미생물세포 등으로 변화시킨다. 산소가 없는 상태에서 유기오염물질은 메탄, 이산화탄소, 수소 등으로 변화된다. 때때로 오염물질은 초기 오염물질보다 독성이 증가된 중간생성물질로 변하기도 한다. 예를 들면 trichloroethylene(TCE)는 혐기성상태에서 분해되어 지속성과 독성이 강한 vinyl chloride(VC)가 된다.

오염토양의 지중 생분해 공정은 오염되지 않은 물에 산소와 양분을 섞어 토양에 주입함으로써 이루어진다. 때때로 특정미생물이나 산소 발생원인 과산화수소가 주입되기도 한다. 토양 내부에서 오염물질의 분포위치가 깊지 않은 경우는 주입관이나 살포장치를 이용하지만 오염물질 분해공정의 산화·환원력은 오염물질의 생분해에 많은 영향을 미친다. 따라서 in-situ 생분해는 오염물질에 따라 호기성 혹은 혐기성 상태를 유지해야 한다. 비할로겐 방향족 물질, 다환 방향족물질 그리고 비할로겐 유기물질과 같은 수많은 유기오염물질은 혐기성 상태보다 호기성 상태에서 빠르게 분해된다. 생분해 공정은 유류탄화수소, 유기용매, 유기화학물질 등으로 오염된 토양, 슬러지, 지하수를 정화하는데 적용될 수 있다. 생분해는 저농도로 광범위하게 오염된 토양의 정화에 효과적이다. 생분해기법은 무기물질 자체를 분해할 수는 없지만, 평형상태를 변화시켜 흡착, 응집, 농축시킬 수 있다. 이러한 기술은 광범위하게 연구중인데, 토양으로부터 무기물질을 제거하여 안정화시키는데 효과가 높다.

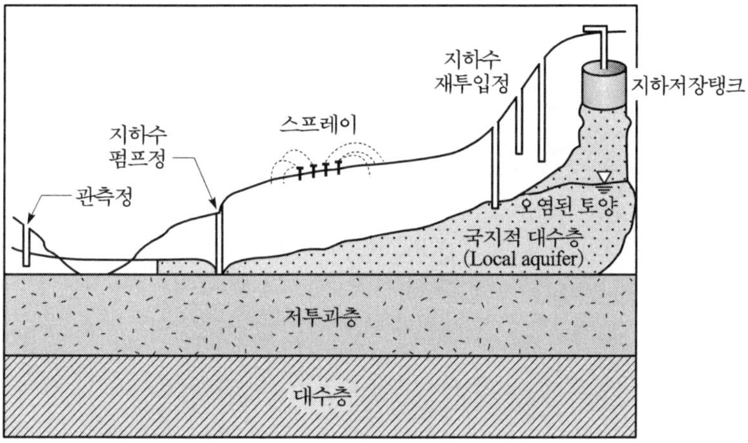

그림 12.10 In-situ 생분해의 대략적인 개략도

12.4.3 토양경작법(Landfarming)

토양경작법은 농사지을 때 토지에 경작하는 것과 비슷하여 토양경작법이라고 한다. 토양경작법(그림 12.11)은 오염토양을 굴착하여 지표면에 펼쳐 놓고 밭을 갈아주듯이 주기적으로 뒤집어줌으로써 공기를 공급해 주는 호기성 생분해 공정을 말한다. 결국 토착 미생물에 의한 생분해능에 의존하므로 오염물질의 분해율을 최적화하기 위해 다음과 같은 토양의 특성을 조절한다: 수분 함유량, 산소함유량, 양분(N, P, 등), pH, 토양의 부피.

토양의 생분해는 유류계 탄화수소의 처리에 효과적인 것으로 알려졌다. 일반적으로 오염물의 분자량이 클수록 생분해율은 더 낮아진다. 이 기법으로 처리 가능한 주된 오염물질은 유류폐기물(디젤 연료, No. 2와 No. 6 연료기름, JP-5, 기름 슬러지, 휘발유 등), 음식물

쓰레기, 그리고 살충제 등이다. 생분해율을 증가시키기 위해 생분해능이 우수한 미생물제재를 토양에 첨가하기도 한다. 토양경작법은 비용은 저렴하나 처리속도가 비교적 느리고 큰 부지가 필요하며 오염물이 침출되거나 휘발할 수 있는 단점이 있다.

그림 12.11 토양경작법에 의한 유류로 오염된 토양의 정화과정

가), 침출수를 방지하기 위해 바닥에 차수막을 깐다; 나), 완성된 차수막 처리; 다), 유류로 오염된 흙을 굴착한다; 라), 흙 고르기(굵은 흙은 골라내어 잘게 부순다); 마), 토양경작지로 오염된 토양을 이동; 바), 토양의 이동 완성; 사), 영양분(질소, 인)과 수분 공급; 아), 정기적으로 토양을 뒤집어 줌으로써 산소를 공급한다.

12.4.4 퇴비화기법(Composting)

퇴비화 공정은 생물학적 공정으로서 생분해가 가능한 물질로 오염된 토양에 적용할 수 있다. 퇴비화(그림 12.12) 공정에서는 미생물에 의해 생분해가 가능한 오염물질이 50~55℃의 온도에서 무해하고, 안정한 부산물로 변한다. 오염토양의 유기물이 미생물에 의해 생분해될 때 발생하는 열을 이용하면 온도를 증가시킬 수 있다. 공극률을 높여 산소투과도

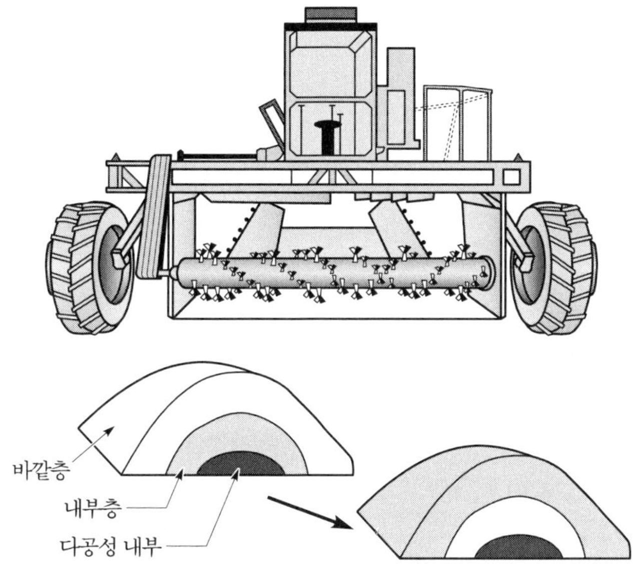

기계적으로 퇴비파일을 뒤집어서 내부와 외부층을 바꿈으로써 통기를 좋게하기 위해 트렉터를 이용하는 경우

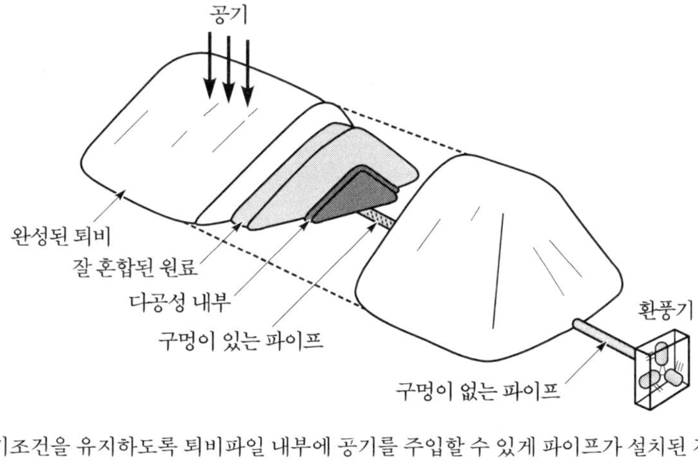

호기조건을 유지하도록 퇴비파일 내부에 공기를 주입할 수 있게 파이프가 설치된 경우

그림 12.12 Composting의 개략도

를 증가시키기 위해 팽화제(bulking agent)를 넣고 짚, 나무껍질, 나뭇잎, 축분과 같은 생분해 가능한 고형유기물질과 혼합한다. 최대 분해 효율은 수분함량, pH, 산소, 온도, 그리고 탄소/질소비가 적절할 경우 최대 생분해효율을 얻을 수 있다. 퇴비화에 사용되는 방법에는 세 가지가 있다. 첫째, pile 내부에서 퇴비화가 일어나고 통풍기나 진공펌프에 의해 폭기가 일어난다. 둘째, 반응기 안에서 퇴비화가 일어나고 혼합·폭기된다. 셋째, 퇴비화는 길게 널어놓은 파일(windrows)에서 일어나고 주기적으로 움직이는 장치로 혼합된다. Windrows 퇴비화는 가장 효율적인 퇴비화 방법으로 간주되고 있다. 제14장에 있는 퇴비화에 의한 화약류의 정화에 대한 사례를 참고하길 바란다.

12.4.5 생물반응기(Bioreactors)

본 공정은 양수된 오염지하수를 부착성장(생물막) 또는 부유성장 생물 반응기내에서 미생물과 접촉시켜 제거하는 방법이다. 미생물 반응기는 부착/부유장치에 미생물을 이용하여 물에 들어있는 오염물질을 감소시키는 장치이다. 활성슬러지, 유동층, 혹은 sequencing batch reactors (SBR)와 같은 부유 성장장치에서 오염된 지하수는 폭기조에서 순환하는데, 여기서 미생물은 호기적 조건에서 유기물질을 감소시키고, CO_2, H_2O, 그리고 새로운 미생물이 생성한다. 미생물은 슬러지를 형성하고, 이것은 정화조에서 침전되며, 그 다음 호기성조에서 재순환 되거나 방출된다. 부착 성장 반응조에서 미생물은 호기적으로 오염된 물을 정화한다.

본 공정의 중요한 특징은 활성보조제(오염물질을 흡착시켜 분해를 위해 천천히 미생물에 넣어주는 활성탄소와 같은 물질)를 첨가하는 것이다. 본 공정은 도시의 폐수를 처리하는데 예전부터 이용되어 왔다. Pump-and-treat기술과 병합하여 정화에 걸리는 시간은 지중의 상태와 오염물질의 탈착률에 따라 다르지만 지중에서의 생물학적 분해에 소요되는 시간보다 적게 소요된다. 미생물 반응기는 기본적으로 준휘발성유기물질, 유류탄화수소, 그리고 생물학적으로 분해 가능한 물질을 처리하는데 이용된다. Pilot-scale 현장실험이 PCP, chlorobenzene, dichlorobenzene isomers와 같은 할로겐 화합물에 대하여 성공적으로 수행된 예가 있다.

12.4.6 바이오파일(biopile)

바이오파일은 오염토양을 굴착하여 파일을 만들고, 파일 내부에 공기를 공급하여 미생물의 생분해능 증진하는 처리법이다(그림 12.13). 파일 내에 배관시설을 설치하고 그것을 통해 영양분, 수분, 공기 등을 토양미생물에 공급한다. 이 기법은 ex situ 공법으로 주로 유기 오염물을 대상으로 한다. 바이오파일은 보통 높이가 1~3 m이고 부지는 파일의 높이에 대한 오염토양의 비에 따라 정한다.

생분해 원리를 이용하는 ex situ 공법이란 점에서 바이오파일은 퇴비화 기법이나 토양경작법과 비슷하다. 그러나 이 기법은 퇴비화 기법과는 달리 팽화제를 사용하지 않는다는 점에서 구분된다. 토양경작법이 넓은 지역에 오염 토양을 얇게 펴고 경작을 하지만 바이오파일 공법은 비교적 좁은 부지에 더미를 만들고 파일 내부로 통하는 배관을 이용해서 통기시킨다는 점이 다르다. 바이오파일은 비교적 소요 부지가 좁고 처리비용도 저렴한 공법으로서 오염토양의 정화정도를 판단하기가 용이하기 때문에 우리나라를 포함해서 전세계적으로 많이 사용되는 토양정화기술 중의 하나이다.

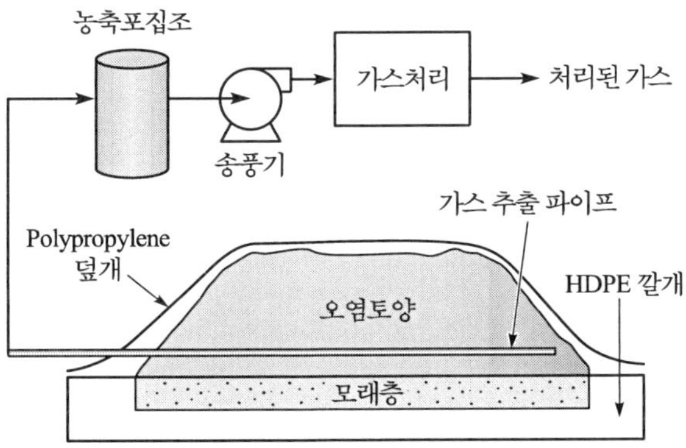

그림 12.13 바이오파일 공정의 예

12.4.7 자연저감(natural attenuation)

토양환경 내에서 자연적으로 일어나는 현상(희석, 휘발, 생분해, 흡착 그리고 토양 내 물질과의 화학반응 등)에 의해 오염물질 농도가 저감되도록 유도하는 처리기술이다(그림 12.14). 자연저감법은 In-situ 처리기법에 해당하며 VOC, SVOC, 유류계 탄화수소의 처리에 주로 사용한다. 오염물질의 농도, 온도, 수분, 미생물적요인(종류, 수, 활성도 등)에 영향을 받기 때문에 오염부지마다 자연저감기법의 처리효율과 정화기간이 다르게 나타난다. 자연저감법의 단점은 처리기간이 길다는 것과 무기 오염물에는 적용이 잘 안 된다는 것이다. 또한 처리과정 중 주기적으로 시료를 채취해서 분석을 통해 오염물의 농도가 목표치 이하로 저감되는지를 모니터링을 해야하므로 비용이 든다.

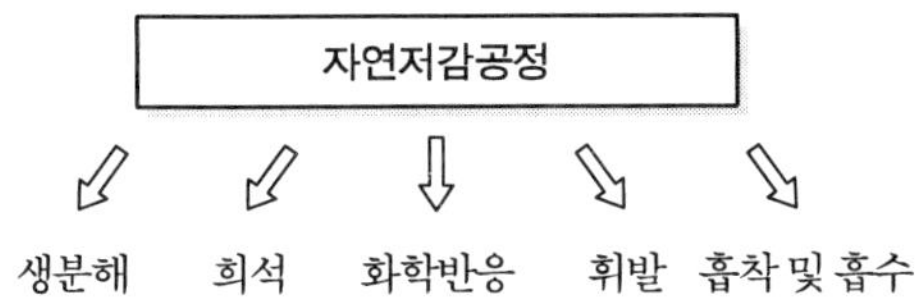

그림 12.14 자연저감법의 주요 기전

참고문헌

1. 한국환경공단 (2013). 토양오염조사 표준품셈 및 토양정화업무 처리지침 마련 연구. 환경부.
2. 한국환경공단 (2013). 토양정화시장 활성화를 위한 기반마련 연구. 환경부.
3. Ahn, Y., H. Jung, R. Tatavarty, H. Choi, J.-W. Yang, I.S. Kim (2005). Monitoring of petroleum hydrocarbon degradative potential of indigenous microorganisms in ozonated soil. Biodegradation, 16, 45-56.
4. Alexander, M. (1999). Biodegradation and bioremediation (2nd ed.). Academic press, San Diego, California.
5. Caliman, F.A., B.M. Robu, C. Smaranda, V.L. Pavel, M. Gavrilescu (2011). Soil and groundwater cleanup: benefits and limits of emerging technologies. Clean Technol. Environ. Policy. 13, 241-268.
6. Remediation engineering of contaminated soils (2000). Wise et al. ed. Marcel Dekker Inc., New York .
7. DePaoli, D.W. (1990), In Situ Soil Venting Demonstration Project-Hill AFB. Draft Report to Air Force Engineering and Services Laboratory May 30.
8. Downey, D.C. M.G. Elliott (1988). "Performance of Selected In Situ Soil Decontamination Technologies : An Air Force Perspective," *Environmental Progress* 9(3), 169-173 .
9. Hinchee, R.E., Arthur, M.F. (1991), "Benchscale Studies on the Soil Aeration Process for Bioremediation of Petroleum Contaminated Soils," *J. Appl. Biochem. Biotechnol.* 28(1), 901-906.
10. Illman, W.A., P.J. Alvarez (2009). Performance Assessment of Bioremediation and Natural Attenuation. Critical Rev. Environ. Sci. Technol., 39(4), 209-270.
11. Johnson, P.C. Kemblowski, M.W. Colthart, J.D. (1990), "Quantitative Analysis for the Cleanup of Hydrocarbon-Contaminated Soils by In-Situ Soil Venting," Ground Water 28(3), 413-429.
12. Karthika, N., K. Jananee, V. Murugaiyan (2016). Remediation of contaminated soil using soil washing-a review, J. of Engineering Research and Application, 6(1), 13-18.
13. Khan, F.I., T. Husain, R. Hejazi (2004). An overview and analysis of site remediation technologies. J. Environ. Management. 71, 95-122.
14. Kumpiene, J., A. Lagerkvist, C. Maurice (2008). Stabilization of As, Cr, Cu, Pb and Zn in soil using amendments–a review, Waste Management, 28(1), 215-225.

15. Kuppusamy, S., T.Palanisami, M. Megharaj, K. Venkateswarlu, R. Naidu (2016). Ex-Situ Remediation Technologies for Environmental Pollutants: A Critical Perspective, Rev. Environ. Contam. Toxicol., 236, 117-192.

16. Lee, M.D. Thomas, J.M. Borden, R.C. Bedient, P.B. Ward, C.H. Wilson, J.T. (1988), "Biorestoration of Aquifers Contaminated with Organic Compounds," CRC Crit. Rev. Environ. Control 18, pp. 29.

17. Mattney Cole., "Assessment and Remediation of Petroleum Contaminated Sites" Lewis Publishers (1994).

18. Mulligan, C.N., R.N. Yong, B.F. Gibbs (2001), Remediation technologies for metal-contaminated soils and groundwater: an evaluation, Engineering Geology. 60, 193-207.

19. Suthersan, S.S. (1999). "Soil Vapor Extraction" *In* Remediation engineering: design concepts. Suthan S. Suthersan (Ed.), Boca Raton: CRC Press LLC.

20. U.S. EPA., Low temperature thermal treatment technology: applications analysis report. Cincinnati, OH: U.S. EPA, Office of research and development. EPA/540/AR-92/019.

21. U.S. EPA. (1993), "Subsurface Characterization and Monitoring techniques": Volume I.

22. Wilson, J.T. Ward, C.H. (1987), "Opportunities for In-Situ Remediation of Aquifers Contaminated with Petroleum Hydrocarbons," *J. Ind.* Microbiol. 27, pp. 109-116.

23. Yong, R.N. (2000), "Geoenvironmental engineering: contaminated soils, pollutant fate, and mitigation," CRC Press LLC, florida.

CHAPTER 13

토양환경보전 관련법 및 정책방향

산업구조의 고도화에 따른 다양하고 복잡한 환경문제는 개인이나 특정지역에 국한된 것이 아니고 범지구적 차원에서 주요관심사가 되었다. 환경문제의 대두는 환경문제 해결을 위한 기술의 개발과 더불어 환경정책연구와 환경영향평가의 중요성을 드러냈다. 이 장에서는 우리나라를 비롯한 다른 나라에서의 토양환경 관련법 및 토양환경의 보전에 관한 정책방향에 대해 소개를 한다.

13.1 우리나라의 토양환경관리

각국마다 그 나라의 실정에 맞게 토양환경의 효율적인 관리를 위해 토양환경보전 관련법과 정책을 운영하고 있다. 예로서 나라마다 법으로 관리되는 토양오염물질이 다르고 동일 오염물질이라도 기준치가 다른 경우도 있다.

수질 및 대기오염에 비해 우리나라에서 토양오염에 대한 연구는 덜 활성화되었다. 1980년에 환경부가 신설되어 업무를 시작할 때 환경부의 수질 보전국에 토양관리과가 설치됨으로서 우리나라의 토양환경에 대한 관리는 시작되었다. 초기에는 단편적인 토양오염도 조사와 토양오염의 원인이 되는 농약과 유독물질을 관리하는 업무만 하였다. 그 후 관련법인 토양환경보전법은 1995년도에 와서야 비로소 제정이 되고 1996년부터 시행됨에 따라 본격적인 토양보전업무가 시작되었다. 이 법은 토양오염으로 인한 국민건강 및 환경상의 위해(危害)를 예방하고, 오염된 토양을 정화하는 등 토양을 적정하게 관리・보전함으로써 토양생태계를 보전하고, 자원으로서의 토양가치를 높이며, 모든 국민이 건강하고 쾌적한 삶을 누릴 수 있게 함을 목적으로 한다. 그 후 토양환경보전법은 몇 차례 개정되었다.

토양환경보전법이 처음 제정될 때는 구리, 비소 등 11가지 물질을 토양오염물질로 지정·운영하였다. 1999년 개정시에는 유류항목을 TPH(total petroleum hydrocarbons, 총석유계 탄화수소)와 BTEX로 세분화하였다. 2002년에는 '아연, 니켈, 불소, 유기용제류(TCE, PCE)' 항목을 신설하였다. 한편, 2010년부터는 유류에 대한 오염강화를 위해 통합관리하던 BTEX를 벤젠, 톨루엔, 에틸벤젠, 자일렌으로 개별관리하고 있다. 이와 같이 토양환경보전법이 개정됨에 따라 토양오염물질 수를 점진적으로 확대하여 현재는 22개 항목이 관리되고 있다.

13.1.1 토양오염기준

환경부령으로 정해진 토양오염물질은 토양오염의 원인이 되는 물질로서 토양에서 분해되지 않고 오랫동안 잔류하는 물질이다. 또한 농작물의 생육을 저해하거나 지하수를 오염시키는 등 사람의 건강에 좋지 않은 영향을 준다. 현재 우리나라에는 토양환경보전법에 의해 21개 항목이 토양오염물질로서 규정되어 관리를 받고 있다. 이 항목에는 카드뮴, 구리, 비소, 수은, 납, 6가 크롬, 아연, 니켈, 불소, 유기용제, 유류 등이 포함되어 있다(표 13.1).

환경부령에 의해 토양오염기준은 토양오염우려기준과 토양오염대책기준으로 나누어진다. 토양오염우려기준은 오염정도가 사람의 건강과 동, 식물의 생육에 지장을 줄 우려가 있는 토양오염기준이다. 오염의 심화를 막기 위한 예방수준으로서 대책기준의 약 ⅓에 해당한다. 한편 토양오염 대책기준은 우려기준초과로 사람의 건강 및 재산과 동물·식물의 생육에 지장을 주어서 토양오염에 대한 대책이 필요한 토양오염기준이다.

우려기준과 대책기준은 각각 지목에 따라 1-3지역으로 구분하여 차등해서 적용한다. 1지역은 전·답·과수원·목장용지·대(주거용)·학교용지·구거·공원과 어린이 놀이시설이고, 2지역은 임야·염전·대(주거용 외)·창고·하천·유지·체육용지·유원지 및 잡종지이다. 한편 3지역은 공장용지·주유소용지·도로·주차장·철도용지 등과 국방·군사시설이 해당된다.

표 13.1 토양오염기준 〈개정 2018. 11. 27; 시행 2018. 11. 29〉 (단위: mg/kg)

오염물	토양오염우려기준			토양오염대책기준		
	1지역	2지역	3지역	1지역	2지역	3지역
카드뮴	4	10	60	12	30	180
구리	150	500	2,000	450	1,500	6,000
비소	25	50	200	75	150	600
수은	4	10	20	12	30	60
납	200	400	700	600	1,200	2,100
6가크롬	5	15	40	15	45	120
아연	300	600	2,000	900	1,800	5,000
니켈	100	200	500	300	600	1,500
불소	400	400	800	800	800	2,000
유기인 화합물	10	10	30	–	–	–
PCB(폴리클로리네이티드비페닐)	1	4	12	3	12	36
시안	2	2	120	5	5	300
페놀	4	4	20	10	10	50
벤젠	1	1	3	3	3	9
톨루엔	20	20	60	60	60	180
에틸벤젠	50	50	340	150	150	1,020
크실렌	15	15	45	45	45	135
TPH(총석유계탄화수소)	500	800	2,000	2,000	2,400	6,000
TCE(트리클로로에틸렌)	8	8	40	24	24	120
PCE(테트라클로로에틸렌)	4	4	25	12	12	75
BaP(벤조(a)피렌)	0.7	2	7	2	6	21
1,2-디클로로에탄	5	7	70	15	20	210

*비고

1. 1지역: 「공간정보의 구축 및 관리 등에 관한 법률」에 따른 지목이 전·답·과수원·목장용지·광천지·대(「공간정보의 구축 및 관리 등에 관한 법률 시행령」 제58조제8호가목 중 주거의 용도로 사용되는 부지만 해당한다)·학교용지·구거(溝渠)·양어장·공원·사적지·묘지인 지역과 「어린이놀이시설 안전관리법」 제2조제2호에 따른 어린이 놀이시설(실외에 설치된 경우에만 적용한다) 부지
2. 2지역: 「공간정보의 구축 및 관리 등에 관한 법률」에 따른 지목이 임야·염전·대(1지역에 해당하는 부지 외의 모든 대를 말한다)·창고용지·하천·유지·수도용지·체육용지·유원지·종교용지 및 잡종지(「공간정보의 구축 및 관리 등에 관한 법률 시행령」 제58조제28호가목 또는 다목에 해당하는 부지만 해당한다)인 지역
3. 3지역: 「공간정보의 구축 및 관리 등에 관한 법률」에 따른 지목이 공장용지·주차장·주유소용지·도로·철도용지·제방·잡종지(2지역에 해당하는 부지 외의 모든 잡종지를 말한다)인 지역과 「국방·군사시설 사업에 관한 법률」 제2조제1호가목부터 마목까지에서 규정한 국방·군사시설 부지
4. 「공익사업을 위한 토지 등의 취득 및 보상에 관한 법률」제48조에 따라 취득한 토지를 반환하거나 「주한미군 공여구역주변지역 등 지원 특별법」 제12조에 따라 반환공여구역의 토양 오염 등을 제거하는 경우에는 해당 토지의 반환 후 용도에 따른 지역 기준을 적용한다.
5. 벤조(a)피렌 항목은 유독물의 제조 및 저장시설과 폐받침목을 사용한 지역(예: 철도용지, 공원, 공장용지 및 하천 등)에만 적용한다.

6. 법 제11조제3항, 제14조제1항, 제15조제1항 및 같은 조 제3항 각 호에 따른 토양정밀조사의 실시나 오염토양의 정화 등을 명하는 경우 토양오염우려기준은 조치명령 당시의 지목을 기준으로 한다. 다만, 정밀조사 기간 또는 정화 기간이 완료되기 전에 지목이 변경된 경우에는 변경된 지목을, 다음 각 목의 어느 하나에 해당하여 지목변경이 예정된 경우에는 변경 예정 지목을 기준으로 한다.
   가. 「국토의 계획 및 이용에 관한 법률」 등 관계 법령에 따라 개발행위 허가 또는 실시계획 인가 등을 받고 토지의 형질변경 등의 공사가 착공된 경우
   나. 건축물의 용도변경을 위하여 「건축법」에 따라 용도변경 허가를 받았거나 신고한 후 공사가 착공된 경우
   다. 다른 법령에 따라 지목변경 사유에 해당하는 공사가 착공된 경우
7. 「공간정보의 구축 및 관리 등에 관한 법률」에 따른 지목이 등록되어 있지 않은 토지에 대하여 법 제11조제3항, 제14조제1항, 제15조제1항 또는 같은 조 제3항 각 호에 따른 토양정밀조사의 실시나 오염토양의 정화 등을 명하는 경우 토양오염우려기준은 「국토의 계획 및 이용에 관한 법률」, 「공유수면 관리 및 매립에 관한 법률」 등 관계 법령에 따른 개발행위 허가 또는 실시계획 인가 등의 관계 서류를 통하여 확인할 수 있는 토지의 용도에 부합하는 지목을 기준으로 한다. 다만, 관계 서류를 통하여 그 용도를 확인할 수 없는 경우에는 1지역에 해당하는 지목을 기준으로 한다.
8. 법 제17조에 따른 토양오염대책지역을 지정하는 경우 토양오염대책기준은 지정 당시의 지목을 기준으로 한다. 다만, 지정기간이 완료되기 전에 지목이 변경된 경우에는 변경된 지목을, 다음 각 목의 어느 하나에 해당하여 지목변경이 예정된 경우에는 변경 예정 지목을 기준으로 한다.
   가. 「국토의 계획 및 이용에 관한 법률」 등 관계 법령에 따라 개발행위 허가 또는 실시계획 인가 등을 받고 토지의 형질변경 등의 공사가 착공된 경우
   나. 건축물의 용도변경을 위하여 「건축법」에 따라 용도변경 허가를 받았거나 신고한 후 공사가 착공된 경우
   다. 다른 법령에 따라 지목변경 사유에 해당하는 공사가 착공된 경우

13.1.2 토양오염도 측정

전국 토양에 대한 오염도를 측정함으로써 전 국토의 토양오염상황 및 오염 변화추이를 파악하여 토양오염예방 등 정책수립의 기초자료로 활용할 수 있다. 현재 전국 토양오염조사는 2가지 경로를 통하여 이루어지고 있다(그림 13.1). 즉 환경부장관이 '측정망'을 설치·운영하여 토양오염도를 상시 측정하는 것과 시·도지사(시장·군수·구청장)가 관할구역 중 토양오염이 우려되는 해당 지역에 대하여 실시하는 '토양오염실태조사'이다.

토양측정망은 전국토를 일정단위로 구획하여 설치하되 토지의 용도(전, 답, 임야, 공원 등)를 고려하여 측정지점의 수를 조정할 수 있다. 환경부에서는 1987년 전국에 토양측정망(토양오염조사지점)을 250개 지점 설치하여 토양오염도를 상시 측정하기 시작하였다. 1997년부터는 지역망까지 확대하였고 1999년도에는 총 4,500개 지점의 토양측정망을 운영하여 왔다. 2012년에는 1,521개 지점의 토양측정망을 운영하여 토양오염도를 상시 측정하였으며 2,586개 지역에 대한 토양오염실태조사를 실시하였다.

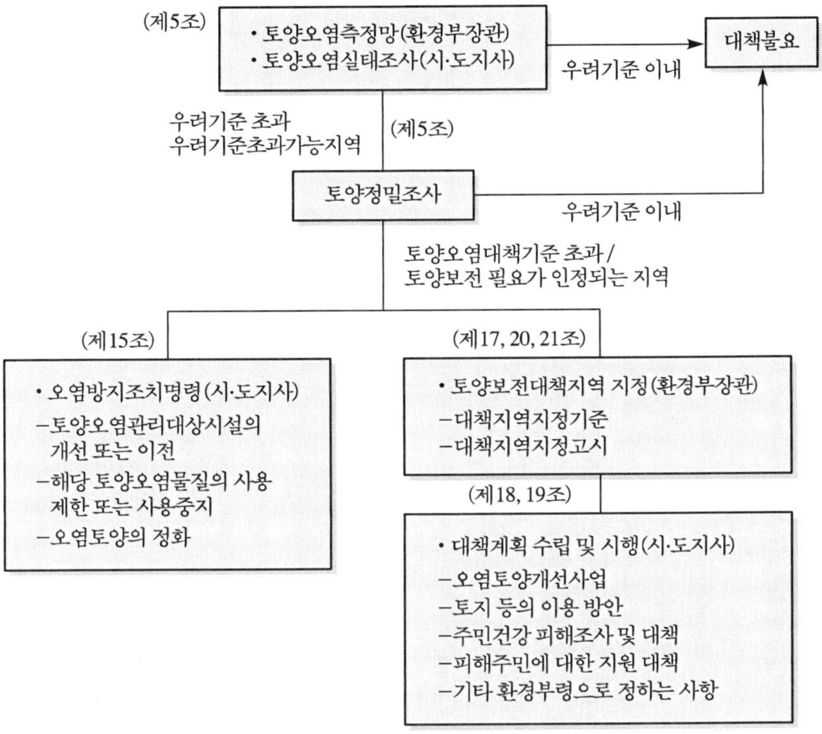

그림 13.1 토양환경보전법상 토양관리체계

(1) 토양측정망운영

토양측정망은 환경부와 그 산하 국립환경과학원과 7개 지방환경관서[유역(지방)환경청: 한강청, 낙동강청, 금강청, 영산강청, 원주청, 대구청, 그리고 전주청]에 의해 운영되고 있다(그림 13.2). 측정망 운영을 총괄하는 환경부는 측정망 설치운영 계획 수립 및 측정기관 지도, 감독과 토양정밀조사지침 수립한다(표 13.2). 지방환경관서는 측정망 운영 및 유지관리와 토양정밀조사사업을 실시한다. 한편 국립환경과학원은 분석기법 개발 및 표준화, 오염지표 개발과 토양정밀조사 사업을 수행한다.

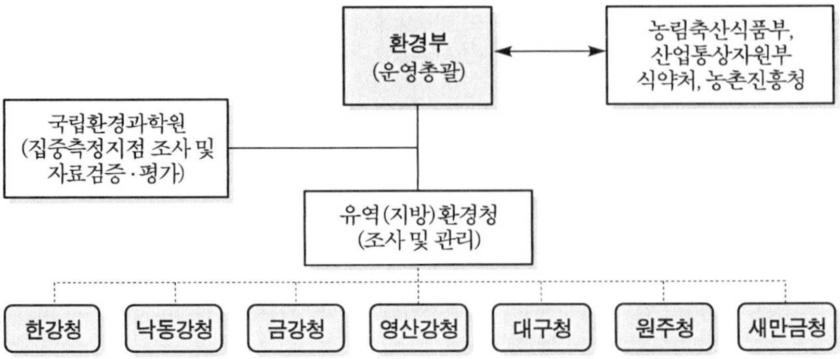

그림 13.2 토양측정망 운영체계도〈시행 2016. 12. 30.〉

표 13.2 토양측정망 운영 및 관리 기관별 임무

기관명	임무
환 경 부	- 토양측정망 운영관리 총괄 - 토양측정망 설치운영 계획 수립
국립환경과학원	- 토양측정망 자료검증 및 통계 분석 -집중측정지점 선정 및 운영 - 토양측정망 정보화 및 DB 관리 - 토양측정망 측정 정도관리 및 교육
지방환경관서 (운영기관)	- 토양측정망 운영 및 유지관리(관리대장 기록 및 변경현황 등) - 측정분석장비 관리(기기의 정도관리 및 운영) - 측정자료의 검색 및 보고 - 우려기준초과 지역 토양정밀조사

토양측정망은 농경지, 산업지역 등 토양의 용도별(15지목; 농경지, 산업지역 등)로 전국을 구획하고 1,521개 측정망(2012년 기준)을 설치하여 매년 동일지점을 측정하여 토양오염의 변화추이를 파악한다(그림 13.3). 조사기간의 경우 시료채취는 농경지는 3~4월에, 기타 지역은 3~6월에 실시하고 시료분석은 3~12월까지 한다. 오염부하에 의한 급격한 토양질의 변화가 일어나지 않는 토양 특성을 고려해서 각 지점에 대한 조사 주기는 격년제로 운영한다. 즉 유역환경층은 매년 측정망의 토양오염도를 조사하나 지점에 따라 짝수년 또는 홀수년에 조사를 받는다. 채취한 시료는 중금속(Cd 등 8개 항목), 일반항목(PCB 등 12개 항목), 그리고 조사주기는 격년제로 운영하나 토양산도(pH) 항목에 대하여 매년 오염도를 측정한다(표 13.3).

토양 측정망 운영의 결과로 전국 토양에 대한 오염추세를 파악하고 있다. 연도별 평균오염도 변화추이는 카드뮴 등 중금속 5종의 경우, 2006~2009년에 비해 측정방법이 전함량법으로 변경된 2010년 이후 농도가 크게 증가하였다. 2010-2012년도 토양 측정망 1,521개 지점 모든 항목이 토양오염우려기준 이내로 조사되었다.

그림 13.3 토양측정망 운영을 위해 부산소재 한 소각장내에 설치된 토양오염조사지점 표지

표 13.3 토양측정망의 조사항목

지목	조사항목	
전, 단, 과수원, 임야, 목장용지, 공원, 유원지, 체육용지, 하천부지, 학교용지, 종요용지	중금속	Cd, Cu, As, Hg, Pb, Cr^{6+}, Zn, Ni
	일반항목	CN, 유기인 *유기인: 전, 답, 과수원, 체육용지에 한함
	토양산도	pH
도로, 대(垈), 공장용지, 철도용지, 잡종지	중금속	Cd, Cu, As, Hg, Pb, Cr^{6+}, Zn, Ni
	일반항목	PCBs, CN, 페놀류, 벤젠, 톨루엔, 에틸벤젠, 크실렌, TPH, 불소, TCE, PCE, 벤조(a)피렌 *TPH: 대(垈)는 제외 *PCBs, 페놀류, 벤젠, 톨루엔, 에틸벤젠, 크실렌: 공장용지, 잡종지에 한함 *TCE, PCE: 공장용지에 한함 *벤조(a)피렌: 철도용지에 한함
	토양산도	pH

(2) 토양오염실태조사

시장・군수・구청장은 토양오염이 우려되는 지역(산업단지, 공장지역, 공장폐수유입지역, 원광석, 고철 등의 보관・사용지역 등)을 대상으로 매년 토양오염실태조사(2,000지점 이상)를 하고 있다. 환경부장관이 운영하는 측정망은 고정된 반면 토양오염실태조사는 오염지역을 적극 발굴하여 정화하기 위한 것으로 매년 조사지점을 달리한다. 토양오염실태조사결과 토양오염우려기준을 초과하는 지역에 대해서는 토양정밀조사를 실시하고 오염원인자에게 오염토양의 정화를 실시하도록 하고 있다.

13.1.3 토양정밀조사

토양정밀조사는 우려기준을 넘거나 넘을 가능성이 크다고 판단되는 지역에 대하여 오염물질의 종류, 오염의 정도 및 범위 등을 환경부령으로 정하는 바에 따라 조사하는 것을 말한다. 토양정밀조사는 토양오염조사기관이 실시하고, 조사항목은 토양 오염물질(종류, 오염의 정도 및 범위) 및 토양 pH이다. 즉 토양측정망 운영 및 토양오염실태 조사결과 토양오염우려기준 초과항목 및 토양 pH 또는 토양측정망 및 토양오염실태조사 지점 외의 지역으로서 토양오염우려기준을 초과할 가능성이 있다고 판단되는 항목 및 토양 pH이다. 토양정밀조사는 토양오염이 발생한 장소와 그 주변지역의 토지이용용도, 오염물질의 종류・특성 및 오염물질의 확산 가능성 등을 감안하여 가장 적합한 방법에 의해 조사하며, 구체적인 토양정밀조사의 방법은 환경부장관이 정하여 고시한다.

토양정밀조사절차는 기초조사, 개황조사, 정밀조사의 순으로 3단계로 실시한다. 단, 토양오염도검사 결과 우려기준을 초과한 특정토양오염관리대상시설과 토양오염물질 운반차량 전복, 지상저장시설의 파손에 따른 오염물질의 유출 등 오염사고 발생지역에 대하여는 개황조사를 생략하고 바로 정밀조사를 실시할 수 있다. 기초조사는 자료조사, 청취조사 및 현지조사 등을 통하여 토양오염 가능성 유무를 판단하기 위한 것이다. 기초조사로는 토지사용 이력 및 오염현황 조사, 시설내역조사, 현지 확인조사 및 기타이다. 한편 개황조사는 오염토양 정화 및 토양오염 방지를 위한 조치가 필요한 지역의 오염물질 종류, 오염면적 및 오염범위 등을 파악하기 위한 사전 개략조사이며, 이를 기준으로 정밀조사를 실시한다.

개황조사 결과 우려기준을 초과하거나 오염이 우려되는 농도에 해당하는 지역과 심도를 대상으로 정밀조사를 실시한다. 이때 오염이 우려되는 농도란 우려기준에 근접하는 농도, 즉 중금속과 불소는 우려기준의 70%, 그 밖의 오염물질은 우려기준의 40%를 초과하는 농도를 말한다. 토양정밀조사결과 작성된 보고서의 결과에 따라 해당지역은 관리된다. 정밀조사결과보고서는 조사결과, 오염도 등 조사결과에 따른 분석, 그리고 구체적인 토양오염 방지 및 복원 대책을 제시한 내용을 포함한다.

13.1.4 오염토양의 정화책임

다음 중 어느 하나에 해당하는 자는 정화책임자로서 토양환경보전법에 따라 토양정밀조사, 오염토양의 정화 또는 오염토양 개선사업의 실시(이하 토양정화 등)를 하여야 한다: 1. 토양오염물질의 누출·유출·투기(投棄)·방치 또는 그 밖의 행위로 토양오염을 발생시킨 자; 2. 토양오염의 발생 당시 토양오염의 원인이 된 토양오염관리대상시설의 소유자·점유자 또는 운영자; 3. 합병·상속이나 그 밖의 사유로 상기 1과 2에 해당되는 자의 권리·의무를 포괄적으로 승계한 자; 4. 토양오염이 발생한 토지를 소유하고 있었거나 현재 소유 또는 점유하고 있는 자이다.

그러나 예외적으로 다음의 어느 하나에 해당하는 경우에는 같은 정화책임자로 보지 않는다(단, 1996년 1월 6일 이후에 상기 1 또는 2에 해당하는 자에게 자신이 소유 또는 점유 중인 토지의 사용을 허용한 경우에는 제외): 가. 1996년 1월 5일 이전에 양도 또는 그 밖의 사유로 해당 토지를 소유하지 아니하게 된 경우; 나. 해당 토지를 1996년 1월 5일 이전에 양수한 경우; 다. 토양오염이 발생한 토지를 양수할 당시 토양오염 사실에 대하여 선의이며 과실이 없는 경우; 라. 해당 토지를 소유 또는 점유하고 있는 중에 토양오염이 발생한 경우로서 자신이 해당 토양오염 발생에 대하여 귀책 사유가 없는 경우이다.

시·도지사 또는 시장·군수·구청장은 토양정화 등을 명할 수 있는 정화책임자가 2 이상인 경우에는 대통령령으로 정하는 바에 따라 해당 토양오염에 대한 각 정화책임자의 귀책 정도, 신속하고 원활한 토양정화의 가능성 등을 고려하여 토양정화 등을 명하여야 하며, 필요한 경우에는 토양정화자문위원회에 자문할 수 있다. 토양정화 등의 명령을 받은 정화책임자가 자신의 비용으로 토양정화 등을 한 경우에는 다른 정화책임자의 부담부분에 관하여 구상권을 행사할 수 있다.

국가는 다음 중 어느 하나에 해당하는 경우에는 토양정화 등을 하는 비용의 전부 또는 일부를 대통령령으로 정하는 바에 따라 지원할 수 있다: 가. 상기 1-3에 해당하는 정화책임자가 토양정화 등을 하는 비용이 자신의 부담부분을 현저히 초과하거나 해당 토양오염관리대상시설의 소유·점유 또는 운영을 통하여 얻었거나 향후 얻을 수 있을 것으로 기대되는 이익을 현저히 초과하는 경우; 나. 2001년 12월 31일 이전에 해당 토지를 양수하였거나 양도 또는 그 밖의 사유로 소유하지 아니하게 된 자가 상기 4에 해당하는 정화책임자로서 토양정화 등을 하는 비용이 해당 토지의 가액을 초과하는 경우; 다. 2002년 1월 1일 이후에 해당 토지를 양수한 자가 정화책임자로서 토양정화 등을 하는 비용이 해당 토지의 가액 및 토지의 소유 또는 점유를 통하여 얻었거나 향후 얻을 수 있을 것으로 기대되는 이익을 현저히 초과하는 경우; 라. 그 밖에 토양정화 등의 비용 지원이 필요한 경우로서 대통령령으로 정하는 경우이다.

13.1.5 토양보전대책지역과 오염토양 개선사업

환경부장관은 대책기준을 넘는 지역이나 특별자치도지사・시장・군수・구청장이 요청하는 지역에 대해 토양환경보전법에 따라 토양보전대책지역(이하 대책지역)으로 지정할 수 있다. 토양오염물질의 사용량증가와 토양오염유발시설(폐기물매립지, 산업시설 등)에 의한 토양오염의 요인이 계속 증가하고 있고 금속광산지역 등에 토양오염이 심화되고 있어 토양오염의 사전예방 및 토양보전을 보다 체계적으로 추진하기 위해 도입된 제도가 토양보전대책지역이다. 대책지역에 대하여는 토양보전대책에 관한 계획을 수립하여 관할 시・도지사와의 협의를 거친 후 환경부장관의 승인을 받아 시행하여야 한다. 대책계획에는 다음과 같은 사항이 포함되어야 한다: 1. 오염토양 개선사업; 2. 토지 등의 이용 방안; 3. 주민건강 피해조사 및 대책; 4. 피해주민에 대한 지원 대책; 5. 그 밖에 해당 대책계획을 수립・시행하기 위하여 필요하다고 인정하여 환경부령으로 정하는 사항.

특별자치도지사・시장・군수・구청장은 오염토양 개선사업의 전부 또는 일부의 실시를 그 정화책임자에게 명할 수 있다. 이 경우 특별자치도지사・시장・군수・구청장은 토양보전을 위하여 필요하다고 인정하면 환경부령으로 정하는 토양관련전문기관으로 하여금 오염토양 개선사업을 지도・감독하게 할 수 있다. 정화책임자가 오염토양 개선사업을 하려는 경우에는 환경부령으로 정하는 바에 따라 오염토양 개선사업계획을 작성하여 특별자치도지사・시장・군수・구청장의 승인을 받아야 한다. 정화책임자가 존재하지 아니하거나 정화책임자에 의한 오염토양 개선사업의 실시가 곤란하다고 인정할 때에는 특별자치도지사・시장・군수・구청장이 그 오염토양 개선사업을 할 수 있다. 이 경우에 해당 대책지역이 2 이상의 시・군・구에 걸쳐 있을 때에는 대통령령으로 정하는 시장・군수・구청장이 해당 오염토양 개선사업을 하여야 한다. 특별자치도지사・시장・군수・구청장이 오염토양 개선사업을 하는 경우에 기술 부족, 사업비 과다 등의 사유로 그 실시가 곤란한 경우에는 특별자치도지사・시장・군수・구청장의 요청에 따라 환경부장관 또는 시・도지사는 그 사업에 대하여 기술적・재정적 지원을 할 수 있다.

13.1.6 토양환경평가

(1) 도입배경

산업화 및 화학물질의 사용증가 등으로 공장, 주유소, 산업단지 등의 토양오염이 증가하고 있으며, 이를 정화하기 위한 비용 또한 증가하고 있다. 토양환경평가제도는 오염토지 매매에 따른 분쟁 빈번하게 발생하므로 도입되었다. 오염개연성이 큰 공장부지와 주유소의 거래 비율이 계속 증가함과 더불어 오염된 부지의 매매를 둘러싼 분쟁도 계속 발생하고 있다. 오염된 부지의 소유권이 바뀜에 따라 오염토양에 대한 정화책임을 누가 부담하느냐에 대한 문제가 제기 되기 때문이다.

토양오염은 눈으로 쉽게 확인하기 어렵고 오염토양의 정화에 많은 시간과 비용이 소요된다. 토양환경보전법에 의하면 오염을 발생시킨 오염유발자와 더불어 오염부지의 단순 소유자・양수자에게도 정화책임 의무가 부과된다. 따라서 부지 매입 시에는 불필요한 법적 분쟁을 예방하기 위해 토지의 오염상태에 대한 정확한 정보를 파악하는 것이 필요하다.

(2) 토양환경평가개요

토양환경평가는 2002년부터 시행되는 제도로서 토양오염의 우려가 있는 부동산 거래 시 평가기관으로부터 대상부지의 토양오염 여부와 그 범위를 사전에 조사 및 확인을 받아 오염책임을 명확히 하고 재산상의 손해를 방지하기 위한 것이다. 토양환경평가 결과 오염이 없는 것으로 확인되면 양수자는 추가적인 오염행위가 없었다면 오염토양 정화책임을 면제받을 수 있다. 그러나 토양환경평가를 통해 오염이 확인된 경우 오염토양 정화비용을 부지 매매 가격에 반영할 수 있다. 토양환경평가제도는 부지 양도자・양수자, 임대인・임차인 모두 활용할 수 있고 부동산 거래 시 의무사항은 아니며 임의제도에 해당한다.

토양환경평가는 토양오염유발시설이 설치되어 있거나 설치되었던 부지 등 토양오염이 우려되는 부지 및 그 주변지역에 대한 부동산 거래 시 실시할 수 있다. 토양오염유발시설의 예를 들면 석유류 및 유독물 저장시설을 보유하고 있는 주유소・저유소 및 유해화학물질 취급시설 등이다. 대규모 공장 및 산업단지 등 토양오염이 우려되는 지역, 금속・전자・화학・기계 및 중금속물질 야적장 등 중금속오염 우려지역, 철도기지, 폐광산, 폐기물매립지 등이 부동산거래 시 토양환경평가의 대상이다. 법에서 정한 토양오염물질에 의하여 야기된 토양오염을 평가대상으로 한다. 그 외의 오염물질에 의한 토양오염에 대해서는 필요한 경우 평가대상에 추가할 수 있다.

(3) 토양환경평가 절차

토양환경평가를 받고자 할 경우 환경부에 등록된 토양환경평가기관에 위탁하여 실시하여야 한다. 토양환경평가의 절차는 「토양환경평가지침」에 따라 1단계(기초조사), 2단계(개황조사), 그리고 3단계(정밀조사)로 구분하여 단계별로 실시한다.

기초조사	개황조사	정밀조사
자료조사, 현장조사 등을 통한 토양오염개연성 여부 조사	시료의 채취 및 분석을 통한 토양오염 여부 조사	시료의 채취 및 분석을 통한 토양오염의 정도와 범위 조사

(4) 현황 및 발전방향

1980년에 토양환경평가제도(미국제도명: Environmental Site Assessment)가 도입된 미국과 비교하면 우리나라에서 실시된 토양환경평가건수는 매우 낮다. 그래서 토양환경평가제도 홍보 강화로 토양환경평가제도에 대한 국민들의 관심을 증가시킬 필요가 있다. 또한 부지거래 시 토양환경평가결과 활용을 촉진하고, 토양환경평가제도의 단계적 의무화를 검토할 필요가 있다.

13.1.7 토양오염위해성평가

토양오염위해성 평가는 환경위해성 평가의 한 부분이다. 위해성 평가방법은 1) 평가대상지역선정, 2) 평가대상 오염물질 선정, 그리고 3) 평가수행자 선정 및 수행이다. 위해성평가대상지역은 다음과 같다: 환경부장관이 토양오염의 확산을 방지하기 위하여 토양정밀조사를 한 후 토양정화를 하는 지역; 오염원인자를 알 수 없거나 오염원인자에 의한 토양정화가 곤란하다고 인정하는 경우로 시・도지사 또는 시장・군수・구청장이 오염토양의 정화를 실시하려는 지역; 대책지역의 오염토양 개선사업을 하려는 경우로 오염원인자가 존재하지 아니하거나 오염원인자에 의한 오염토양 개선사업의 실시가 곤란하다고 인정하여 특별자치도지사・시장・군수・구청장이 오염토양 개선사업을 하는 지역; 자연적인 원인으로 인한 토양오염이라고 입증된 부지의 오염토양을 정화하는 지역(오염토양을 반출하여 정화하는 경우는 제외).

평가대상 토양오염물질은 1) 유류(벤젠, 에틸벤젠, 톨루엔, 크실렌), 2) 중금속류(카드뮴, 구리, 비소, 수은, 납, 6가크롬, 아연, 니켈), 3) 그 밖에 환경부장관이 인체와 환경에 위해를 줄 우려가 있다고 인정하여 고시하는 물질이다. 위해성평가를 하고자 하는 환경부장관, 시・도지사 또는 시장・군수・구청장 및 오염원인자는 위해성평가기관으로 하여금 위해성평가를 수행하게 하여야 한다. 위해성평가의 수행절차는 아래 그림 13.4와 같다.

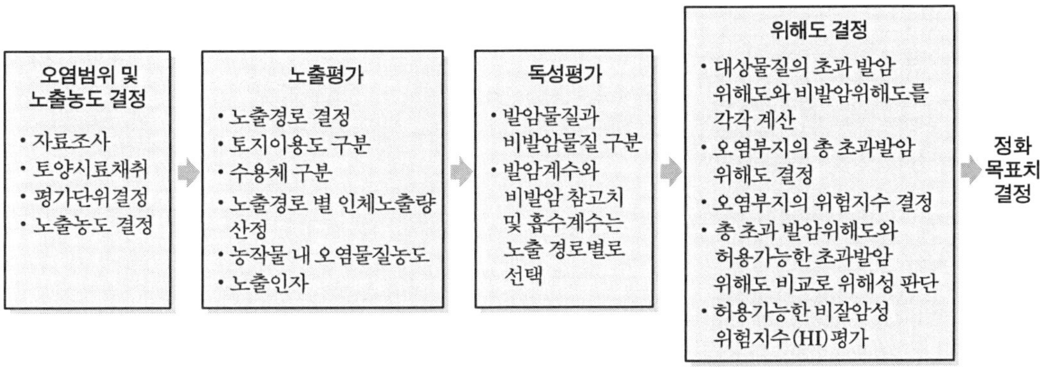

그림 13.4 위해성 평가 수행 절차

인체 위해성평가 결과, 위해성이 있다고 결정되면 발암 및 비발암 정화목표치를 환경매체별(토양, 지하수 등)로 설정하여 오염부지의 위해도 저감 방안을 선정할 때 이용할 수 있다. 이 경우 목표위해도값은 허용가능한 초과발암위해도를 결정할 때 사용한 값과 동일한 값을 사용한다. 단, 위해성평가에 따른 정화목표치는 토양오염 대책기준을 초과할 수 없다.

토양오염위해성 평가 확인 및 결과관리는 다음과 같다. 시・도지사 또는 시장・군수・구청장은 '토양분야 위해성평가 기술자문위원회(가칭)'를 구성하여 평가과정 및 결과를 확인・관리하여야 한다. 또한 시・도지사 또는 시장・군수・구청장은 토양오염 위해성평가결과 보고서를 작성하여 다음연도 1월말까지 환경부장관에게 보고해야 하고 평가수행지역에 대해 토양위해도 초과지역 관리대장을 작성・비치하고 위해성평가가 완료된 시점으로부터 향후 5년간 사후관리를 하여야 한다.

13.2 토양오염방지대책

우리나라에서는 토양오염을 방지하기 위해 특정토양오염관리대상시설 관리, 폐광산 토양오염 방지대책, 토양오염원 인벤토리 및 토양오염평가 기반 구축, 그리고 기타 토양오염 유발시설 관리대책을 수행하고 있다.

13.2.1 특정토양오염관리대상시설 관리

토양환경보전법에서 특정토양오염관리대상시설로 규정하고 있는 시설은 '위험물안전관리법'에 의한 2만 L 이상 석유류 제조 및 저장시설, '유해화학물질관리법'에 의한 유독물 제조 및 저장시설, 송유관안전관리법에 의한 송유관 시설, 기타 환경부장관이 고시한 시설 등이다(표 13.4). 2016년 말 환경부 통계자료에 의하면 전국의 특정토양오염관리대상시설 설치신고가 된 업소 수는 21,877개소이었다. 이 중 저장시설 종류별로는 석유류가 97.8%이고 유독물은 2.2%이었다. 석유류 저장시설 중에서는 주유소가 66.2%, 산업시설이 22%, 그리고 기타(난방시설 등) 11.8%로 나타났다. 지역별로는 경기에 21.0%, 경북에 11.2%, 경남에 9.2%, 그리고 충남에 8.5% 소재하였다.

표 13.4 특정토양오염관리대상시설 〈개정 2018. 11. 27. 시행 2018. 11. 29.〉

종류	대상범위
1. 석유류의 제조 및 저장시설*	「위험물안전관리법 시행령」 별표 1의 제4류 위험물중 제1·제2·제3·제4석유류에 해당하는 인화성액체의 제조·저장 및 취급을 목적으로 설치한 저장시설로서 총 용량이 2만리터 이상인 시설(이동탱크저장시설을 제외)
2. 유해화학물질의 제조 및 저장시설	「화학물질관리법」 제28조에 따른 유해화학물질 영업의 허가를 받은 자가 설치한 저장시설 중 별표 1에 따른 토양오염물질을 저장하는 시설[유기용제류의 경우는 트리클로로에틸렌(TCE), 테트라클로로에틸렌(PCE), 1,2-디클로로에탄 저장시설에 한정]
3. 송유관시설	「송유관 안전관리법」 제2조제2호의 규정에 의한 송유관시설중 송유용 배관 및 탱크
4. 기타 위 관리대상시설과 유사한 시설로서 특별히 관리할 필요가 있다고 인정되어 환경부장관이 관계중앙행정기관의 장과 협의하여 고시하는 시설	

*석유류의 제조 및 저장시설의 용량산출은 다음 각호의 규정에 의함.

1. 동일한 부지 안의 특정토양오염관리대상시설에 대하여는 각 시설의 용량을 합산.
2. 부지가 연접되고 특정토양오염관리대상시설의 설치자가 동일한 특정토양오염관리대상시설에 대하여는 각 시설의 용량을 합산.

특정토양오염관리대상시설을 설치한 자는 정기적으로 시·도지사가 지정한 토양관련전문기관으로부터 토양오염검사를 받아야 한다. 토양오염검사는 토양 중의 시료를 직접 채취하여 오염물질 농도를 검사하는 '토양오염도검사'와 저장시설의 누출여부를 검사하는 '누출검사'를 실시하고 있다. 토양오염도 검사결과 토양오염우려기준을 초과한 경우에는 의무적으로 누출검사를 실시하여야 하고, 시장·군수·구청장의 조치명령 등에 따라 시설의 개선이나 정밀조사의 실시 및 오염토양을 정화하여야 한다.

토양오염도검사는 저장시설의 설치 년 수 등에 따라 1년~5년 주기로 검사를 받는다. 그러나 자연환경보전지역, 지하수보전구역, 상수원보호구역, 특별대책지역(대기보전과 관련된 특별대책지역은 제외) 내에 있는 특정토양오염관리대상시설은 매년 토양오염도검사를 받도록 하고 있다. 다만, 자연환경보전지역과 특별대책지역에 설치된 시설에 대한 토양오염도검사 결과 토양오염물질이 불검출로 확인된 경우 해당 시설은 다음 연도 토양오염도검사를 받지 않을 수 있다.

상기와 같이 2016년말 통계자료에 의하면 특정토양오염관리대상시설에 대한 조사에서 저장시설 종류별로는 석유류가 대부분이었고, 석유류 저장시설 중에서 주유소가 비율이 가장 높았다. 주유소는 유류저장탱크를 지하에 매설하므로 부식, 노후, 또는 관리 부주의에 의한 토양오염 잠재성을 가지고 있다. 그래서 오염이 발생할 경우 즉각적인 확인이 어려워 오염의 예방 및 확산을 방지가 곤란하다. 매설된 유류저장탱크는 대부분 강철재질의 탱크 및 배관을 사용하므로 부식되기 쉽고 노후로 인한 누출이나 유출뿐만 아니라 넘침이나 흘림 등 관리부주의로 인해 토양오염을 유발하고 있다. 이러한 오염 발생요인을 사전에 차단하고자 환경부에서는 오염예방기능을 강화한 '클린주유소'를 지정·운영하고 있다. 클린주유소란 이중벽탱크, 이중배관, 흘림 및 넘침방지시설 등 오염물질의 누출·유출을 방지하는 시설을 갖추어 토양오염을 사전에 예방하고, 만일의 누출시에도 감지장치에 의한 신속한 확인으로 오염의 확산을 방지할 수 있는 체계를 갖춘 주유소를 의미한다. 클린주유소로 지정된 주유소에 대하여는 15년간 토양오염검사의 면제, 지정현판 수여, 방지시설 설치자금 융자 등 인센티브를 제공함으로써 클린주유소의 설치확산을 유도하고 있다.

13.2.2 폐광산 토양오염 방지대책

우리나라 광산은 석탄광산과 금속광산, 비금속광산(석면광산, 석회석광산 등)으로 구분된다. 토양오염을 유발하는 광산은 폐석탄광산, 폐금속광산과 폐석면광산이 대표적이다. 금속광산은 광석에 포함되어 있는 중금속성분과 제련과정에서 사용되는 시안(CN) 등 화학약품, 갱구에서 유출되는 갱내수 등이 토양오염을 초래한다. 석면광산은 채굴과 가공과정에서 발생된 석면이 광산 주변지역 토양의 오염원으로 작용하고 있다. 전국의 폐광산 현황(2017년 기준)은 폐금속광산 2,084개소, 폐석탄광산 394개소, 그리고 폐비금속광산 2,199개소이다. 폐비금속광산 중 폐석면광산은 37개소로 파악되었다(출처:공공데이터포털, 2017 전국광산 광종별 현황); 폐광산은 대부분 1940년대 이전에 개발되었으나 낮은 경제성 등의 이유로 방치되어 있다.

폐광지역의 광미, 갱내수, 폐석 등으로 인한 주변 농경지, 하천 오염이 환경문제로 대두됨에 따라 1992년도부터 폐금속광산 주변지역 토양오염조사를 시작하여 오염이 심각한 지역은 복원사업을 추진해 왔다. 한편 폐금속광산 주변의 토양오염 범위가 농경지, 하천수, 지하수뿐만 아니라 오염된 토양에서 생산된 농작물에도 영향을 미쳐 주민들의 건강까지 위협하고 있다는 주장이 제기되었다. 이에 따라 환경부는 1992년부터 전국의 폐금속광산에 대해 토양오염실태 개황조사와 정밀조사를 실시하여 오염이 확인된 광산은 관계부처와의 협조를 통해 광해방지사업, 농경지 토양개량 등 토양오염방지사업을 실시하고 있다.

2009년에 충남 광천과 보령지역 폐석면광산 주변지역 주민에게서 석면피해사례가 발생하고 탈크(활석) 완제품 등에 의한 석면문제가 제기되어 관계부처 합동으로 석면관리종합대책이 수립되었다. 2009년부터 2010년까지 전국 38개 폐석면광산에 대한 기초환경조사를 실시하였고, 2013년까지 환경부와 산업통상자원부는 25개소에 대한 정밀조사를 완료하였다. 토양정밀조사 실시 결과 석면함유량이 1%를 넘는 등 정화대상 오염지역에 대해서는 한국광해관리공단이 광해방지사업을 통해 토양오염개량사업을 추진하고 있다.

폐석탄광산 주변지역은 방치된 석탄찌꺼기와 산성광산배수 등으로 인해 하천, 지하수, 농경지의 환경위해요인이 높은 편이다. 그래서 2010년부터 2014년까지 421개 폐석탄광산에 대한 기초환경조사를 실시하였다. 기초환경조사에서 토양기준을 초과한 폐광산 등에 대해서는 우선순위에 따라 광산 주변지역에 대한 토양정밀조사를 연차적으로 추진할 예정이다.

환경부는 휴·폐금속광산에 대한 정밀조사를 실시하여 그 결과를 관계기관(산업통상자원부, 농림축산식품부, 식품의약품안전처)에 통보하고, 산업통상자원부에서는 토양오염방지사업을 포함한 광해방지사업을 추진하도록 하였다. 환경부와 관계부처에서는 정확한 토양오염실태와 폐광산지역 주민피해여부 및 토양오염방지사업 완료 후 사후관리체계 미흡 등의 문제점을 해소하기 위해 종전의 조사 및 복원사업 위주에서 조사·복원사업, 사후관리, 주민건강조사, 농작물 오염 등 종합적인 관리체계로 전환하여 관계기관별 업무추진 네트워크를 구성하여 상호협조체계를 구축·운영하고 있다.

2005년에는 '광산피해의 방지 및 복구에 관한 법률'이 제정되었다. 이에 따라 2006년에 '광해방지사업단'이 발족(이후 '한국광해관리공단'으로 명칭 변경) 함으로써 폐광산에 대한 광해방지사업을 수행하게 되었다. 이처럼 폐금속광산 및 주변지역 토양오염방지사업은 관계부처와 협조체계를 구축하였다. 아울러 환경부는 2010년 12월부터 긴밀한 협력체계를 유지를 통한 효율적인 폐광산 관리를 위하여 4개 부·처(환경부, 산업통상자원부, 농림축산식품부, 식품의약품안전처)로 구성된 '정책협의회'를 구성하여 운영하고 있다.

또한 환경부는 2005년에 '광해방지사업이 완료된 사업장 주변 환경오염영향조사 지침'을 마련하여 광해방지사업이 종료된 후에도 5년간 시설물 관리실태, 토양, 수질 오염도 현황, 광미 등 오염물질 유실 여부 등에 대한 사후환경영향조사를 추진하고 있다. 2013년에는 전국의 127개 폐광산 주변지역의 오염원 및 광해방지시설물 등에 대한 사후 환경오염영향조사를 실시하였고, 그 중 68개 광산에 대해서는 토양과 수질오염도조사도 병행하였다. 조사결과 중 오염기준 초과 농경지 등에 대해서는 관계부처와 합동으로 원인분석 및 개선방안을 마련할 예정이다.

13.2.3 토양오염원 인벤토리(inventory) 및 토양오염평가 기반 구축

2012년부터 토양오염원 인벤토리 및 토양오염평가 기반 구축사업을 추진하고 있다. 이 사업의 목적은 토양오염을 유발하는 점오염원의 실태를 파악하고 전국의 토양오염물질 배경농도를 조사하여 토양환경지도를 구축함으로써 토양 및 지하수 환경관리체계 선진화를 도모하는 것이다. 이렇게 조사한 각종 오염원자료와 배경농도를 기반으로 토양 및 지하수 오염 취약성을 평가함으로써 체계적인 토양·지하수 환경정책을 추진하는데 활용하는 것이 목적이다.

(1) 전국 토양오염원 조사

우리나라는 2011년 12월에 전국 토양·지하수 오염원 조사 중·장기 계획을 수립하였고, 2012년부터 2015년까지 전국 토양오염원조사 및 인벤토리 구축사업을 추진하고 있다. 조사대상 오염시설로는 위험물시설, 광산지역 등 16개로 분류하여 2012년에는 전국의 용량 2만L 이상 규모의 위험물·유독물시설을 데이터베이스(DB)로 구축하였고 2013년에는 용량 2만L 미만의 위험물·유독물시설과 이외 송유관시설, 폐기물보관(처리)시설 등 약 65,000개 시설을 대상으로 DB를 구축하였다. 조사 내용은 시설의 위치와 상호명, 관리자 등 일반현황, 시설의 설치연도, 부지면적, 저장탱크 수, 저장물질 등 시설현황, 누출방지시설, 확산방지시설 등 방지시설현황, 시설이력 등 기타 이력현황 등으로 목록화하였다. 토양오염원 자료는 오염지역의 이력·추적관리를 통해 관심지역의 오염현황 파악 및 대응 등 오염피해 사전 예방에 활용할 수 있을 것으로 기대된다. 또한 토양·지하수 오염도 평가 및 우선관리 대상지역 선정 등 환경보전 정책에도 널리 활용할 계획이다.

(2) 토양환경지도 제작

전국 토양의 배경농도를 조사하여 토양환경 정책 수립에 활용하고자 환경부는 2012년부터 토양환경지도 제작을 추진하고 있다. 이 사업은 2011년에 중장기계획을 수립하여 전국을 10개 구역으로 구분하고 10년간(2012년-2021년) 추진될 예정이다. 조사는 지질정보를 가장 잘 반영하는 토양시료와 집수유역 내 암석과 토양정보를 제공하는 하천퇴적물과 하천수에서 시료를 채취하여 분석하며, 분석항목은 토양환경보전법에서 정한 토양오염물질로 선정하였다. 시료의 채취지점은 전국을 도심지 및 오염원 존재지역과 비도심지 및 오염원 비존재지역으로 양분하고 4 km×4 km 격자로 나눈 후 격자 중심지점으로 선정하였다. 다만, 도심지 및 오염원 존재지역은 격자를 다시 2km×2km로 4등분하여 오염원 존재여부에 따라 2~4개 지점으로 세분화하여 선정하였다. 하천퇴적물과 하천수는 하천의 합류지점을 파악하여 상·하류에서 지점을 선정하였다.

(3) 토양·지하수오염 취약성 평가기법 개발

환경부는 토양·지하수 오염원 및 오염지역의 체계적 평가를 통해 국가적 차원의 오염관리 체계를 수립하고 오염원, 지역, 수용체특성 등을 반영한 평가결과를 환경정책에 활용하고자 2012년부터 토양·지하수오염 취약성평가 기법을 개발하고 있다. 평가항목에는 3개 인자를 선정하였다: 1) 오염발생 가능성을 평가할 수 있는 오염특성, 2) 오염발생시 해당지역에서 오염물질의 확산 및 이동성을 대표할 수 있는 지역특성, 그리고 3) 해당지역 내 인체 위해성과 생태위해성을 대표하는 수용체특성. 세부 평가항목 및 가중치는 계층 분석 방법(Analytic Hierarchy Process, AHP)과 전문가 자문의견을 수렴하여 결정하게 되며, 최종적으로는 특성인자 DB를 구축하여 취약성 지도를 작성하게 된다. 2015년 이후에는 취약성 평가결과를 토양오염실태조사 등 오염원 시료채취를 위한 기초자료로 활용하고, 신규 산업단지 및 매립지역 등의 입지 선정 시 오염유발 최소화를 위한 적지분석 자료로도 활용될 것으로 기대된다.

13.2.4 기타 토양오염유발시설 관리대책

(1) 골프장 농약사용제한

환경부는 골프장에서 사용되는 농약 사용량 및 잔류량 검사를 추진해오고 있다. 그 목적은 농약사용의 오남용을 방지하고, 골프장 내 토양·지하수오염 및 주변하천에 미치는 환경피해를 사전에 예방·감시하여, 골프장에서 사용되는 농약으로부터 자연환경 및 국민건강을 보호하기 위해서이다. 기존에는 전국 골프장 농약 사용량 및 잔류량 조사가 문화관광체육부와 환경부에서 이원화되어 수행되었는데 2009년 12월부터는 환경부로 일원화 되었다. 그래서 환경부는 '골프장의 농약사용량 조사 및 농약잔류량 검사방법 등에 관한 규정'을 개정하여 '전국 골프장에 대하여 농약사용량 및 잔류량조사'를 추진하고 있다.

「수질 및 수생태 보전에 관한 법률」에서는 골프장을 설치·관리하는 자는 골프장내에서 맹독성 및 고독성 농약의 사용을 금지하고 있고, 수목의 해충·전염병 등의 방제를 위하여 관할 행정기관의 장이 불가피하다고 인정하는 경우 승인을 받아 사용할 수 있도록 하고 있다. 또한 「농약관리법」에 규정된 농약의 안전사용기준준수여부에 대한 사항을 확인하도록 하여 골프장의 농약사용을 보다 철저히 관리하는 방안을 마련하였다. 게다가 2014년 새로 개정된 규정에서는 각 골프장별로 농약사용량 조사결과 및 농약잔류량 검사 결과 등이 표기된 표지판을 설치하도록 하였으며, 기존 화학농약 사용량 조사 외에도 생물농약 사용량을 추가 조사할 수 있는 근거 및 서식을 마련하였다.

(2) 상수원보호구역의 잔류농약조사

환경부는 팔당호, 대청호 등 전국 주요 상수원보호구역내의 농경지의 유출수, 토양, 그리고 상수원수에 대해 농약에 의한 상수원오염을 사전예방 차원에서 농약 잔류실태를 연 2회 조사하여 관리하고 있다. 조사횟수 및 시기로는 수질은 농약의 다량 사용으로 유출 우려가 높은 시기 중 갈수기 및 장마철에, 토양은 작물재배 전과 수확 후로 각각 연 2회씩 조사하고 있다. 조사대상은 「수도법」에 의해 상수원보호구역내의 농경지 중 광역상수원 및 급수인구가 많은 지역위주로 선정하여 조사하고 있다.

13.2.5 표토보전 및 침식방지 정책의 개발

우리나라는 경사도 7% 이상인 경사지가 전국토의 83.6%을 차지하고 있어 여름철 집중호우 등으로 토양유실이 심한 편이다. 경제성장에 따라 도시의 확대 각종 사회간접자본시설의 확충 등으로 매년 100 km^2 이상의 건전한 토지가 산업 및 도시적용도로 전환되어 자연지반을 상실해가고 있다. 그래서 표토의 중요성과 보전을 위한 제도적 장치를 마련하고 각종 보전정책을 개발할 필요성에 의해 2001년에 표토보전과 토양침식방지를 위한 연구를 환경부 정책연구과제에 포함하여 실시함으로써 새로운 정책을 개발하고 이를 뒷받침할 수 있는 법률적 근거를 마련하였다.

13.3 토양환경정책방향과 산업전망

기존의 토양보전정책은 토양오염의 사후관리에 치중한 면이 있으나 앞으로는 토양을 적극 보전하는 방향으로 정책의 목표를 삼아야 할 것이다. 이런 관점에서 토양보전법을 강화하고 토양침식의 방지, 표토의 보전·활용에 대한 관련제도의 정비 및 기술개발을 해야 한다. 아울러 오염토양의 지속적조사 및 적극적 복원도 병행되어야 한다. 따라서 표토보전에 관한 새로운 정책을 개발하고 오염된 토양의 복원과 관련된 토양복원 산업의 육성, 국내실정에 맞는 저비용 고효율 처리기술의 개발·보급과 함께 토양오염 복원비용에 소요되는 재원의 확보방안도 적극 모색하여야 한다.

우리나라를 포함하여 선진국의 여러 나라에서 초기의 토양오염관련법은 재난방지를 위한 조치에서 시작하였고, 이후 여러 법과 규정에 흩어져있는 부분을 수정하고 일원화하였다. 또한 기존 법에서 규정하는 오염기준이 시간이 흐름에 따라 강화되었고 조사가 더욱 광범위하게 진행되어 오염지역의 수는 급격히 늘어나게 되었다. 이에 따른 복원에 필요한 경비는 막대하였다. 그러므로 토양의 오염에 대하여는 기본적으로 사전에 오염을 예방하는 것을 원칙으로 하고 있으며, 이를 위한 관리체계를 확립하여 운영하는 것이 중요하다.

국내의 토양정화시장은 점차 성장추이를 나타내고 있다(그림 13.5). 국내토양정화시장에서 검증된 기술은 해외토양시장을 개척하는데 사용될 것이다.

이미 오염된 토양을 복원하는데는 큰 경비가 소요되는 것은 사실이다. 그러므로 오염을 감소, 나아가서는 아예 예방하는 정책 및 연구방향으로 추이는 흐르고 있으며 결국은 지속가능한 환경을 유지하기 위한 방향으로 나아갈 것이다(그림 1.2). 전 세계적인 환경기술시장은 그만큼 커질 전망이다.

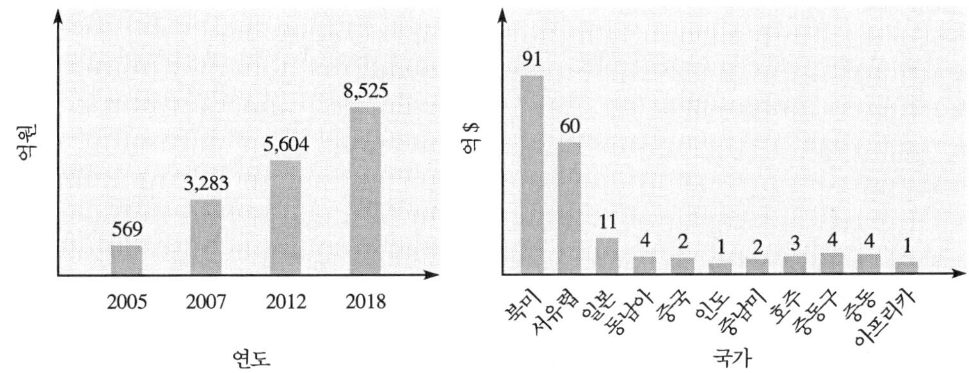

그림 13.5 연도에 따른 국내토양정화시장 성장추이(왼쪽)과 국외토양정화시장규모(2012년)

13.4 외국의 토양환경보전 관련법

13.4.1 미국

미국의 경우 토양환경보전관련법으로서 1976년에 RCRA(Resource Conservation and Recovery Act; 자원보전 및 자원 재생에 관한 법률)이 제정되었고, 1980년에 CERCLA (Comprehensive Environmental Response Compensation and Liability Act; 종합환경대응, 보상 및 책임에 관한 법률 소위 Superfund법이라 불림)이 제정되었다. 정화를 위한 자금조성을 목적으로 만들어진 특별예산법인 Superfund 법(CERCLA)은 1978년에 미국 New York주의 Love Canal 지방에 인접한 산업폐기물 매립지로부터 오염된 지하수와 유독가스로 인하여 주민의 건강이 우려될 정도까지 위협을 받게 되어 이를 계기로 2년 뒤에 제정되었다. 그래서 CERCLA는 과거에 유해폐기물로 오염된 상황에 대처하여 처리함과 동시에 현재의 유해폐기물 관리 및 처리를 규제함으로써 RCRA를 보완하는 성격이다. 그 후 1986년에 CERCLA는 더욱 강력한 법안으로 수정된 SARA(Superfund Amendments &

Reauthorization Act; 슈퍼펀드 개정 및 재 권한법률)가 개정되었다. SARA를 통해 슈퍼펀드자금이 증가 확충되어 슈퍼펀드부지의 정화비용과 대상범위도 증가하였다. 이러한 토양 및 지하수자원의 보호 등 강력한 오염방지법을 통하여 오염지역의 복원을 위한 자금을 마련하였다.

이러한 토양환경보전법의 마련과 더불어 미국 환경보호청(EPA; Environmental Protection Agency)의 SITE(Superfund Innovative Technology Evaluation) 프로그램을 통한 예산 투입으로 오염토양의 정화기술 개발에 노력한 결과 다양한 신기술들이 개발되어 실제 오염지역 복원에 적용되고 있다. 미국 전역에 Superfund Program하에 있는 지역(슈퍼펀드지역; superfund site)이 존재하고 있지만 오염정도, 주변의 환경영향 등을 고려하여 EPA 주관으로 오염지역의 복원을 위한 우선순위(NPL, National Priority List)를 정하여 정화하고 있다.

슈퍼펀드지역에서 검출되는 빈도수가 높은 110개의 오염물질에 대해 EPA에서 토양오염기준(Soil Screening Level; SSL)을 설정하여 미연방차원에서 관리하고 있다. 그러나 주마다 오염부지에서 발견되는 오염물질의 대상으로 자체적으로 토양오염기준을 설정하므로 이에 의해 관리되는 오염물질의 수가 다르다.

13.4.2 일본

일본에서 토양오염에 대한 환경질기준(Environmental Quality Standards EQS)은 1991년 8월에 제정되었다. 이것은 1994년 2월에 개정되어 현재 EQS 25개 물질을 관리하고 있다(표 13.5). 1994년 11월에는 토양과 지하수 오염에 대한 조사와 대책을 위한 지침(guideline)을 마련하였다. 이러한 행정적 지침은 오염원인자가 이 지침 하에 자발적으로 토양을 정화할 것을 촉구하고 있다.

표 13.5 일본의 토양오염기준(Environmental Quality Standards)

오염물질	함량시험과 침출시험을 통해 조사된 토양의 오염기준
카드뮴	시료용액에서 0.01 mg/l 그리고 농지의 쌀에서 1 mg/kg 미만
총 시안	시료용액에서 불검출
유기인	시료용액에서 불검출
납	시료용액에서 0.01 mg/l 이하
크롬(VI)	시료용액에서 0.05 mg/l 이하
비소	시료용액에서 0.01 mg/l 이하 그리고 농토에서 15 mg/kg 미만(논에만 적용)
총수은	시료용액에서 0.0005 mg/l 이하
알킬수은	시료용액에서 불검출
PCBs	시료용액에서 불검출
구리	농토에서 125 mg/kg 미만(논에만 적용)
dichloromethane	시료용액에서 0.02 mg/l 이하
carbon tetrachloride	시료용액에서 0.002 mg/l 이하
1,2-dichloroethane	시료용액에서 0.004 mg/l 이하
1,1-dichloroethylene	시료용액에서 0.02 mg/l 이하
cis-1,2-dichloroethylene	시료용액에서 0.04 mg/l 이하
1,1,1-trichloroethane	시료용액에서 1 mg/l 이하
1,1,2-trichloroethane	시료용액에서 0.006 mg/l 이하
trichloroethylene	시료용액에서 0.03 mg/l 이하
tetrachloroethylene	시료용액에서 0.01 mg/l 이하
1,3-dichloropropene	시료용액에서 0.002 mg/l 이하
thiuram	시료용액에서 0.006 mg/l 이하
simazine	시료용액에서 0.003 mg/l 이하
thiobencarb	시료용액에서 0.02 mg/l 이하
benzene	시료용액에서 0.01 mg/l 이하
selenium	시료용액에서 0.01 mg/l 이하

* 위의 기준은 다음에 적용 안 된다:
1) 광맥의 인접지역과 같은 자연독성물질이 있는 곳.
2) 폐기물처리지역과 같은 독성물질의 저장을 위해 지정된 장소.

13.4.3 네덜란드

유럽국가의 토양과 지하수관리에 대한 정보는 각국 별로 알아볼 수도 있으나 EUGRIS (http://www.eugris.info)가 유럽국가들의 이런 정보를 제공하므로 활용하면 유용하다. 유럽국가들 중에서 네덜란드를 소개하는 이유는 비교적 국토면적이 협소하고 높은 인구밀도로 인해 토양보전에 대한 국민의 관심이 높은데다 토양관련 법과 정책이 비교적 앞서가기 때문이다. 네덜란드는 1983년에 임시토양정화법(Interim Soil Remediation Act)를 제정하였다. 그 후 1987년에 토양보호법(Soil Protection Act)를 제정함으로써 유럽에서 최초로 토양환경에 대한 독립적 법규를 제정하였다. 우리나라의 환경부에 해당하는 Ministry of Housing, Spatial Planning and the Environment(네덜란드어로 Ministerie van Volkshuisvesting, Ruimtelijke Ordening en Milieu VROM)이 일반적인 토양에 관한 정책을 담당한다. 2010년 10월부터는 정부부서의 개편으로 Ministry of Infrastructure and the Environment 에서 토양관련정책을 담당한다. 토양보호법은 오염원인자의 정화책임원칙(polluter pays principle)을 도입되었다.

1983년에는 토양기준을 A, B, 그리고 C 기준으로 구분하여 운영하였다(오염정도는 좌에서 우순): 비오염토양 A, 오염토양 B, 조사대상토양 C, 복원대상토양. 1994년에는 목표기준과 중재기준을 설정하였고, 2008년에는 배경기준과 중재기준을 설정하였고 이 두 기준 사이는 주택과 산업지역의 토양에 따라 구분하여 관리한다(그림 13.6). 네덜란드에는 252개의 오염물질에 대해 토양질기준이 적용되고 있고 표 13.6는 대표적인 오염물질의 토양질기준이다. 그래서 토양오염조사시 이 모든 오염물질에 대해 분석을 하는 것이 아니라 이 대표적인 오염물질들과 그 부지에 의심되는 오염물질을 추가적으로 분석한다.

정화 후 깨끗한 토양과 약간 오염된 토양은 다양한 목적으로 재이용되고 있다. 건축용으로는 제방건설, 소음차단벽체, 철길 등에 사용되고, 그 외에도 지면보강(land elevation)이나 복토용으로도 사용된다. 그러나 정화된 토양일지라도 원래 토양의 질에 따라 재이용되는 용지가 다르다. 예를 들면 산업단지기원의 정화된 토양은 산업단지에서만 재이용이 되지 주택용이나 농경지에 재이용될 수 없다.

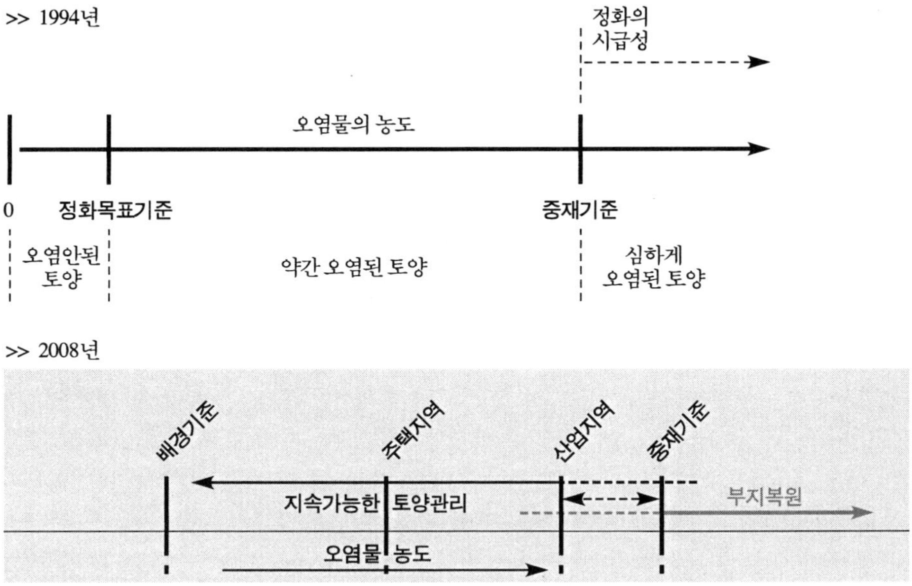

그림 13.6 네덜란드의 토양질 기준의 변화(1994년과 2008년)

표 13.6 네덜란드의 토양질 기준(단위, mg/kg)

오염물	배경기준	주택용지의 최고치	산업용지의 최고치	중재기준
Ba	190	550	920	−
Cd	0.6	1.2	4.3	13
Co	15	35	190	190
Cu	40	54	190	190
Hg	0.15	0.83	4.8	*36/4
Pb	50	210	530	530
Mo	1.5	88	190	190
Ni	35	39	100	100
Zn	140	200	720	720
sum-PCBs	0.02	0.02	0.5	1
sum-PAHs	1.5	6.8	40	40
mineral oil	190	190	500	5000

*36/4는 유기수은과 무기수은에 대한 기준치이다.

참고문헌

1. 정승우, 안윤주, 김태승 (2009). 선진국 토양오염 기준의 역할과 기준항목 설정방법. 한국지하수토양환경학회지. 14(1), 18-28.
2. 토양환경보전법 <개정 2018. 11. 27>.
3. 환경부 (2018). 환경백서.
4. 환경부 토양지하수과 (2014). 토양환경평가 정책 방향. 환경정책브리프. 23-25쪽. 환경부.
5. http://www.env.go.jp/en/water/wq/wemj/soil.html
6. http://www.epa.gov/superfund/
7. Frank Lamé (2010). Into Dutch Soils. Ministry of Housing, Spatial Planning and the Environment.
8. Ferguson, C.C. (1999). Assessing Risks from Contaminated Sites: Policy and Practice in 16 European Countries, Land Contamination & Reclamation, 7 (2), pp.33, EPP Publications
9. Ferguson, C.C. and Kasamas, H. (1999) Risk Assessment for Contaminated Sites in Europe. Volume 2. Policy Frameworks. LQM Press, Nottingham.
10. Leavitt, M. (1997). Bioremediation : the green thumb in brownfields management. In Biotechnology in the sustainable environment. Sayler et al., ed. Plenum Press, New York.
11. Sayler, G.S. (1997). Challenges and opportunities in the area of environmental biotechnolgy In Biotechnology in the sustainable environment. Sayler et al., ed. Plenum Press, New York.

CHAPTER 14

사 례

이 장에는 유류로 오염된 토양과 화약류로 오염된 퇴적물의 복원사례를 소개한다. 오염된 부지의 지리적 특성, 토양의 특성, 정화에 주어진 시간과 경비 및 기타 요건에 따라 동일한 화합물로 오염된 토양일지라도 이 사례에 소개된 복원방법이 최선의 방법이 아닐 수도 있다. 그러나 이 사례를 통해서 이 오염지역의 복원에 적용된 복원전략의 장단점을 비판하고, 적용 가능한 다른 복원방법에 대해 고찰하는 기회를 가지고자 한다.

14.1 유류오염 토양의 복원(사례 1)

유류로 오염된 정유처리 시설 지역을 생물학적 처리로 복원을 한 사례를 소개한다. 그 오염지역은 면적이 약 3만 m^2이고 서독의 라인강 근처에 위치하였다. 그 곳에는 유류가 지하 6 m 깊이까지 투과하여 오염이 발생하였다. 그래서 오염 토양을 굴착, 제거하는 데는 비용이 많이 드는데다 지하수위가 변동하는 문제도 동반되었다. 게다가 그 시설지역내의 어떤 표토층에는 원위치 처리가 불가능할 정도로 오염이 심한 점토 지역이 존재하였다. 그래서 심토는 bioaugmentation을 통한 원위치 처리 기법으로 적용하고, 한편 오염이 심한 표토의 점토 토양은 굴착하여 생분해를 촉진하게 하는 이중 처리 과정이 모색되었다. 이 장에서는 실험실내에서 실시한 그 지역의 특성조사 실험 결과와 실제 현장에서 생물학적 처리기법을 사용한 결과를 소개한다.

14.1.1 처리능 실험

(1) 토양분석

토양시료는 오염된 정유공장부지 내의 몇 군데에서 채취하였고, 시료의 분석은 독일표준방법(German Standard Methods)을 따라 실시하였다. 총 석유계 탄화수소(total petroleum hydrocarbon, TPH)의 양은 적외선 분광기와 GC를 사용하여 측정하였다. 표 14.1에 복원 전에 이 지역에 대한 예비 조사를 통해 나온 지하수와 토양의 특징을 보여준다. 현장에서 처리하는 동안 오염된 두 장소(가와 나 지역)를 선택하였다. 장소 가는 1,600 m^3의 용적에 0~8 m 깊이에 걸쳐 유류로 오염된 곳으로서 원위치 처리를 실시하였고, 한편 장소 나는 200 m^3의 용적에 0~2 m 깊이에 걸쳐 장소 가보다 심하게 유류로 오염된 곳이었다.

표 14.1 복원 대상인 정유공장지역의 석유계 탄화수소로 오염된 토양과 지하수의 특징

특징	농도 (mg/kg 또는 mg/L)*					
	장소 가			장소 나		
	평균	표준편차	시료 수	평균	표준편차	시료 수
총 석유계 탄화수소						
토양	185	188	100	12,980	11,432	100
지하수	0.5	0	5	0.5	0	5
		지하수			토양	
pH	7.6	0.32	5	7.9	1.0	30
총질소	0.62	0.14	5	696	480	20
NH4-N	0.1	0.1	5	27	16	20
P	0.1	0.1	5	105	25	20
K	2.61	0.23	5	1,316	209	20
Fe	1.14	0.22	5	8,258	1,067	30
페놀류	0.5	0	5	ND		

* 토양의 경우 건조중량 기준.
ND, 측정 안했음.

그 오염 부지에서 분리한 미생물에 대해 유류의 다양한 분획을 유일한 탄소와 에너지원으로 성장할 수 있는 균주들을 선별하였다 (표 14.2). 선별된 미생물은 그 지역에서 채취한 오염토양에 접종하여 생존능을 조사하였다. 이를 위해 토양시료 500 g을 γ-선 조사(2.5 Mrad)로 살균하여 1 L의 멸균된 유리 용기에 넣은 후 20ml의 세균 현탁액을 접종하였다. 그래서 최종적으로 토양의 g당 107의 생균 수가 되게 하여 20℃에서 10일간 배양하였다.

표 14.2 복원 대상인 오염된 정유공장지역에서 분리한 유류 분해세균의 특징

미생물		유류 분획에서의 성장*			유류 분해율 (%)	생존율 (%)**
균주	동정	기상 유류	hexadecane	asphaltene		
001/2	*Pseudomonas*	+	+	−	81.0	559.3
004	*Rhodococcus*	+	+	−	66.0	708.3
004/2	*Acinetobacter*	+	+	−	56.0	1724.1
005/2	*Pseudomonas*	+	+	−	61.0	517.2
007	*Mycobacterium*	+	+	+	93.0	ND
015/3	*Arthrobacter*	+	+	−	82.0	55.6
대조군		−	−	−	0	−

* 성장은 각 균주를 20℃에서 200rpm으로 10일간 액체 배지에 배양한 후 대조군과 비교하여 620nm에서 흡광도가 0.5이상 증가한 것을 말한다.

** 멸균된 유류오염 토양(유류 농도, 3,691 mg/kg)에 10일간 배양 후 생균수 측정법으로 계산한 생존율로서 초기 생균수의 백분율로 나타냄.

ND, 측정 안했음.

대조군으로는 미생물 접종이 안된 것을 사용하였다. 토양의 생균수는 접종 후 즉시 그리고 10일 후에 nutrient 한천배지에 도말 하여 생긴 집락으로 계산하였다. 표 14.2는 접종된 각 유류분해 균주가 생존하였을 뿐만 아니라 토양에서 증식을 하였으며 오염물질에 대해서도 내성이 있다는 것을 의미하였다.

Bioaugmentation 목적으로 현장에 사용될 분해균들은 150L 발효기를 사용하여 포도당이 제한된 배지에서 25~32℃에서 48~80시간 배양하였다. 세포 수가 1010~1011/ml이 됐을 때 원심분리 하여 균체를 회수하였고, 회수된 세포의 kg당 3 L의 생리식염수를 넣어 현탁한 뒤 4℃에 저장하여 5일 이내에 사용하였다.

(2) 계면활성제의 선별

유류 분산제로서 계면활성제를 선별하여 오염된 토양내의 석유계 탄화수소를 세척할 수 있는 정도를 조사하였다. 토양 kg 당 유류가 1,000~3,000 mg 오염된 시료에 다양한(50여 종) 계면활성제를 각각 처리하여 3시간 동안 200 rpm에서 진탕한 후 토양에서 제거된 석유계 탄화수소 농도를 분석하였다. 아울러 토양 컬럼 침출 실험을 통해 이들 계면활성제의 토양 투과성을 조사하였다. 이 실험들은 계면활성제들이 오염 지역의 조건에서 토양의 유류를 이동시키는 정도와 토양의 투과성에 미치는 영향을 조사하기 위한 것이었다.

Cyanamid(cyanamer P 70)은 석유계 탄화수소의 제거율이 비교적 높고 토양 투과성을 유지하였으므로 선택되었다. 이 계면활성제 400 mg/L를 TPH가 1,450 mg/L인 토양에 사용했을 때 47.3%의 TPH가 제거되었다. 더구나 이 화합물은 독성(설취류에 경구 투여시 LD50 > 10,000 mg/kg)이 없는데다 생분해(BOD, > 9g O_2/kg)가 잘된다는 장점이 있었다. 굴착 되어 들어낸 오염 토양은 유류제거 효과를 증가시키기 위해 Cyanamid와 다른 계면활성제를 병행하여 사용하였다. 그러나 계면활성제 혼합물은 토양의 투과성을 저해하였으므로 원위치 처리에서는 Cyanamid만 사용하였다.

미생물 처리와 병행하여 계면활성제 처리를 하였으므로 토양미생물에 대한 계면활성제의 독성을 조사하는 것은 중요하였다. 그래서 토양 세균의 3 주요 속인 *Arthrobacter* sp., *Rhodococcus* sp. 그리고 *Pseudomonas* sp.과 오염지역에서 유류분해 균으로 분리된 2 균주인 004와 015/3을 대상으로 독성을 조사하였다. 여과 멸균한 계면활성제를 다양한 농도로 함유한 무기염 배지에 순수 배양한 이들 균주를 10^7CFU/ml이 되게 접종하여 160 rpm으로 20℃에서 1일 동안 배양하였다. 이 배양액을 동일 농도의 계면활성제를 함유한 평판배지(1% nutrient broth에 여과 멸균한 계면활성제를 5% 처리)에 도말하여 25℃에서 3일 배양하여 생균수를 조사하였다. 각 종은 액체배양액에서 1,000 mg/L의 계면활성제 농도에도 내성을 나타냈다. 고체 배지에서는 계면활성제 농도가 2,000 mg/L일 때도 균성장에 영향을 주지 않았다.

(3) 토양처리의 최적화

오염토양을 미생물처리를 통해 정화하기 위한 조건을 최적화하기 위해 실험실에서 일련의 토양실험을 하였다. 석유계 탄화수소가 오염된 정유공장의 토양(습식 중량 500 g의 점토질 양토)을 여러 방법으로 다른 처리를 하여 유리 용기(1 L)에 넣고 20℃에서 배양하였다. 적당한 통기와 수분함량(습식 중량의 15%)을 유지하기위해 매주마다 혼합 및 수분을 공급해 주었다. 석유계 탄화수소 농도는 분석하여 몇 달 동안 관측하였다. 기본적으로 처리 방법은 다음 4가지로 구성되었다: 가), 정기적 수분 공급과 혼합만 실시(대조군) 나), 가 + 영양분 공급; 다), 가 + 분리균 004/2을 접종하고 영양분 공급; 그리고 라), 가 + 분리균 015/3과 004/1을 접종하고 영양분 공급과 계면활성제(1,000 mg/kg) 투여. 석유계 탄화수소의 생분해 분석 결과는 그림 14.1과 같고 계면활성제와 미생물 접종을 했을 때 가장 빠른 유류 분해가 관찰되었다. 정기적 수분 공급과 혼합이 실시된 결과로 토착 미생물의 활성이 자극되어 대조군에서도 석유계 탄화수소가 감소되었다. 영양분 공급만으로도 대조군

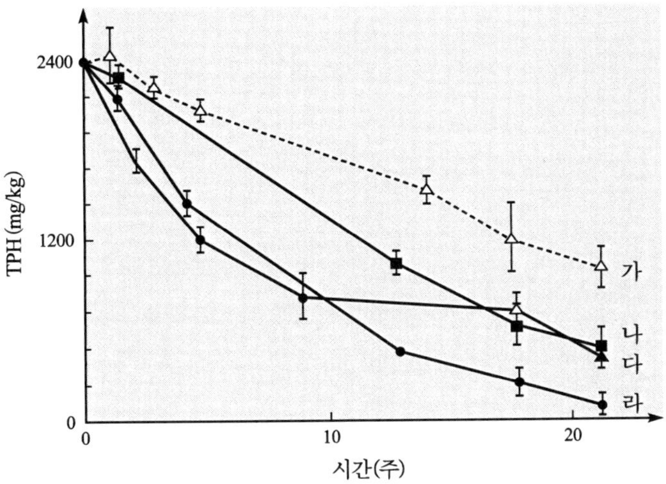

석유계 탄화수소의 농도(건조 중량 기준)는 각 시점에서 4 시료의 평균값이고 99% 신뢰도를 나타낸다. 가, 수분 공급; 나, 수분/무기 영양분 공급; 다, 수분/무기 영양분/유류 분해균주 004/2 첨가; 라, 수분/무기 영양분/계면활성제/유류 분해균주 015/3과 004/1 첨가

그림 14.1 실험실 규모 실험(20℃; 15%수분, 습식 중량 기준)을 통한 복원지역에서 채취한 오염된 토양(점토질 양토)의 유류 분해 정도

보다 분해과정이 증가되었으나, 유류 분해균을 접종했을 때 유류가 더 많이 분해되었는데 160일 이 후에 95% 이상 분해된 것으로 나타났다. 접종한 분해균과 더불어 계면활성제도 유류의 분해에 중요한 역할을 한 것으로 보여진다.

최적화 실험은 영양분 공급이 석유계 탄화수소의 생분해에 중요하다는 것을 보여주었다. 그래서 현장 적용에서 토양의 적절한 무기 영양분을 유지하기위해 처리기간 동안 주기적으로 영양분을 공급해 주었다. 토양의 암모니움의 농도는 낮게 유지하였으며, 오염된 토양에서 비교적 낮은 농도로 있는 인은 질소 : 인의 비를 5 : 1로 유지하면서 공급하였다.

14.1.2 실규모의 현장 복원

복원 대상 지역인 정유공장 부지에는 0.5~1.5 m 깊이에 저투과성의 미사 점토(silty clay)로 된 표면층이 있고 바로 밑에 1.5~2 m의 중간 사질 점토층이 있었다. 깊이 내려갈수록 토성은 굵어서 깊이가 3~8 m 되는 곳은 자갈층이었다. 지하수위는 근처의 라인강 수위에 따라서 상당히 다양하게 변하였으나 표면아래 2.5~3 m에 전형적으로 위치하였다. 정유 공장 부지의 약 2,000 m^3에 해당하는 부분은 2가지 복원기법을 사용하여 6개월 동안 처리하였다. 원위치 처리법과 토양을 굴착하여 처리하는 것이었다.

(1) 원위치 처리

지하수 추출과 침윤 시설을 이용하여 10 m×20 m의 면적에 해당하는 지하수와 심토를 15주 동안 원위치 처리를 실시하였다(그림 14.2). 계면활성제, 영양분, 통기, 그리고 유류 분해미생물 접종으로 원위치 생분해를 증가시켰다. 지하수는 중앙 정(central well)이나 처리지역을 둘러싸는 주위의 10개의 정(well)으로부터 추출하였다. 약 30 m^3/시간(130 gpm)으로 작동하는 2개의 진공 펌프로 8 m 깊이의 중앙 정으로부터 지하수를 끌어 올려 호기하에 작동하는 반응기(50 m^3 용량)에 넣어 처리하였다. 처리된 지하수는 그 지역의 주변에 위치한 자갈로 된 침윤조에 보내어 토양으로 되돌아가게 했다.

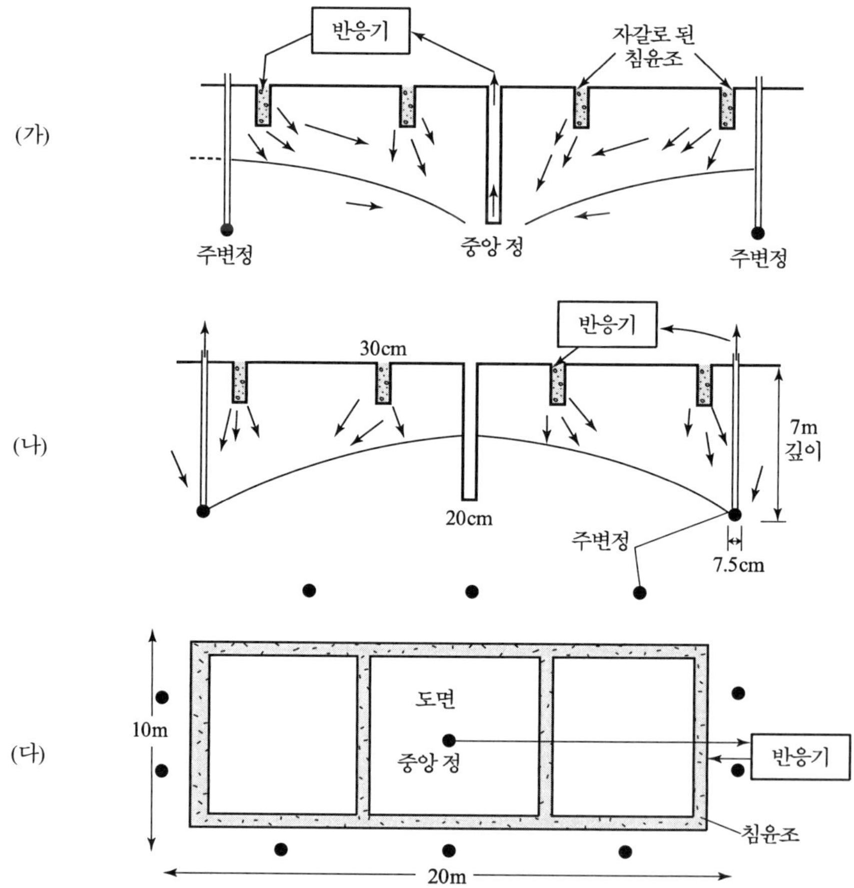

(가) 평상시 중앙 정으로부터 지하수를 퍼올림;
(나) 토양의 막힘을 방지하기 위해 물의 흐름을 변경할 경우 주변 정으로부터 지하수를 퍼올림.

그림 14.2 유류로 오염된 토양과 지하수의 원위치 처리를 위한 시설(가, 나)과 복원 지역의 도면(다)을 나타낸 개략도

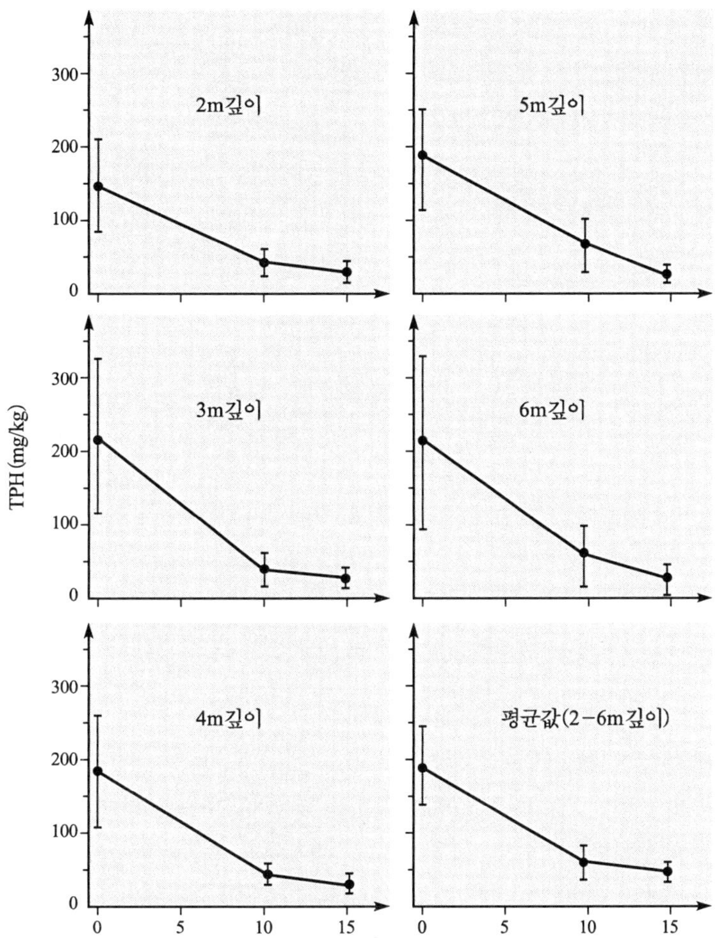

시료는 5개의 다른 깊이에서 각각 20개씩 채취하여 95% 신뢰도 내에서 평균값을 구하였고 총 평균은 시료 수 100개에 대한 평균 값이다.

그림 14.3 원위치 처리동안의 석유계 탄화수소 농도의 변화

처리기간 동안 지하수의 흐름을 조사하기위해 원위치 처리지역의 정들을 이용하여 염료 추적자 실험도 실시되었다. 이 실험은 처리지역내의 오염지대를 통해 끌어 올린 지하수와 재순환된 침출수를 이용하여 이루어졌다. 실험실에서의 토양 컬럼을 이용한 침출 실험에 의하면 오염지역의 토양은 수리학적 전도율이 0.21~0.7 m/시간이었다. 이 결과와 염료 추적자 실험의 결과를 이용하여 처리 기간 동안 최적 유속을 측정하였다. 초기 유속은 지하수위의 계절적 변동에 따라 조정하였다. 간헐적으로 처리지역을 둘러싸는 10개의 정으로부터 지하수를 추출하여 물의 흐름을 전환함으로써 토양의 막힘을 방지하였다.

유류 분해성 미생물을 접종하기 하루 전에 영양분(C : N : P=70 : 5 : 1)과 계면활성제를 반응기에 투입하였다. 질소 공급에 의한 독성 암모니움 농도가 상승하지 않도록 토양과 지하수를 정기적으로 관측하였다. 처리기간 동안 네 번에 걸쳐 혼합된 유류 분해균들을 접종하였다. 토양과 지하수 시료(1 kg)는 처리전과 처리 후 15주 동안 채취하였다. 오염지역을 바둑판(grid)모양으로 구획하고 각 지점 당 깊이를 다섯 개로 구분하여 토양시료를 채취하였다. 액체시료는 처리지역 내와 처리지역을 둘러싸는 5군데 지점에서 채취하여 지하수의 변화를 관측하였다.

그림 14.3에 가 지역의 원위치 처리 동안에 분석된 석유계 탄화수소 농도의 결과를 보여주는데 깊이 당 상당한 농도의 감소를 나타내고 있다. 전체적으로 TPH 농도는 185 ± 49 mg/kg에서 26 ± 6 mg/kg으로 15주만에 86% 감소하였다.

오염지역을 둘러싼 지하수 지대에 대한 침출수의 분석 결과 석유계 탄화수소는 검출되지 않았다(<0.05 mg/L). 정기적으로 토양과 지하수의 pH, BOD, COD, 페놀, 계면활성제, 질소, 암모니아, 질산, 인, 그리고 금속을 관측하였는데, 라인 강의 범람으로 인한 계절에 따른 변동을 제외하고는 관측된 값에 변화가 없었다.

(2) 굴착된 토양의 처리

정유공장 부지의 오염된 토양이 유류의 농도가 10,000~30,000 mg/kg인 경우에 표면에서 2 m 깊이까지 굴착하여 비닐하우스 내의 고밀도 폴리 에틸렌 차수막(HDPE liner)이 있는 직사각형(45×8×0.6 m 깊이) 시설로 이동했다(그림 14.4). 이 차수막은 표토 아래의 토양으로 유류가 침출되는 것을 방지하기 위한 것이었다. 이 시설로부터 나오는 침출수는 이

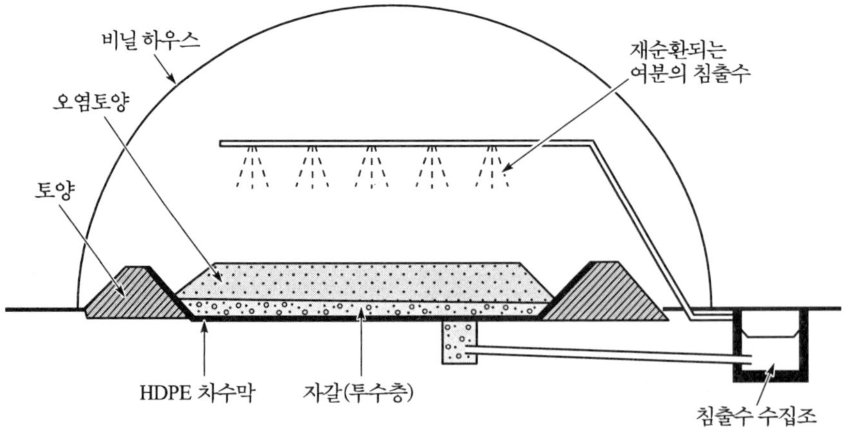

그림 14.4 석유계 탄화수소로 오염된 토양을 토양 경작법으로 ex situ 처리하는 시설의 개략도

웃한 수집조로 흘러들어 가도록 하였다. 비닐하우스 내의 온도는 25℃로, 토양의 수분함량은 15%(습식 중량기준)로 유지하였다.

토양의 통기를 유지하기 위해 60 cm 깊이까지 가래질을 하는 농기계를 사용하여 토양을 혼합해 주었다. 영양분과 계면활성제는 묽은 용액 형태로 만들어 토양 표면에 트랙터로 분무한 후 기계로 토양을 혼합하였다. 토양의 성분은 정기적으로 관측하였고 28주 동안 영양분이 공급되었고 계면활성제 처리는 미생물 접종 전 세 차례(총 1,200 mg/kg)에 걸쳐 실시되었다. 유류 분해균은 분리한 6 균주의 혼합 배양액 또는 순수 배양액을 조합한 것을 묽은 현탁액으로 만들어 처리 기간 동안 총 5번 토양에 접종하였다. 토양시료는 정기적으로 각 지점마다 0.5 kg씩 총 99개를 채취하였으며, 침출수의 분석에는 수집조에 모아진 물을 사용하였다.

굴착된 토양에는 초기에 유류가 토양 kg 당 12,980 mg이 존재하였고, 34일간 처리 후에는 1,273 mg/kg으로 나타나 90% 이상이 감소되었다(그림 14.5). 약 200 m3의 오염된 토양에 영양분, 계면활성제, 그리고 미생물을 처리하였다. 처리된 토양은 GC로 처리 전, 후의 석유계 탄화수소 농도를 비교분석한 결과 유류 성분이 상당히 감소된 것으로 나타났다. 처리 후 토양에 남아있는 유류성분은 토양에 고정화 된 것으로 보인다. 왜냐면 이 토양을 24시간 침출 실험(물과 토양을 5 : 1(v/w)로 혼합하여 진탕)한 결과침출수에 석유계 탄화수소가 검출되지(< 0.05 mg/L) 않았기 때문이다.

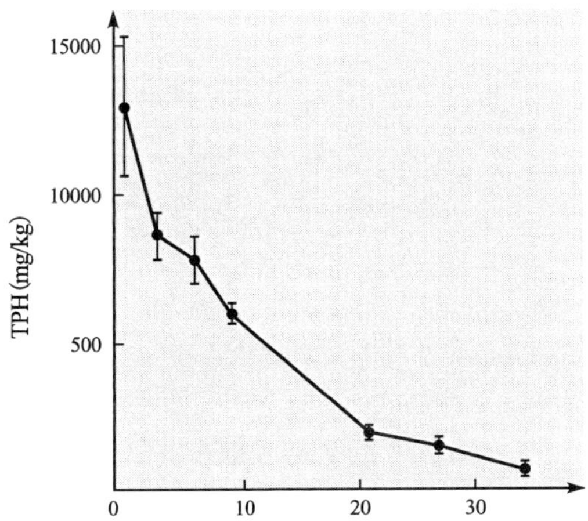

그림 14.5 Ex situ 처리(토양 경작법)에 의한 석유계 탄화수소의 농도 변화

채취한 99개 시료의 평균을 99% 신뢰도 내에서 나타내었다.

14.2 화약류로 오염된 늪 퇴적물(lagoon sediment)의 정화(사례 2)

화약류의 제조과정에서 생긴 폐수의 부적절한 폐기처분으로 인하여 미국 Louisiana주의 군 화약제조시설 내에 있는 늪 퇴적물이 화약류로 오염되었다. 화약류로 오염된 늪 퇴적물을 정화하기위한 기법으로서의 퇴비화 기법에 대한 유용성을 조사하기위해 군 화약제조시설 내에서 현장연구가 실시되었다. 오염물질로는 다음과 같다; TNT(2,4,6- trinitrotoluene), HMX(octahydro-1,3,5,7-tetranitro-1,3,5,7-tetraazocine), RDX(hexahydro-1,3,5-trinitro-1,3,5-triazine), 그리고 tetryl(Nmethyl-N,2,4,6-tetranitroaniline).

14.2.1 토양분석 및 퇴비화의 준비

퇴비혼합물을 준비하기위한 첫 단계로서 오염된 퇴적물을 균질 되게 혼합하여 화약류의 화합물에 대한 농도를 분석하였다. 퇴적물이 함유하는 화약류의 농도는 다음과 같았다: TNT, 56,800 mg/kg; RDX, 17,900 mg/kg; HMX, 2,390 mg/kg; tetryl, 650 mg/kg. 토양의 압밀을 방지하고 공극률을 증가시켜 산소 투과도를 높이기 위해 팽창제(bulking agent)로서 짚을 첨가하고 가축분뇨과 나뭇잎을 열을 낼 수 있는 재료(thermal source)로서 퇴적물에 첨가하여 혼합하였다. 이렇게 만들어진 최종 혼합물의 무게 당 조성은 다음과 같다(표 14.3). 오염된 퇴적물, 24%; 나뭇잎, 10%; 짚/가축분뇨, 25%; 말 사료, 41%. 소량의 비료도 첨가하여 미생물 성장에 필요한 질소와 인을 공급해 주었다. 이 때 사용된 질소량은 C : N = 30 : 1로 사용하였다.

표 14.3 퇴비화될 혼합물의 물질수지(mass balance)

성 분	부피 (m^3)	무게 (kg)	%	
			부피	무게
퇴적물	0.8	1040	3	24
나뭇잎	10.0	430	38	10
짚/가축분뇨	12.4	1120	47	25
말사료	3.4	1810	12	41
전체	26.6	4400	100	100

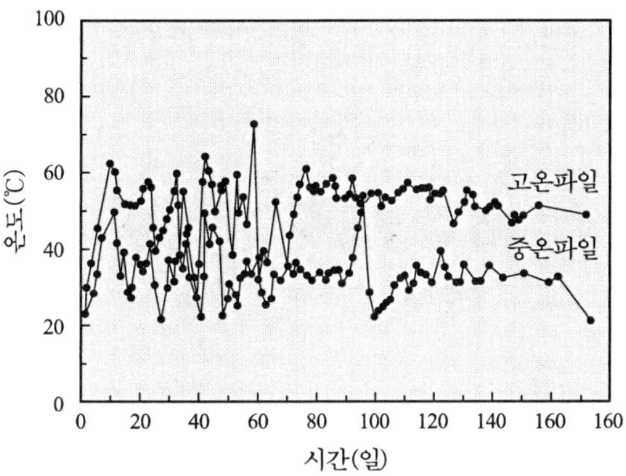

그림 14.6 퇴비화 파일의 평균온도

각 파일의 크기는 26.6 m^3 용적에 무게는 4,400 kg에 달하였다. 보온 효과를 위해 톱밥, 대팻밥, 그리고 짚을 각 파일 바닥에 깔았고 또한 파일을 덮어주는데도 사용하였다. 배수로가 있는 콘크리트바닥에 이러한 퇴비화 파일을 만들었으며 파일 내부에는 통기 장치가 설치되었다. 배수로를 통해 나온 물은 수분 공급이 필요할 경우 퇴비화 파일에 재사용되었다. 각 퇴비화 파일은 따로 덮개를 씌워 침전과 침출을 방지하였다. 타이머장치를 통해 파일 내부의 온도와 통기를 조절하였다. 두 파일 중에 한 파일은 중온 범위(35℃)로 하고 다른 것은 고온범위(55℃)로 하였다(그림 14.6). 온도 모니터링 장치는 파일 내부중앙에 설치하였다.

14.2.2 퇴비화 과정 및 시료채취

이렇게 만들어진 파일은 153일간 퇴비화가 진행되었으며 이기간 동안 시료를 9번 채취하여 오염물의 농도를 분석하였다. 시료는 각 채취 때마다 파일의 중앙부위에서 파일의 길이를 따라 최소한 3군데로부터 채취하였다. 파일의 수분함량은 무게의 25~26%인 것으로 나타났다. 수분함량이 35% 이하로 떨어질 때마다 파일의 온도가 급격히 감소하는 것으로 나타났다. 그래서 수분함량이 40%로 떨어질 때마다 물을 공급해주었다(그림 14.7). 실험기간 동안 파일은 수분공급과 더불어 3번 재혼합 해주었다.

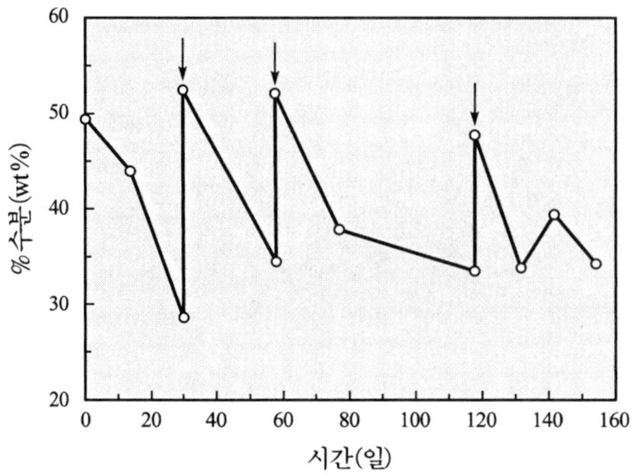

그림 14.7 퇴비화 파일의 수분함량. 화살표는 수분이 공급된 때를 나타낸다.

14.2.3 결 과

중온에 비해 고온 파일의 오염물질의 농도가 더 많이 감소한 것으로 나타났다. 고온 퇴비화 파일에서는 80일 이후에 TNT, RDX, HMX의 농도가 거의 제거된 것으로 나타났다(그림 14.8). 고온파일의 전체 화약류는 17,870에서 74 mg/kg으로 감소하였고 한편 중온 파일은 16,460에서 326 mg/kg으로 감소하였다. 그러나 이 값은 추출 가능한 오염물의 부분에 해당하는 농도에 근거한 결과이다. 퇴비화에 사용된 물질이나 부식질에 흡착된 오염물의 농도는 포함이 안될 수도 있다. 퇴적물내의 오염물이 낮은 증기압을 가진 것을 고려하면 휘발은 오염물이 제거된 원인은 아닌 것으로 여겨진다.

153일간 퇴비화를 하는 동안 퇴비화 파일의 온도에 따른 미생물 수를 관찰하였다(그림 14.9). 초기의 중온 미생물의 수는 고온과 중온 파일에서 거의 비슷하게 나타났으나 153일째 관찰된 각 파일의 온도에 따른 미생물 수에 의하면, 배양기간동안 각 파일의 온도에 적합한 미생물이 농화배양(enrichment culture)된 것으로 나타났다. 고온균은 초기에 중온 퇴비화 파일에서 높게 나타났으나 153일째에는 오히려 고온파일에서 더 높게 나타났다. 고온 파일에 비해 중온 파일의 경우 곰팡이류가 많이 서식하는 것이 육안으로 관찰되었다. 퇴비화 동안 파일의 모양과 파일로부터 나는 냄새는 변화를 나타냈다. 파일을 처음 혼합할 때에는 거친 형태의 섬유상의 형태를 보였고 분뇨의 악취를 나타냈다. 퇴비화가 끝날 무렵에는 파일이 양토의 모양과 냄새를 나타냈다.

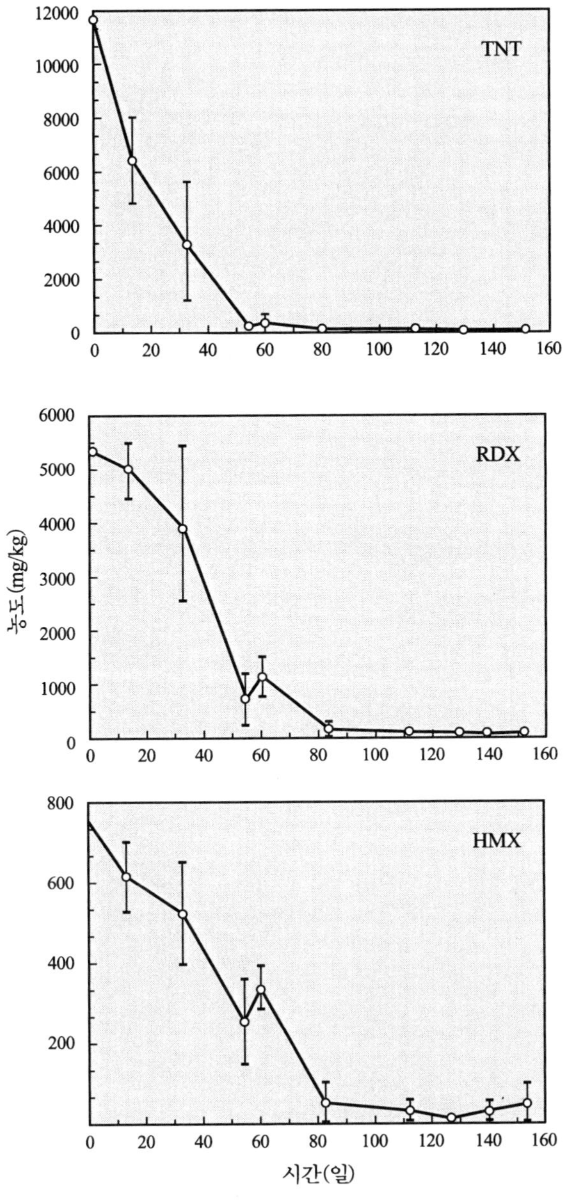

그림 14.8 고온퇴비화 파일에서의 오염물의 농도

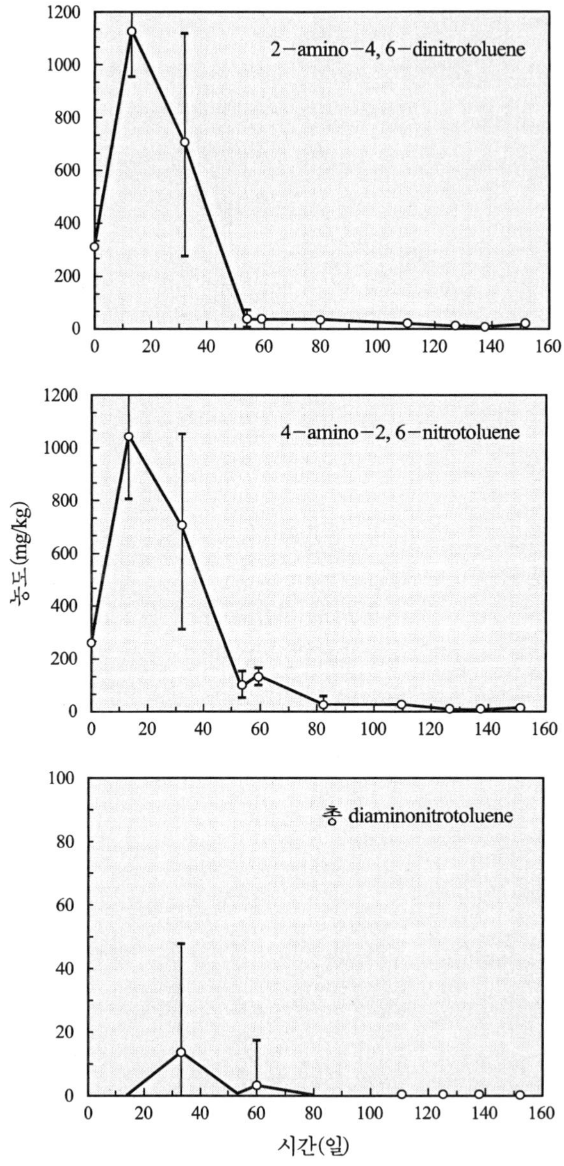

그림 14.9 퇴비화 파일에서 관찰된 TNT의 대사산물들

모화합물의 농도감소를 모니터링함과 더불어 TNT의 대사산물들의 생성도 모니터링 하였다. TNT 대사산물들은 초기에 6배정도로 증가하다가 퇴비화 기간 말기에 아주 낮은 농도로 감소하였다(그림 14.10).

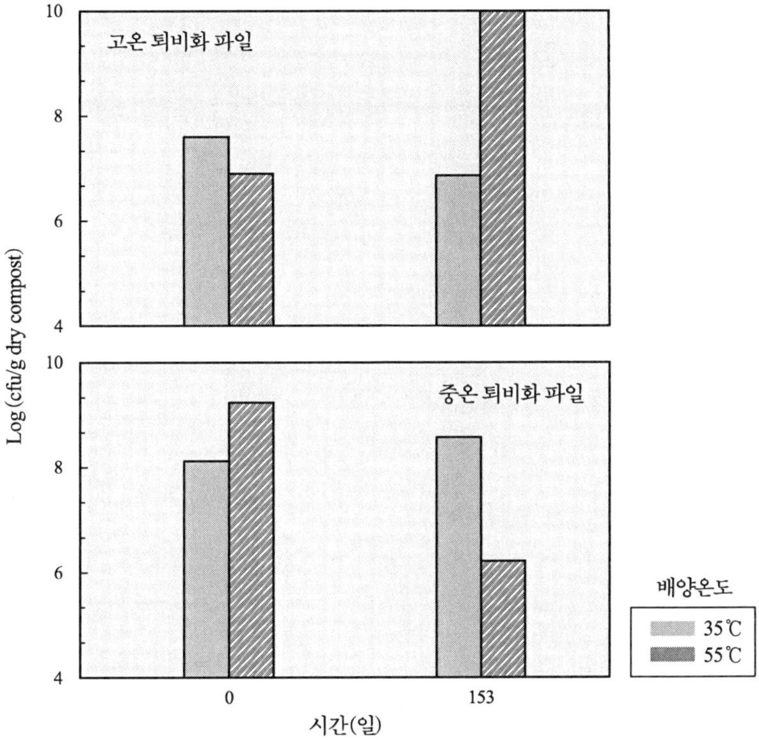

그림 14.10 고온과 중온의 퇴비화 파일 내에 있는 종속영양미생물의 농도

참고문헌

1. Bewley, R., Ellis, B., Theile, P., Viney, I., and Rees, J.F. (1989). Chem. Ind., 23, 778-783.
2. Ellis, B., Balba, M.T., and Theile, P. (1990). Environ. Technol., 11, 443-454.
3. Ellis, B. and Bewley, R. (1990). Biotransformation in contaminated land. In Microbiology in civil engineering. Howsam, P. (ed.). Chapman and Hall.
4. Williams, R.T. and C.A. Myler (1990). Biocycle. 78-82.
5. Williams, R.T., P.S. Ziegenfuss, and W.E. Sisk (1992). J. Ind. Microbiol., 9, 137-144.

찾아보기

T

U

V

W

토양환경과 관련된 주요 웹사이트 주소

▸ 국내(가나다순)

국가지하수정보센터(GIMS)
https://www.gims.go.kr

국가환경산업기술정보시스템(KONETC):
http://www.konetic.or.kr

국립환경과학원:
http://nier.go.kr

국토교통부
http://www.molit.go.kr

대한환경공학회:
http://www.kosenv.or.kr/

미래창조과학부:
http://www.msip.go.kr

생태산업단지
https://www.eip.or.kr/

안전보건공단
http://www.kosha.or.kr

토양지하수정보시스템(SGIS)
https://sgis.nier.go.kr

토양환경센터
http://www.sec.re.kr

해양수산부
http://www.mof.go.kr/

한국과학기술기획평가원:
http://www.kistep.re.kr/

한국물환경학회:
http://www.kswq.org/

한국미생물생물공학회:
http://www.kormb.or.kr/

K water:
http://www.kwater.or.kr

한국지하수토양환경학회:
http://www.kossge.or.kr/

한국폐기물자원순환학회:
http://www.kswm.or.kr

한국환경공단:
http://keco.or.kr

한국환경산업기술원:
http://www.keiti.re.kr

한국환경정책평가연구원:
http://www.kei.re.kr/

화학물질정보시스템:
http://ncis.nier.go.kr

환경부:
http://www.me.go.kr/

환경부 석면관리 종합정보망
http://abestos.me.go.kr

환경 R&D 연구정보시스템(DICER):
http://www.dicer.org

흙토람(농촌진흥청 토양환경정보시스템)
http://soil.rda.go.kr/soil

해외환경통합정보망
http://www.eishub.or.kr

▸ 국외(ABC순)

국제환경기구:

http://www.gefweb.org

일본환경청(Ministry of Environment Japan):

http://www.env.go.jp

American Society for Microbiology:

http://www.asm.org

ASR (Aquifer Storage Recovery):

http://www.asrforum.com/

Battelle:

http://www.battelle.org/

BBD(biocatalysis/biodegradation database)

http://eawag-bbd.ethz.ch/

EUGRIS

http://www.eugris.info

GEF (Global Environment Facility):

http://www.thegef.org

Greenpeace:

http://www.greenpeace.org

International Water Association:

http://www.iwahq.org/

Oak Ridge National Laboratory (ORNL):

http://www.ornl.gov

Pacific Northwest National Laboratory (PNNL):

http://www.pnl.gov/

PAN Pesticide Database:

http://www.pesticideinfo.org/Index.html

SERDP(Strategic Environmental Research and Development Program):

http://www.serdp-estcp.org

The Center for Environ. Biotechnology (CEB) at the Univ. of Tennessee, Knoxville:

http://www.ceb.utk.edu/

The Soil Science Society of America (SSSA):

http://www.soils.org/

United Nations Environment Programme:

http://www.unep.org/

U.S. Environ. Protection Agency:

http://www.epa.gov/

토양환경보전법

[시행 2018. 6. 12] [법률 제15658호, 2018. 6. 12, 일부개정]

제1장 총칙 〈개정 2011. 4. 5.〉

제1조(목적) 이 법은 토양오염으로 인한 국민건강 및 환경상의 위해(危害)를 예방하고, 오염된 토양을 정화하는 등 토양을 적정하게 관리·보전함으로써 토양생태계를 보전하고, 자원으로서의 토양가치를 높이며, 모든 국민이 건강하고 쾌적한 삶을 누릴 수 있게 함을 목적으로 한다.

[전문개정 2011. 4. 5.]

제2조(정의) 이 법에서 사용하는 용어의 뜻은 다음 각 호와 같다. 〈개정 2014. 3. 24.〉

1. "토양오염"이란 사업활동이나 그 밖의 사람의 활동에 의하여 토양이 오염되는 것으로서 사람의 건강·재산이나 환경에 피해를 주는 상태를 말한다.
2. "토양오염물질"이란 토양오염의 원인이 되는 물질로서 환경부령으로 정하는 것을 말한다.
3. "토양오염관리대상시설"이란 토양오염물질의 생산·운반·저장·취급·가공 또는 처리 등으로 토양을 오염시킬 우려가 있는 시설·장치·건물·구축물(構築物) 및 그 밖에 환경부령으로 정하는 것을 말한다.
4. "특정토양오염관리대상시설"이란 토양을 현저하게 오염시킬 우려가 있는 토양오염관리대상시설로서 환경부령으로 정하는 것을 말한다.
5. "토양정화"란 생물학적 또는 물리적·화학적 처리 등의 방법으로 토양 중의 오염물질을 감소·제거하거나 토양 중의 오염물질에 의한 위해를 완화하는 것을 말한다.
6. "토양정밀조사"란 제4조의2에 따른 우려기준을 넘거나 넘을 가능성이 크다고 판단되는 지역에 대하여 오염물질의 종류, 오염의 정도 및 범위 등을 환경부령으로 정하는 바에 따라 조사하는 것을 말한다.
7. "토양정화업"이란 토양정화를 수행하는 업(業)을 말한다.

[전문개정 2011. 4. 5.]

제3조(적용 제외) ① 이 법은 방사성물질에 의한 토양오염 및 그 방지에 관하여는 적용하지 아니한다.

② 오염된 농지를 「농지법」 제21조에 따른 토양의 개량사업으로 정화하는 경우에는 제15조의3 및 제15조의6을 적용하지 아니한다.

[전문개정 2011. 4. 5.]

제4조(토양보전기본계획의 수립 등) ① 환경부장관은 토양보전을 위하여 10년마다 토양보전에 관한 기본계획(이하 "기본계획"이라 한다)을 수립·시행하여야 한다.

② 환경부장관은 기본계획을 수립할 때에는 관계 중앙행정기관의 장과 협의하여야 한다.

③ 기본계획에는 다음 각 호의 사항이 포함되어야 한다.

1. 토양보전에 관한 시책방향
2. 토양오염의 현황, 진행상황 및 장래예측
3. 토양오염의 방지에 관한 사항
4. 토양정화 및 정화된 토양의 이용에 관한 사항
5. 토양정화와 관련된 기술의 개발 및 관련 산업의 육성에 관한 사항
6. 토양정화를 위한 기술인력의 교육 및 양성에 관한 사항
7. 그 밖에 토양보전에 필요한 사항

④ 특별시장·광역시장·특별자치시장·도지사·특별자치도지사(이하 "시·도지사"라 한다)는 기본계획에 따라 관할구역의 지역 토양보전계획(이하 "지역계획"이라 한다)을 수립하여 환경부장관의 승인을 받아 시행하여야 한다. 지역계획을 변경할 때에도 또한 같다. 〈개정 2017. 11. 28.〉

⑤ 기본계획 및 지역계획의 수립방법, 수립절차와 그 밖에 필요한 사항은 대통령령으로 정한다.

[전문개정 2011. 4. 5.]

제4조의2(토양오염의 우려기준) 사람의 건강·재산이나 동물·식물의 생육에 지장을 줄 우려가 있는 토양오염의 기준(이하 "우려기준"이라 한다)은 환경부령으로 정한다.

[전문개정 2011. 4. 5.]

제4조의3(정보시스템 구축·운영) ① 환경부장관은

다음 각 호의 정보에 국민이 쉽게 접근할 수 있도록 정보시스템을 구축·운영하여야 한다.

1. 제4조의4에 따른 토양오염관리대상시설 등 조사 결과
2. 제5조에 따른 상시측정, 토양오염실태조사, 토양 정밀조사 결과
3. 제23조의2에 따른 토양관련전문기관 지정현황
4. 제23조의7에 따른 토양정화업 등록현황
5. 제26조의3에 따른 특정토양오염관리대상시설 설치현황 등
6. 그 밖에 환경부령으로 정하는 정보

② 제1항에 따른 정보시스템의 구축·운영 등에 필요한 사항은 환경부장관이 정한다.

[본조신설 2015. 12. 1.]

제4조의3(정보시스템 구축·운영) ① 환경부장관은 다음 각 호의 정보에 국민이 쉽게 접근할 수 있도록 정보시스템을 구축·운영하여야 한다. 〈개정 2017. 11. 28.〉

1. 제4조의4에 따른 토양오염관리대상시설 등 조사 결과

1의2. 제4조의5에 따른 토양오염 이력정보

2. 제5조에 따른 상시측정, 토양오염실태조사, 토양 정밀조사 결과
3. 제23조의2에 따른 토양관련전문기관 지정현황
4. 제23조의7에 따른 토양정화업 등록현황
5. 제26조의3에 따른 특정토양오염관리대상시설 설치현황 등
6. 그 밖에 환경부령으로 정하는 정보

② 제1항에 따른 정보시스템의 구축·운영 등에 필요한 사항은 환경부장관이 정한다.

[본조신설 2015. 12. 1.]

[시행일 : 2018.11.29.] 제4조의3제1항제1호의2

제4조의4(토양오염관리대상시설 등 조사) ① 환경부장관은 제4조에 따른 기본계획과 지역계획, 제6조의2에 따른 표토 침식 방지 및 복원대책, 제18조에 따른 토양보전대책지역에 관한 계획을 합리적으로 수립 또는 승인하거나 제5조에 따른 토양오염도 측정을 효율적으로 수행하기 위하여 토양오염관리대상시설의 분포현황 및 제5조제4항에 따른 토양정밀조사, 제10조의4제1항에 따른 토양정밀조사, 오염토양의 정화 또는 오염토양 개선사업의 실시현황을 정기적으로 조사(이하 이 조에서 "토양오염관리대상시설 등 조사"라 한다)하여야 한다.

② 환경부장관은 제1항에 따른 토양오염관리대상시설 등 조사를 위하여 관계 기관의 장에게 필요한 자료의 제출을 요청할 수 있다. 이 경우 요청을 받은 관계 기관의 장은 특별한 사유가 없으면 그 요청에 따라야 한다.

③ 제1항에 따른 토양오염관리대상시설 등 조사의 방법, 대상, 절차 등에 필요한 사항은 환경부령으로 정한다.

[본조신설 2015. 12. 1.]

제5조(토양오염도 측정 등) ① 환경부장관은 전국적인 토양오염 실태를 파악하기 위하여 측정망(測定網)을 설치하고, 토양오염도(土壤汚染度)를 상시측정(常時測定)하여야 한다.

② 시·도지사 또는 시장·군수·구청장(자치구의 구청장을 말한다. 이하 같다)은 관할구역 중 토양오염이 우려되는 해당 지역에 대하여 토양오염실태를 조사(이하 "토양오염실태조사"라 한다)하여야 한다. 이 경우 시장·군수·구청장은 환경부령으로 정하는 바에 따라 토양오염실태조사의 결과를 시·도지사에게 보고하여야 하며, 시·도지사는 환경부령으로 정하는 바에 따라 그가 실시한 토양오염실태조사의 결과와 시장·군수·구청장이 보고한 토양오염실태조사의 결과를 환경부장관에게 보고하여야 한다.

③ 제1항에 따른 측정망의 설치기준과 토양오염실태조사의 대상 지역 선정기준, 조사 방법 및 절차와 그 밖에 필요한 사항은 환경부령으로 정한다.

④ 환경부장관, 시·도지사 또는 시장·군수·구청장은 토양보전을 위하여 필요하다고 인정하면 다음 각 호의 어느 하나에 해당하는 지역에 대하여 토양정밀조사를 할 수 있다.

1. 제1항에 따른 상시측정(이하 "상시측정"이라 한다)의 결과 우려기준을 넘는 지역
2. 토양오염실태조사의 결과 우려기준을 넘는 지역
3. 다음 각 목의 어느 하나에 해당하는 지역으로서 환경부장관, 시·도지사 또는 시장·군수·구청장이 우려기준을 넘을 가능성이 크다고 인정하는 지역
   가. 토양오염사고가 발생한 지역
   나. 「산업입지 및 개발에 관한 법률」 제2조제5호에 따른 산업단지(농공단지는 제외한다)
   다. 「광산피해의 방지 및 복구에 관한 법률」 제2조제4호에 따른 폐광산(廢鑛山)의 주변지역

라. 「폐기물관리법」 제2조제8호에 따른 폐기물 처리시설 중 매립시설과 그 주변지역
마. 그 밖에 환경부령으로 정하는 지역
⑤ 상시측정, 토양오염실태조사 및 제4항에 따른 토양정밀조사의 결과는 공개하여야 한다.
[전문개정 2011. 4. 5.]

제6조(측정망설치계획의 결정ㆍ고시) 환경부장관은 제5조제1항에 따른 측정망의 위치ㆍ구역 등을 구체적으로 밝힌 측정망설치계획을 결정하여 고시하고, 누구든지 그 도면을 열람할 수 있게 하여야 한다. 측정망설치계획을 변경하였을 때에도 또한 같다.
[전문개정 2011. 4. 5.]

제6조의2(표토의 침식 현황 조사) ① 환경부장관은 표토(表土)의 침식(浸蝕)으로 인한 토양환경의 실태를 파악하기 위하여 다음 각 호의 어느 하나에 해당하는 지역에 대하여 표토의 침식 현황 및 정도에 대한 조사를 할 수 있다.
1. 「수도법」 제7조에 따라 지정ㆍ공고된 상수원보호구역
2. 「한강수계 상수원수질개선 및 주민지원 등에 관한 법률」 제4조, 「낙동강수계 물관리 및 주민지원 등에 관한 법률」 제4조, 「금강수계 물관리 및 주민지원 등에 관한 법률」 제4조 및 「영산강ㆍ섬진강수계 물관리 및 주민지원 등에 관한 법률」 제4조에 따라 각각 지정ㆍ고시된 수변구역

② 환경부장관은 제1항에 따른 조사 결과 표토의 침식 정도가 환경부령으로 정하는 기준을 초과하는 경우에는 이에 대한 대책을 수립하여 시행하여야 한다.
③ 제1항에 따른 조사의 절차와 방법 등에 관하여 필요한 사항은 환경부령으로 정한다.
[본조신설 2011. 4. 5.]

제6조의3(국유재산 등에 대한 토양정화) ① 환경부장관은 다음 각 호의 어느 하나에 해당하는 경우에는 토양오염의 확산을 방지하기 위하여 토양정밀조사를 한 후 토양정화를 할 수 있다. 이 경우 이미 토양정밀조사가 실시되었을 경우에는 토양정밀조사를 생략할 수 있다. 〈개정 2014. 3. 24., 2017. 11. 28.〉
1. 「국유재산법」 제2조제1호에 따른 국유재산으로 인하여 우려기준을 넘는 토양오염이 발생하여 토양정화가 필요한 경우로서 국가가 제10조의4 제1항에 따른 정화책임자(淨化責任者, 이하 "정화책임자"라 한다)인 경우
2. 제15조제3항 단서에 따라 토양정화를 하는 경우로서 긴급한 토양정화가 필요하다고 시ㆍ도지사 또는 시장ㆍ군수ㆍ구청장이 요청하는 경우
3. 제19조제3항에 따라 오염토양 개선사업을 하는 경우로서 긴급한 토양정화가 필요하다고 특별자치시장ㆍ특별자치도지사ㆍ시장ㆍ군수ㆍ구청장이 요청하는 경우

② 환경부장관은 제1항에 따라 토양정화를 하려는 경우 같은 항 제1호의 경우에는 그 중앙관서의 장과, 같은 항 제2호 및 제3호의 경우에는 시ㆍ도지사 또는 시장ㆍ군수ㆍ구청장 및 정화책임자와 토양정화의 시기, 면적 및 비용 등에 관하여 미리 협의하여야 한다. 이 경우 제1항제2호 및 제3호에 따른 정화 등에 소요되는 비용은 환경부령으로 정하는 범위에서 토양정화를 요청한 지방자치단체에게 부담하게 할 수 있다. 〈개정 2014. 3. 24.〉
③ 환경부장관은 제1항에 따라 토양정화를 하려는 경우에는 환경부령으로 정하는 바에 따라 다음 각 호의 사항이 포함된 토양정화계획을 수립하고 이를 고시하여야 한다.
1. 토양정화의 시기 및 기간
2. 토양정화 대상 토지의 소재지
3. 토양정화 대상 토지 소유자의 성명 및 주소
4. 그 밖에 환경부령으로 정하는 사항

④ 제1항제2호 및 제3호에 해당하는 경우 토양정밀조사 또는 토양정화에 소요된 비용은 해당 정화책임자에게 구상(求償)할 수 있다. 〈개정 2014. 3. 24.〉
[본조신설 2011. 4. 5.]

제7조(토지 등의 수용 및 사용) ① 환경부장관, 시ㆍ도지사 또는 시장ㆍ군수ㆍ구청장은 다음 각 호의 어느 하나에 해당하는 측정, 조사, 설치 및 토양정화를 위하여 필요한 경우에는 해당 지역 또는 구역의 토지ㆍ건축물이나 그 토지에 정착된 물건을 수용(제2호 및 제4호에만 적용한다) 또는 사용할 수 있다.
1. 상시측정, 토양오염실태조사, 토양정밀조사
2. 제5조제1항에 따른 측정망 설치
3. 제6조의2에 따른 표토의 침식 현황 및 정도에 대한 조사
4. 제6조의3에 따른 국유재산 등에 대한 토양정화

② 제6조의3제3항에 따라 환경부장관이 토양정화계획을 고시한 때에는 「공익사업을 위한 토지 등의 취

득 및 보상에 관한 법률」 제20조제1항 및 제22조에 따른 사업인정 및 사업인정의 고시가 있은 것으로 보며, 재결신청은 같은 법 제23조제1항 및 제28조제1항에도 불구하고 토양정화계획에서 정하는 토양정화 기간 내에 할 수 있다.

③ 제1항에 따른 수용 또는 사용의 절차와 손실보상 등에 관하여는 이 법에 특별한 규정이 있는 경우를 제외하고는 「공익사업을 위한 토지 등의 취득 및 보상에 관한 법률」에서 정하는 바에 따른다.

[전문개정 2011. 4. 5.]

제8조(타인 토지에의 출입 등) ① 환경부장관, 시·도지사, 시장·군수·구청장 또는 제23조의2에 따른 토양관련전문기관(이하 "토양관련전문기관"이라 한다)은 상시측정, 토양오염실태조사, 토양정밀조사, 제6조의2제1항에 따른 표토의 침식 현황 및 정도에 대한 조사와 제15조의5제1항에 따른 위해성평가를 위하여 필요하면 소속 공무원 또는 직원으로 하여금 타인의 토지에 출입하여 그 토지에 있는 나무·돌·흙이나 그 밖의 장애물을 변경 또는 제거하게 할 수 있다. 이 경우 토양관련전문기관의 장은 특별자치시장·특별자치도지사·시장·군수·구청장의 허가를 받아야 한다. 〈개정 2017. 11. 28.〉

② 제1항에 따라 장애물을 변경 또는 제거하려는 경우에는 장애물의 소유자·점유자 또는 관리인의 동의를 받아야 한다. 다만, 장애물의 소유자·점유자 또는 관리인이 현장에 없거나 주소 또는 거소(居所)를 알 수 없어 그 동의를 받을 수 없는 경우에는 관할 특별자치시장·특별자치도지사·시장·군수·구청장의 동의를 받아 장애물을 변경하거나 제거할 수 있다. 〈개정 2017. 11. 28.〉

③ 제1항에 따라 타인의 토지에 출입하거나 그 토지 위의 장애물을 변경 또는 제거하려는 경우에는 출입할 날 또는 장애물을 변경·제거할 날의 3일 전까지 그 토지 또는 장애물의 소유자·점유자 또는 관리인에게 이를 알려야 한다. 다만, 그 토지 또는 장애물의 소유자·점유자 또는 관리인의 주소 및 거소를 알 수 없는 경우에는 통지를 아니할 수 있다.

④ 해 뜨기 전이나 해가 진 후에는 해당 토지 점유자의 승낙 없이는 택지 또는 담장이나 울로 둘러싸인 타인의 토지에 출입할 수 없다.

⑤ 토지의 점유자는 정당한 사유 없이 제1항에 따른 관계 공무원 및 토양관련전문기관 직원의 행위를 방해하거나 거절하지 못한다.

⑥ 제1항에 따라 타인의 토지에 출입하려는 공무원 및 토양관련전문기관의 직원은 그 권한을 나타내는 증표를 지니고 이를 관계인에게 보여주어야 한다.

[전문개정 2011. 4. 5.]

제9조(손실보상) ① 국가·지방자치단체 또는 토양관련전문기관은 제8조에 따른 행위로 인하여 타인에게 손실을 입혔을 때에는 대통령령으로 정하는 바에 따라 그 손실을 보상하여야 한다.

② 제1항에 따라 보상을 받으려는 자는 환경부장관, 시·도지사, 시장·군수·구청장 또는 토양관련전문기관의 장에게 청구하여야 한다.

③ 환경부장관, 시·도지사, 시장·군수·구청장 또는 토양관련전문기관의 장은 제2항에 따라 청구를 받았을 때에는 그 손실을 입은 자와 협의하여 보상할 금액 등을 결정하고 청구인에게 이를 알려야 한다.

④ 제3항에 따른 협의가 성립되지 아니하거나 협의할 수 없는 경우 환경부장관, 시·도지사, 시장·군수·구청장, 토양관련전문기관의 장 또는 손실을 입은 자는 대통령령으로 정하는 바에 따라 관할 토지수용위원회에 재결(裁決)을 신청할 수 있다.

⑤ 제4항에 따른 재결을 받아들이지 아니하는 자는 재결서의 정본(正本)을 송달받은 날부터 1개월 이내에 중앙토지수용위원회에 이의(異議)를 신청할 수 있다.

[전문개정 2011. 4. 5.]

제10조 삭제 〈2006. 10. 4.〉

제10조의2(토양환경평가) ① 다음 각 호의 어느 하나에 해당하는 시설이 설치되어 있거나 설치되어 있었던 부지, 그 밖에 토양오염의 우려가 있는 토지를 양도·양수(「민사집행법」에 따른 경매, 「채무자 회생 및 파산에 관한 법률」에 따른 환가(換價), 「국세징수법」·「관세법」 또는 「지방세징수법」에 따른 압류재산의 매각, 그 밖에 이에 준하는 절차에 따라 인수하는 경우를 포함한다. 이하 같다) 또는 임대·임차하는 경우에 양도인·양수인·임대인 또는 임차인은 해당 부지와 그 주변지역, 그 밖에 토양오염의 우려가 있는 토지에 대하여 토양환경평가기관으로부터 토양오염에 관한 평가(이하 "토양환경평가"라 한다)를 받을 수 있다. 〈개정 2014. 3. 24., 2016. 12. 27.〉

1. 토양오염관리대상시설
2. 「산업집적활성화 및 공장설립에 관한 법률」 제2

조제1호에 따른 공장
3. 「국방·군사시설 사업에 관한 법률」 제2조제1항에 따른 국방·군사시설

② 제1항 각 호의 어느 하나에 해당하는 시설이 설치되어 있거나 설치되어 있었던 부지, 그 밖에 토양오염의 우려가 있는 토지를 양수한 자가 양수 당시 같은 항에 따라 토양환경평가를 받고 그 부지 또는 토지의 오염 정도가 우려기준 이하인 것을 확인한 경우에는 토양오염 사실에 대하여 선의이며 과실이 없는 것으로 추정한다. 〈개정 2014. 3. 24.〉

③ 토양환경평가는 다음 각 호에 따라 실시하여야 하며, 토양환경평가의 실시에 따른 구체적인 사항과 그 밖에 필요한 사항은 대통령령으로 정한다.
1. 토양환경평가 항목: 제2조제2호에 따른 토양오염물질과 토양환경평가를 위하여 필요하여 대통령령으로 정하는 오염물질
2. 토양환경평가 절차: 기초조사와 개황조사, 정밀조사로 구분하여 실시
3. 토양환경평가 방법: 제1호에 따른 오염물질의 오염도 등의 조사·분석 및 평가, 대상 부지의 이용현황, 토양오염관리대상시설에 해당하는지 여부

[전문개정 2011. 4. 5.]

제10조의3(토양오염의 피해에 대한 무과실책임 등) ① 토양오염으로 인하여 피해가 발생한 경우 그 오염을 발생시킨 자는 그 피해를 배상하고 오염된 토양을 정화하는 등의 조치를 하여야 한다. 다만, 토양오염이 천재지변이나 전쟁, 그 밖의 불가항력으로 인하여 발생하였을 때에는 그러하지 아니하다. 〈개정 2014. 3. 24.〉

② 토양오염을 발생시킨 자가 둘 이상인 경우에 어느 자에 의하여 제1항의 피해가 발생한 것인지를 알 수 없을 때에는 각자가 연대하여 배상하고 오염된 토양을 정화하는 등의 조치를 하여야 한다. 〈개정 2014. 3. 24.〉

[전문개정 2011. 4. 5.]

[제목개정 2014. 3. 24.]

제10조의4(오염토양의 정화책임 등) ① 다음 각 호의 어느 하나에 해당하는 자는 정화책임자로서 제11조제3항, 제14조제1항, 제15조제1항·제3항 또는 제19조제1항에 따라 토양정밀조사, 오염토양의 정화 또는 오염토양 개선사업의 실시(이하 "토양정화등"이라 한다)를 하여야 한다. 〈개정 2017. 11. 28.〉
1. 토양오염물질의 누출·유출·투기(投棄)·방치 또는 그 밖의 행위로 토양오염을 발생시킨 자
2. 토양오염의 발생 당시 토양오염의 원인이 된 토양오염관리대상시설의 소유자·점유자 또는 운영자
3. 합병·상속이나 그 밖의 사유로 제1호 및 제2호에 해당되는 자의 권리·의무를 포괄적으로 승계한 자
4. 토양오염이 발생한 토지를 소유하고 있었거나 현재 소유 또는 점유하고 있는 자

② 제1항에도 불구하고 다음 각 호의 어느 하나에 해당하는 경우에는 같은 항 제4호에 따른 정화책임자로 보지 아니한다. 다만, 1996년 1월 6일 이후에 제1항제1호 또는 제2호에 해당하는 자에게 자신이 소유 또는 점유 중인 토지의 사용을 허용한 경우에는 그러하지 아니하다.
1. 1996년 1월 5일 이전에 양도 또는 그 밖의 사유로 해당 토지를 소유하지 아니하게 된 경우
2. 해당 토지를 1996년 1월 5일 이전에 양수한 경우
3. 토양오염이 발생한 토지를 양수할 당시 토양오염 사실에 대하여 선의이며 과실이 없는 경우
4. 해당 토지를 소유 또는 점유하고 있는 중에 토양오염이 발생한 경우로서 자신이 해당 토양오염 발생에 대하여 귀책 사유가 없는 경우

③ 시·도지사 또는 시장·군수·구청장은 제11조제3항, 제14조제1항, 제15조제1항·제3항 또는 제19조제1항에 따라 토양정화등을 명할 수 있는 정화책임자가 둘 이상인 경우에는 대통령령으로 정하는 바에 따라 해당 토양오염에 대한 각 정화책임자의 귀책정도, 신속하고 원활한 토양정화의 가능성 등을 고려하여 토양정화등을 명하여야 하며, 필요한 경우에는 제10조의9에 따른 토양정화자문위원회에 자문할 수 있다.

④ 제11조제3항, 제14조제1항, 제15조제1항·제3항 또는 제19조제1항에 따라 토양정화등의 명령을 받은 정화책임자가 자신의 비용으로 토양정화등을 한 경우에는 다른 정화책임자의 부담부분에 관하여 구상권을 행사할 수 있다.

⑤ 국가는 다음 각 호의 어느 하나에 해당하는 경우에는 제11조제3항, 제14조제1항, 제15조제1항·제3항 또는 제19조제1항에 따라 토양정화등을 하는 데 드는 비용(제10조의4제4항에 따른 구상권 행사를 통하여 상환받을 수 있는 비용 및 토양정화등으로 인한 해당 토지 가액의 상승분에 상당하는 금액은

제외한다. 이하 같다)의 전부 또는 일부를 대통령령으로 정하는 바에 따라 지원할 수 있다.

1. 제1항제1호·제2호 또는 제3호의 정화책임자가 토양정화등을 하는 데 드는 비용이 자신의 부담부분을 현저히 초과하거나 해당 토양오염관리대상시설의 소유·점유 또는 운영을 통하여 얻었거나 향후 얻을 수 있을 것으로 기대되는 이익을 현저히 초과하는 경우
2. 2001년 12월 31일 이전에 해당 토지를 양수하였거나 양도 또는 그 밖의 사유로 소유하지 아니하게 된 자가 제1항제4호의 정화책임자로서 토양정화등을 하는 데 드는 비용이 해당 토지의 가액을 초과하는 경우
3. 2002년 1월 1일 이후에 해당 토지를 양수한 자가 제1항제4호의 정화책임자로서 토양정화등을 하는 데 드는 비용이 해당 토지의 가액 및 토지의 소유 또는 점유를 통하여 얻었거나 향후 얻을 수 있을 것으로 기대되는 이익을 현저히 초과하는 경우
4. 그 밖에 토양정화등의 비용 지원이 필요한 경우로서 대통령령으로 정하는 경우

[전문개정 2014. 3. 24.]

[2014. 3. 24. 법률 제12522호에 의하여 2012. 8. 23. 헌법재판소에서 헌법불합치된 이 조를 전문개정함.]

제10조의4(오염토양의 정화책임 등) ① 다음 각 호의 어느 하나에 해당하는 자는 정화책임자로서 제11조제3항, 제14조제1항, 제15조제1항·제3항 또는 제19조제1항에 따라 토양정밀조사, 오염토양의 정화 또는 오염토양 개선사업의 실시(이하 "토양정화등"이라 한다)를 하여야 한다. 〈개정 2017. 11. 28.〉

1. 토양오염물질의 누출·유출·투기(投棄)·방치 또는 그 밖의 행위로 토양오염을 발생시킨 자
2. 토양오염의 발생 당시 토양오염의 원인이 된 토양오염관리대상시설의 소유자·점유자 또는 운영자
3. 합병·상속이나 그 밖의 사유로 제1호 및 제2호에 해당되는 자의 권리·의무를 포괄적으로 승계한 자
4. 토양오염이 발생한 토지를 소유하고 있었거나 현재 소유 또는 점유하고 있는 자

② 제1항에도 불구하고 다음 각 호의 어느 하나에 해당하는 경우에는 같은 항 제4호에 따른 정화책임자로 보지 아니한다. 다만, 1996년 1월 6일 이후에 제1항제1호 또는 제2호에 해당하는 자에게 자신이 소유 또는 점유 중인 토지의 사용을 허용한 경우에는 그러하지 아니하다.

1. 1996년 1월 5일 이전에 양도 또는 그 밖의 사유로 해당 토지를 소유하지 아니하게 된 경우
2. 해당 토지를 1996년 1월 5일 이전에 양수한 경우
3. 토양오염이 발생한 토지를 양수할 당시 토양오염 사실에 대하여 선의이며 과실이 없는 경우
4. 해당 토지를 소유 또는 점유하고 있는 중에 토양오염이 발생한 경우로서 자신이 해당 토양오염 발생에 대하여 귀책 사유가 없는 경우

③ 시·도지사 또는 시장·군수·구청장은 제11조제3항, 제14조제1항, 제15조제1항·제3항 또는 제19조제1항에 따라 토양정화등을 명할 수 있는 정화책임자가 둘 이상인 경우에는 대통령령으로 정하는 바에 따라 해당 토양오염에 대한 각 정화책임자의 귀책정도, 신속하고 원활한 토양정화의 가능성 등을 고려하여 토양정화등을 명하여야 하며, 필요한 경우에는 제10조의9에 따른 토양정화자문위원회에 자문할 수 있다.

④ 제11조제3항, 제14조제1항, 제15조제1항·제3항 또는 제19조제1항에 따라 토양정화등의 명령을 받은 정화책임자가 자신의 비용으로 토양정화등을 한 경우에는 다른 정화책임자의 부담부분에 관하여 구상권을 행사할 수 있다.

⑤ 국가 및 지방자치단체는 다음 각 호의 어느 하나에 해당하는 경우에는 제11조제3항, 제14조제1항, 제15조제1항·제3항 또는 제19조제1항에 따라 토양정화등을 하는 데 드는 비용(제4항에 따른 구상권 행사를 통하여 상환받을 수 있는 비용 및 토양정화등으로 인한 해당 토지 가액의 상승분에 상당하는 금액은 제외한다. 이하 같다)의 전부 또는 일부를 대통령령으로 정하는 바에 따라 지원할 수 있다. 〈개정 2017. 11. 28.〉

1. 제1항제1호·제2호 또는 제3호의 정화책임자가 토양정화등을 하는 데 드는 비용이 자신의 부담부분을 현저히 초과하거나 해당 토양오염관리대상시설의 소유·점유 또는 운영을 통하여 얻었거나 향후 얻을 수 있을 것으로 기대되는 이익을 현저히 초과하는 경우
2. 2001년 12월 31일 이전에 해당 토지를 양수하였거나 양도 또는 그 밖의 사유로 소유하지 아니하

게 된 자가 제1항제4호의 정화책임자로서 토양정화등을 하는 데 드는 비용이 해당 토지의 가액을 초과하는 경우

3. 2002년 1월 1일 이후에 해당 토지를 양수한 자가 제1항제4호의 정화책임자로서 토양정화등을 하는 데 드는 비용이 해당 토지의 가액 및 토지의 소유 또는 점유를 통하여 얻었거나 향후 얻을 수 있을 것으로 기대되는 이익을 현저히 초과하는 경우
4. 그 밖에 토양정화등의 비용 지원이 필요한 경우로서 대통령령으로 정하는 경우

⑥ 토양오염이 발생한 토지를 소유 또는 점유하고 있는 자로서 정화책임자가 아닌 자는 해당 토양오염에 대한 정화책임자가 제11조제3항, 제14조제1항, 제15조제1항·제3항 또는 제19조제1항에 따라 토양정화등의 명령을 받아 토양정화등을 하려는 경우에는 정당한 사유가 없으면 이에 협조하여야 한다. 〈신설 2017. 11. 28.〉

⑦ 정화책임자는 제6항에 따른 협조로 인하여 토지를 소유 또는 점유하고 있는 자에게 발생한 손실을 보상하여야 한다. 〈신설 2017. 11. 28.〉

[전문개정 2014. 3. 24.]

[2014. 3. 24. 법률 제12522호에 의하여 2012. 8. 23. 헌법재판소에서 헌법불합치된 이 조를 전문개정함.]

[시행일 : 2018.11.29.] 제10조의4제5항, 제10조의4제6항, 제10조의4제7항

제10조의5(토양정화 공제조합의 설립) ① 특정토양오염관리대상시설의 설치자·운영자 및 제23조의7제1항에 따라 토양정화업의 등록을 한 자(이하 "토양정화업자"라 한다)는 제11조제3항에 따른 오염토양의 정화를 보증하고 토양정화에 드는 재원을 확보하기 위하여 환경부장관의 허가를 받아 토양정화 공제조합(이하 "조합"이라 한다)을 설립할 수 있다.

② 조합은 법인으로 한다.

③ 조합은 주된 사무소의 소재지에서 설립등기를 함으로써 성립한다.

[본조신설 2011. 4. 5.]

제10조의6(조합의 사업) 조합은 다음 각 호의 사업을 수행한다.

1. 조합원의 토양정화를 위한 공제사업
2. 토양오염의 방지 및 토양정화를 위하여 필요한 기술의 조사·개발 및 보급에 관한 사업

[본조신설 2011. 4. 5.]

제10조의7(분담금) ① 조합의 조합원은 제10조의6에 따른 사업을 하는 데에 필요한 분담금을 조합에 내야 한다.

② 제1항에 따른 분담금의 산정기준 및 납부절차와 그 밖에 필요한 사항은 조합의 정관으로 정하는 바에 따른다.

[본조신설 2011. 4. 5.]

제10조의8(「민법」의 준용) 조합에 관하여 이 법에서 규정한 것 외에는 「민법」 중 사단법인에 관한 규정을 준용한다.

[본조신설 2011. 4. 5.]

제10조의9(토양정화자문위원회) ① 제10조의4제3항에 따른 시·도지사 또는 시장·군수·구청장의 자문에 응하기 위하여 환경부에 토양정화자문위원회(이하 "위원회"라 한다)를 둔다.

② 위원회는 위원장을 포함하여 5명 이상 9명 내외의 위원으로 구성한다.

③ 위원회의 구성·운영 등에 필요한 사항은 대통령령으로 정한다.

[본조신설 2014. 3. 24.]

제10조의10(토양환경센터의 설치·운영 등) ① 환경부장관은 토양보전과 관련된 다음 각 호의 업무를 효율적으로 추진하기 위하여 토양환경센터를 설치·운영할 수 있다. 〈개정 2017. 11. 28.〉

1. 토양환경산업과 관련된 연구 및 기술의 개발·활용에 관한 사항
2. 토양보전과 관련된 기술의 보급, 실용화 촉진 및 해외시장 진출 지원
3. 토양환경산업과 관련된 정보의 수집·활용·교육·홍보 및 국제협력에 관한 사항
4. 토양환경산업 활성화에 관한 사항
5. 제1호부터 제4호까지의 업무와 관련하여 국가, 지방자치단체, 「공공기관의 운영에 관한 법률」 제4조에 따른 공공기관으로부터 위탁받은 업무

② 환경부장관은 제1항에 따른 업무의 수행에 필요한 비용의 전부 또는 일부를 지원할 수 있다.

③ 환경부장관은 토양환경센터의 운영 업무를 「한국환경산업기술원법」에 따른 한국환경산업기술원에 위탁할 수 있다. 〈개정 2015. 12. 1.〉

④ 토양환경센터의 운영 및 감독 등에 관하여 필요한 사항은 대통령령으로 정한다.

[본조신설 2014. 3. 24.]

제2장 토양오염의 규제 〈개정 2011. 4. 5.〉

제11조(토양오염의 신고 등) ① 다음 각 호의 어느 하나에 해당하는 경우에는 지체 없이 관할 특별자치시장·특별자치도지사·시장·군수·구청장에게 신고하여야 한다. 〈개정 2014. 3. 24., 2017. 11. 28.〉

1. 토양오염물질을 생산·운반·저장·취급·가공 또는 처리하는 자가 그 과정에서 토양오염물질을 누출·유출한 경우
2. 토양오염관리대상시설을 소유·점유 또는 운영하는 자가 그 소유·점유 또는 운영 중인 토양오염관리대상시설이 설치되어 있는 부지 또는 그 주변지역의 토양이 오염된 사실을 발견한 경우
3. 토지의 소유자 또는 점유자가 그 소유 또는 점유 중인 토지가 오염된 사실을 발견한 경우

② 특별자치시장·특별자치도지사·시장·군수·구청장은 제1항에 따른 신고를 받거나, 토양오염물질이 누출·유출된 사실을 발견하거나 그 밖에 토양오염이 발생한 사실을 알게 된 경우에는 소속 공무원으로 하여금 해당 토지에 출입하여 오염 원인과 오염도에 관한 조사를 하게 할 수 있다. 〈개정 2017. 11. 28.〉

③ 제2항의 조사를 한 결과 오염도가 우려기준을 넘는 토양(이하 "오염토양"이라 한다)에 대하여는 대통령령으로 정하는 바에 따라 기간을 정하여 정화책임자에게 토양관련전문기관에 의한 토양정밀조사의 실시, 오염토양의 정화 조치를 할 것을 명할 수 있다. 〈개정 2014. 3. 24.〉

④ 토양관련전문기관은 제3항에 따라 토양정밀조사를 하였을 때에는 조사 결과를 관할 특별자치시장·특별자치도지사·시장·군수·구청장에게 지체 없이 통보하여야 한다. 〈개정 2017. 11. 28.〉

⑤ 제2항에 따라 타인의 토지에 출입하려는 공무원은 그 권한을 나타내는 증표를 지니고 이를 관계인에게 보여주어야 한다.

⑥ 특별자치시장·특별자치도지사·시장·군수·구청장은 제2항에 따라 소속 공무원으로 하여금 해당 토지에 출입하여 오염 원인과 오염도에 관한 조사를 하게 한 경우에는 그 사실을 지방환경관서의 장에게 지체 없이 알려야 한다. 〈신설 2014. 3. 24., 2017. 11. 28.〉

[전문개정 2011. 4. 5.]

제11조의2[제13조로 이동 〈2004. 12. 31.〉]

제12조(특정토양오염관리대상시설의 신고 등) ① 특정토양오염관리대상시설을 설치하려는 자는 대통령령으로 정하는 바에 따라 그 시설의 내용과 제3항에 따른 토양오염방지시설의 설치계획을 관할 특별자치시장·특별자치도지사·시장·군수·구청장에게 신고하여야 한다. 신고한 사항 중 환경부령으로 정하는 내용을 변경(특정토양오염관리대상시설의 폐쇄를 포함한다)할 때에도 또한 같다. 〈개정 2017. 11. 28.〉

② 「위험물안전관리법」 및 「화학물질관리법」과 그 밖에 환경부령으로 정하는 법령에 따라 특정토양오염관리대상시설의 설치에 관한 허가를 받거나 등록을 한 경우에는 제1항에 따른 신고를 한 것으로 본다. 이 경우 허가 또는 등록기관의 장은 환경부령으로 정하는 토양오염방지시설에 관한 서류를 첨부하여 그 사실을 그 특정토양오염관리대상시설이 설치된 지역을 관할하는 특별자치시장·특별자치도지사·시장·군수·구청장에게 통보하여야 한다. 〈개정 2013. 6. 4., 2017. 11. 28.〉

③ 특정토양오염관리대상시설의 설치자(그 시설을 운영하는 자를 포함한다. 이하 같다)는 대통령령으로 정하는 바에 따라 토양오염을 방지하기 위한 시설(이하 "토양오염방지시설"이라 한다)을 설치하고 적정하게 유지·관리하여야 한다.

[전문개정 2011. 4. 5.]

제12조의2(다른 법률에 따른 변경신고의 의제) ① 제12조제1항 후단에 따라 변경신고를 한 경우에는 그 특정토양오염관리대상시설에 관련된 다음 각 호의 변경신고를 한 것으로 본다. 다만, 변경신고의 사항이 사업장의 명칭 또는 대표자가 변경되는 경우로 한정한다. 〈개정 2017. 1. 17.〉

1. 「물환경보전법」 제33조제2항 단서 및 같은 조 제3항에 따른 배출시설의 변경신고
2. 「대기환경보전법」 제44조제2항에 따른 배출시설의 변경신고

② 제1항에 따른 변경신고의 의제를 받고자 하는 자는 변경신고의 신청을 하는 때에 해당 법률이 정하는 관련 서류를 함께 제출하여야 한다.

③ 제1항에 따라 변경신고를 접수하는 행정기관의 장은 변경신고를 처리한 때에는 지체 없이 제1항 각 호의 변경신고 소관 행정기관의 장에게 그 내용을 통보하여야 한다.

④ 제1항에 따라 변경신고를 한 것으로 보는 경우에

는 관계 법률에 따라 부과되는 수수료를 면제한다.
[본조신설 2015. 12. 1.]

제13조(토양오염검사) ① 특정토양오염관리대상시설의 설치자는 대통령령으로 정하는 바에 따라 토양관련전문기관으로부터 그 시설의 부지와 그 주변지역에 대하여 토양오염검사(이하 "토양오염검사"라 한다)를 받아야 한다. 다만, 토양시료(土壤試料)의 채취가 불가능하거나 토양오염검사가 필요하지 아니한 경우로서 대통령령으로 정하는 요건에 해당하여 특별자치시장·특별자치도지사·시장·군수·구청장의 승인을 받은 경우에는 토양오염검사를 받지 아니한다. 〈개정 2017. 11. 28.〉

② 제1항 단서에 따른 승인의 절차는 환경부령으로 정하며, 승인을 신청하는 자는 토양관련전문기관의 의견을 첨부하여야 한다. 다만, 여러 개의 같은 종류의 저장시설 중 일부 시설을 폐쇄하는 경우 등 대통령령으로 정하는 경우에는 토양관련전문기관의 의견을 첨부하지 아니할 수 있다.

③ 토양오염검사는 토양오염도검사와 누출검사로 구분하여 한다. 다만, 누출검사는 저장시설 또는 배관이 땅속에 묻혀 있거나 땅에 붙어 있어 누출 여부를 눈으로 확인할 수 없는 시설로서 환경부령으로 정하는 바에 따라 특별자치시장·특별자치도지사·시장·군수·구청장이 인정하는 경우에만 실시한다. 〈개정 2017. 11. 28.〉

④ 토양관련전문기관은 토양오염검사를 하였을 때에는 특정토양오염관리대상시설의 설치자, 관할 특별자치시장·특별자치도지사·시장·군수·구청장 및 관할 소방서장에게 검사 결과를 통보(소방서장에 대한 통보는 「위험물안전관리법」에 따라 허가를 받은 시설 중 누출검사 결과 오염물질의 누출이 확인된 시설인 경우로 한정한다)하여야 하며, 특정토양오염관리대상시설의 설치자는 환경부령으로 정하는 바에 따라 통보받은 검사 결과를 보존하여야 한다. 이 경우 특정토양오염관리대상시설의 설치자는 통보받은 검사 결과를 「전자문서 및 전자거래 기본법」 제2조제1호에 따른 전자문서로 보존할 수 있다. 〈개정 2012. 6. 1., 2017. 11. 28.〉

⑤ 토양오염검사를 위한 시료채취의 방법과 그 밖에 필요한 사항은 환경부령으로 정한다.

⑥ 관할 특별자치시장·특별자치도지사·시장·군수·구청장은 제4항에 따라 토양관련전문기관으로부터 통보받은 토양오염검사 결과를 토대로 정밀한 검사가 필요하다고 인정되는 경우에는 환경부령으로 정하는 토양관련전문기관에 토양오염검사를 의뢰할 수 있다. 〈개정 2017. 11. 28.〉

[전문개정 2011. 4. 5.]

제14조(특정토양오염관리대상시설의 설치자에 대한 명령) ① 특별자치시장·특별자치도지사·시장·군수·구청장은 특정토양오염관리대상시설의 설치자가 다음 각 호의 어느 하나에 해당하면 대통령령으로 정하는 바에 따라 기간을 정하여 토양오염방지시설의 설치 또는 개선이나 그 시설의 부지 및 주변지역에 대하여 토양관련전문기관에 의한 토양정밀조사 또는 오염토양의 정화 조치를 할 것을 명할 수 있다. 〈개정 2017. 11. 28.〉

1. 토양오염방지시설을 설치하지 아니하거나 그 기준에 맞지 아니한 경우
2. 제13조제3항에 따른 토양오염도검사 결과 우려기준을 넘는 경우
3. 제13조제3항에 따른 누출검사 결과 오염물질이 누출된 경우

② 토양관련전문기관은 제1항에 따라 토양정밀조사를 하였을 때에는 조사 결과를 지체 없이 특정토양오염관리대상시설의 설치자 및 관할 특별자치시장·특별자치도지사·시장·군수·구청장에게 통보하여야 한다. 〈개정 2017. 11. 28.〉

③ 특별자치시장·특별자치도지사·시장·군수·구청장은 특정토양오염관리대상시설의 설치자가 제1항에 따른 명령을 이행하지 아니하거나 그 명령을 이행하였더라도 그 시설의 부지 및 그 주변지역의 토양오염의 정도가 제15조의3제1항에 따른 정화기준 이내로 내려가지 아니한 경우에는 그 특정토양오염관리대상시설의 사용중지를 명할 수 있다. 〈개정 2017. 11. 28.〉

[전문개정 2011. 4. 5.]

제15조(토양오염방지 조치명령 등) ① 시·도지사 또는 시장·군수·구청장은 제5조제4항제1호 또는 제2호에 해당하는 지역의 정화책임자에 대하여 대통령령으로 정하는 바에 따라 기간을 정하여 토양관련전문기관으로부터 토양정밀조사를 받도록 명할 수 있다. 〈개정 2011. 4. 5., 2012. 6. 1., 2014. 3. 24.〉

② 토양관련전문기관은 제1항에 따라 토양정밀조사를 하였을 때에는 정화책임자 및 관할 시·도지사 또는 시장·군수·구청장에게 조사 결과를 지체 없

이 통보하여야 한다. 〈개정 2011. 4. 5., 2014. 3. 24.〉

③ 시·도지사 또는 시장·군수·구청장은 상시측정, 토양오염실태조사 또는 토양정밀조사의 결과 우려기준을 넘는 경우에는 대통령령으로 정하는 바에 따라 기간을 정하여 다음 각 호의 어느 하나에 해당하는 조치를 하도록 정화책임자에게 명할 수 있다. 다만, 정화책임자를 알 수 없거나 정화책임자에 의한 토양정화가 곤란하다고 인정하는 경우에는 시·도지사 또는 시장·군수·구청장이 오염토양의 정화를 실시할 수 있다. 〈개정 2011. 4. 5., 2014. 3. 24.〉

1. 토양오염관리대상시설의 개선 또는 이전
2. 해당 토양오염물질의 사용제한 또는 사용중지
3. 오염토양의 정화

④ 삭제 〈2004. 12. 31.〉

⑤ 삭제 〈2004. 12. 31.〉

⑥ 환경부장관은 제5조에 따른 토양오염도 측정 결과 우려기준을 넘는 경우에는 관할 시·도지사 또는 시장·군수·구청장에게 제3항에 따른 조치명령을 할 것을 요청할 수 있다. 〈개정 2011. 4. 5.〉

⑦ 시·도지사 또는 시장·군수·구청장은 제6항에 따른 환경부장관의 요청을 받았을 때에는 제3항에 따른 조치명령을 하여야 하며, 그 조치명령의 내용 및 결과를 환경부령으로 정하는 바에 따라 환경부장관에게 보고하여야 한다. 〈개정 2011. 4. 5.〉

[전문개정 2001. 3. 28.]

[제목개정 2011. 4. 5.]

제15조의2(명령의 이행완료 보고) ①제11조제3항, 제14조제1항·제3항 또는 제15조제3항에 따라 조치명령 또는 중지명령을 받은 자가 그 명령을 이행하였을 때에는 환경부령으로 정하는 바에 따라 지체 없이 이를 시·도지사 또는 시장·군수·구청장에게 보고하여야 한다. 이 경우 시·도지사 또는 시장·군수·구청장은 환경부령으로 정하는 바에 따라 명령 이행 상태를 확인하여야 한다. 〈개정 2014. 3. 24.〉

② 특별자치시장·특별자치도지사·시장·군수·구청장은 제11조제3항에 따라 조치명령을 받은 자가 제1항에 따라 이행완료 보고를 하였을 때는 해당 이행완료보고서를 지방환경관서의 장에게 환경부령으로 정하는 바에 따라 통보하여야 한다. 〈신설 2014. 3. 24., 2017. 11. 28.〉

[전문개정 2011. 4. 5.]

제15조의3(오염토양의 정화) ① 오염토양은 대통령령으로 정하는 정화기준 및 정화방법에 따라 정화하여야 한다.

② 오염토양은 토양정화업자(제3항 단서에 따라 오염토양을 반출하여 정화하는 경우에는 제23조의7제1항에 따라 반입하여 정화하는 시설을 등록한 토양정화업자를 말한다)에게 위탁하여 정화하여야 한다. 다만, 유기용제류(有機溶劑類)에 의한 오염토양 등 대통령령으로 정하는 종류와 규모에 해당하는 오염토양은 정화책임자가 직접 정화할 수 있다. 〈개정 2014. 3. 24.〉

③ 오염토양을 정화할 때에는 오염이 발생한 해당 부지에서 정화하여야 한다. 다만, 부지의 협소 등 환경부령으로 정하는 불가피한 사유로 그 부지에서 오염토양의 정화가 곤란한 경우에는 토양정화업자가 보유한 시설(제23조의7제1항에 따라 오염토양을 반입하여 정화하기 위하여 등록한 시설을 말한다)로 환경부령으로 정하는 바에 따라 오염토양을 반출하여 정화할 수 있다.

④ 제3항 단서에 따라 오염토양을 반출하여 정화하려는 자는 환경부령으로 정하는 바에 따라 오염토양반출정화계획서를 관할 특별자치시장·특별자치도지사·시장·군수·구청장에게 제출하여 적정통보를 받아야 한다. 제5항에 따라 적정통보를 받은 오염토양반출정화계획 중 환경부령으로 정하는 중요 사항을 변경하려는 때에도 또한 같다. 〈개정 2012. 6. 1., 2017. 11. 28.〉

⑤ 특별자치시장·특별자치도지사·시장·군수·구청장은 제4항에 따라 제출된 오염토양반출정화계획서를 다음 각 호의 사항에 관하여 검토한 후 그 적정 여부를 오염토양반출정화계획서를 제출한 자에게 통보하여야 한다. 〈개정 2012. 6. 1., 2017. 11. 28.〉

1. 제3항 단서에 따라 반출하여 정화할 수 있는 오염토양에 해당하는지 여부
2. 오염토양의 반출·정화 계획이 적정한지 여부

⑥ 제5항에 따라 적정통보를 받은 자는 오염토양을 반출·운반·정화 또는 사용(정화된 토양을 최초로 사용하는 것을 말한다. 이하 같다)할 때마다 토양인수인계서를 서면으로 오염토양 발생지역 관할 시장·군수·구청장 및 오염토양을 인수하는 토양정화업자의 관할 시·도지사에게 제출하거나 제9항에

따른 오염토양 정보시스템에 입력하여야 한다. 〈신설 2012. 6. 1.〉

⑦ 오염토양을 정화하는 자는 다음 각 호의 행위를 하여서는 아니 된다. 〈신설 2012. 6. 1.〉

1. 오염토양에 다른 토양을 섞어서 오염농도를 낮추는 행위
2. 제3항 단서에 따라 오염토양을 반출하여 정화하는 경우 제23조의7제1항에 따라 등록한 시설의 용량을 초과하여 오염토양을 보관하는 행위

⑧ 제6항에 따른 토양 인수인계서의 서식, 작성방법, 작성시기 및 토양인계시기 등 필요한 사항은 환경부령으로 정한다. 〈신설 2012. 6. 1.〉

⑨ 환경부장관은 오염토양의 반출·운반·정화 또는 사용 과정을 전산처리할 수 있는 오염토양 정보시스템을 설치·운영할 수 있다. 〈신설 2012. 6. 1.〉

[전문개정 2011. 4. 5.]

제15조의3(오염토양의 정화) ① 오염토양은 대통령령으로 정하는 정화기준 및 정화방법에 따라 정화하여야 한다.

② 오염토양은 토양정화업자(제3항 단서에 따라 오염토양을 반출하여 정화하는 경우에는 제23조의7제1항에 따라 반입하여 정화하는 시설을 등록한 토양정화업자를 말한다)에게 위탁하여 정화하여야 한다. 다만, 유기용제류(有機溶劑類)에 의한 오염토양 등 대통령령으로 정하는 종류와 규모에 해당하는 오염토양은 정화책임자가 직접 정화할 수 있다. 〈개정 2014. 3. 24.〉

③ 오염토양을 정화할 때에는 오염이 발생한 해당 부지에서 정화하여야 한다. 다만, 부지의 협소 등 환경부령으로 정하는 불가피한 사유로 그 부지에서 오염토양의 정화가 곤란한 경우에는 토양정화업자가 보유한 시설(제23조의7제1항에 따라 오염토양을 반입하여 정화하기 위하여 등록한 시설을 말한다)로 환경부령으로 정하는 바에 따라 오염토양을 반출하여 정화할 수 있다.

④ 제3항 단서에 따라 오염토양을 반출하여 정화하려는 자는 환경부령으로 정하는 바에 따라 오염토양반출정화계획서를 관할 특별자치시장·특별자치도지사·시장·군수·구청장에게 제출하여 적정통보를 받아야 한다. 제5항에 따라 적정통보를 받은 오염토양반출정화계획 중 환경부령으로 정하는 중요 사항을 변경하려는 때에도 또한 같다. 〈개정 2012. 6. 1., 2017. 11. 28.〉

⑤ 특별자치시장·특별자치도지사·시장·군수·구청장은 제4항에 따라 제출된 오염토양반출정화계획서를 다음 각 호의 사항에 관하여 검토한 후 그 적정 여부를 오염토양반출정화계획서를 제출한 자에게 통보하여야 한다. 〈개정 2012. 6. 1., 2017. 11. 28.〉

1. 제3항 단서에 따라 반출하여 정화할 수 있는 오염토양에 해당하는지 여부
2. 오염토양의 반출·정화 계획이 적정한지 여부

⑥ 제5항에 따라 적정통보를 받은 자는 오염토양을 반출·운반·정화 또는 사용(정화된 토양을 최초로 사용하는 것을 말한다. 이하 같다)할 때마다 토양인수인계서를 제9항에 따른 오염토양 정보시스템에 입력하여야 한다. 〈신설 2012. 6. 1., 2017. 11. 28.〉

⑦ 오염토양을 정화하는 자는 다음 각 호의 행위를 하여서는 아니 된다. 〈신설 2012. 6. 1.〉

1. 오염토양에 다른 토양을 섞어서 오염농도를 낮추는 행위
2. 제3항 단서에 따라 오염토양을 반출하여 정화하는 경우 제23조의7제1항에 따라 등록한 시설의 용량을 초과하여 오염토양을 보관하는 행위

⑧ 제6항에 따른 토양 인수인계서의 작성방법, 작성시기 및 토양인계시기 등 필요한 사항은 환경부령으로 정한다. 〈신설 2012. 6. 1., 2017. 11. 28.〉

⑨ 환경부장관은 오염토양의 반출·운반·정화 또는 사용 과정을 전산처리할 수 있는 오염토양 정보시스템을 설치·운영하여야 한다. 〈신설 2012. 6. 1., 2017. 11. 28.〉

[전문개정 2011. 4. 5.]

[시행일 : 2018.11.29.] 제15조의3제6항, 제15조의3제8항, 제15조의3제9항

제15조의4(오염토양의 투기 금지 등) 누구든지 다음 각 호의 어느 하나에 해당하는 행위를 하여서는 아니 된다.

1. 오염토양을 버리거나 매립하는 행위
2. 보관, 운반 및 정화 등의 과정에서 오염토양을 누출·유출하는 행위
3. 정화가 완료된 토양을 그 토양에 적용된 것보다 엄격한 우려기준이 적용되는 지역의 토양에 사용하는 행위

[전문개정 2011. 4. 5.]

제15조의5(위해성평가) ① 환경부장관, 시·도지사, 시장·군수·구청장 또는 정화책임자는 제23조의2

제2항제1호에 따라 지정을 받은 위해성평가기관으로 하여금 오염물질의 종류 및 오염도, 주변 환경, 장래의 토지이용계획과 그 밖에 필요한 사항을 고려하여 해당 부지의 토양오염물질이 인체와 환경에 미치는 위해의 정도를 평가(이하 "위해성평가"라 한다)하게 한 후 그 결과를 토양정화의 범위, 시기 및 수준 등에 반영할 수 있다. 〈개정 2012. 6. 1., 2014. 3. 24.〉

② 위해성평가는 다음 각 호의 어느 하나(정화책임자의 경우에는 제4호 및 제5호만 해당한다)에 해당하는 경우에 실시할 수 있다. 〈개정 2014. 3. 24.〉

1. 제6조의3에 따라 토양정화를 하려는 경우
2. 제15조제3항 각 호 외의 부분 단서에 따라 오염토양을 정화하려는 경우
3. 제19조제3항에 따라 오염토양 개선사업을 하려는 경우
4. 자연적인 원인으로 인한 토양오염이라고 대통령령으로 정하는 방법에 따라 입증된 부지의 오염토양을 정화하려는 경우(제15조의3제3항 단서에 따라 오염토양을 반출하여 정화하는 경우는 제외한다)
5. 그 밖에 위해성평가를 할 필요가 있는 경우로서 대통령령으로 정하는 경우

③ 시·도지사, 시장·군수·구청장 및 정화책임자가 위해성평가의 결과를 토양정화의 시기, 범위 및 수준 등에 반영하려는 경우에는 환경부장관에게 미리 검증을 받아야 한다. 〈개정 2014. 3. 24.〉

④ 위해성평가의 항목·방법 및 그 밖에 필요한 사항과 위해성평가 결과의 검증 절차와 방법 등은 환경부령으로 정한다.

[전문개정 2011. 4. 5.]

제15조의6(토양정화의 검증) ① 정화책임자는 오염토양을 정화하기 위하여 토양정화업자에게 토양정화를 위탁하는 경우에는 제23조의2제2항제2호에 따라 지정을 받은 토양오염조사기관으로 하여금 정화과정 및 정화완료에 대한 검증을 하게 하여야 한다. 다만, 토양정밀조사를 한 결과 오염토양의 규모가 작거나 오염의 농도가 낮은 경우 등 오염토양이 대통령령으로 정하는 규모 및 종류에 해당하는 경우에는 정화과정에 대한 검증을 생략할 수 있다. 〈개정 2012. 6. 1., 2014. 3. 24.〉

② 정화책임자는 제1항 본문에 따라 토양오염조사기관으로 하여금 오염토양의 정화과정 및 정화완료에 대한 검증을 하게 할 때에는 환경부령으로 정하는 내용 및 절차에 따라 오염토양정화계획을 작성하여 관할 특별자치시장·특별자치도지사·시장·군수·구청장에게 제출하여야 한다. 제출한 계획 중 환경부령으로 정하는 사항을 변경할 때에도 또한 같다. 〈개정 2014. 3. 24., 2017. 11. 28.〉

③ 토양관련전문기관은 제1항에 따른 검증을 할 때 정화책임자로부터 검증수수료를 받을 수 있다. 이 경우 검증수수료의 산정기준에 관하여는 환경부령으로 정한다. 〈개정 2014. 3. 24.〉

④ 제1항에 따른 검증의 절차·내용 및 방법과 그 밖에 검증에 필요한 사항은 환경부령으로 정한다.

⑤ 토양정화업자가 제1항에 따라 정화과정 및 정화완료에 대한 검증을 받는 경우 토양관련전문기관에 의한 검증이 완료되지 아니한 상태에서 오염토양을 반출하여서는 아니 된다.

[전문개정 2011. 4. 5.]

제15조의7(토양관리단지의 지정 등) ① 환경부장관은 제15조의3제3항 단서에 따라 오염토양을 반출하여 정화하거나 정화된 토양을 재활용하기 위하여, 토양정화에 필요한 시설을 일정 지역에 집중시켜 효율적으로 토양정화를 할 필요가 있다고 인정하는 경우에는 「국유재산법」에 따른 국유재산 중 환경부장관이 중앙관서의 장인 토지를 토양관리단지로 지정할 수 있다.

② 환경부장관은 제1항에 따라 토양관리단지를 지정하려는 경우에는 대통령령으로 정하는 바에 따라 토양관리단지 조성계획을 수립하여 관할 시·도지사의 의견을 듣고, 관계 중앙행정기관의 장과 협의하여야 한다. 토양관리단지 조성계획 중 대통령령으로 정하는 중요한 사항을 변경하려는 경우에도 또한 같다.

③ 환경부장관은 제1항에 따른 토양관리단지에서 토양정화업을 하려는 자에게 「국유재산법」에도 불구하고 토양관리단지의 토지 일부를 수의계약으로 사용·수익하게 하거나 대부 또는 매각할 수 있다.

④ 환경부장관은 제1항에 따른 토양관리단지를 원활하게 운영하기 위하여 도로 등 기반시설의 설치 등에 필요한 지원을 할 수 있다.

[본조신설 2011. 4. 5.]

제15조의8(잔류성오염물질 등에 의한 토양오염) ① 토양오염이 발생한 해당 부지 또는 그 주변지역(국가가 정화책임이 있는 부지 또는 그 주변지역으로

한정한다. 이하 이 조에서 같다)이 우려기준을 넘는 토양오염물질 외에 「잔류성유기오염물질 관리법」 제2조제1호에 따른 잔류성유기오염물질(토양오염물질로서 이 법 제15조의3제1항에 따른 정화기준이 정하여진 물질은 제외하며, 이하 "잔류성오염물질"이라 한다)로도 함께 오염된 경우에는 이 법 또는 다른 법령에 따른 정화책임이 있는 중앙행정기관의 장(이하 이 조에서 "토양오염정화자"라 한다)은 다음 각 호의 사항이 포함된 정화계획안을 작성하여 해당 지역주민의 의견을 들어야 한다.

1. 잔류성오염물질을 포함한 오염토양의 정화시기 및 정화기간
2. 잔류성오염물질을 포함한 오염토양의 정화목표치 및 정화방법
3. 그 밖에 잔류성오염물질을 포함한 오염토양의 정화에 관한 사항

② 토양오염정화자는 제1항에 따른 지역주민의 의견을 반영한 정화계획안에 대하여 환경부장관과의 협의를 거쳐 정화계획을 수립하여야 한다. 이 경우 협의 요청을 받은 환경부장관은 제15조의3제1항 및 제3항에도 불구하고 정화방법 등을 달리 정하도록 할 수 있다.

③ 토양오염정화자는 제2항에 따라 수립된 정화계획에 따라 오염된 토양을 정화하는 경우에는 토양정화업자(오염된 토양을 반출하여 정화하는 경우에는 제23조의7제1항에 따라 반입하여 정화하는 시설을 등록한 토양정화업자를 말한다)에게 위탁하여 정화하여야 하며, 제23조의2제2항제2호에 따라 지정을 받은 토양오염조사기관으로 하여금 정화과정 및 정화완료에 대한 검증을 하게 하여야 한다.

④ 제3항에 따른 검증에 관한 구체적인 절차, 내용 및 방법 등은 제15조의6제2항부터 제5항까지의 규정을 준용한다. 이 경우 "정화책임자"는 "토양오염정화자"로 본다.

[본조신설 2018. 6. 12.]

제3장 토양보전대책지역의 지정 및 관리 〈개정 2011. 4. 5.〉

제16조(토양오염대책기준) 우려기준을 초과하여 사람의 건강 및 재산과 동물·식물의 생육에 지장을 주어서 토양오염에 대한 대책이 필요한 토양오염의 기준(이하 "대책기준"이라 한다)은 환경부령으로 정한다.

[전문개정 2011. 4. 5.]

제17조(토양보전대책지역의 지정) ① 환경부장관은 대책기준을 넘는 지역이나 제2항에 따라 특별자치시장·특별자치도지사·시장·군수·구청장이 요청하는 지역에 대해서는 관계 중앙행정기관의 장 및 관할 시·도지사와 협의하여 토양보전대책지역(이하 "대책지역"이라 한다)으로 지정할 수 있다. 다만, 대통령령으로 정하는 경우에 해당하는 지역에 대해서는 대책지역으로 지정하여야 한다. 〈개정 2017. 11. 28.〉

② 특별자치시장·특별자치도지사·시장·군수·구청장은 관할구역 중 특히 토양보전이 필요하다고 인정하는 지역에 대하여는 그 지역의 토양오염의 정도가 대책기준을 초과하지 아니하더라도 관할 시·도지사와 협의하여 그 지역을 대책지역으로 지정하여 줄 것을 환경부장관에게 요청할 수 있다. 〈개정 2017. 11. 28.〉

③ 제1항에 따른 대책지역의 지정기준, 지정절차와 그 밖에 필요한 사항은 대통령령으로 정한다.

④ 환경부장관은 제1항에 따라 대책지역을 지정할 때에는 그 지역의 위치, 면적, 지정 연월일, 지정 목적과 그 밖에 환경부령으로 정하는 사항을 고시하여야 한다. 고시된 사항을 변경하였을 때에도 또한 같다.

[전문개정 2011. 4. 5.]

제18조(대책계획의 수립·시행) ① 특별자치시장·특별자치도지사·시장·군수·구청장[해당 대책지역이 둘 이상의 특별자치시·시·군·구(자치구를 말한다. 이하 같다)에 걸쳐 있는 경우에는 대통령령으로 정하는 특별자치시장·시장·군수·구청장을 말한다]은 대책지역에 대하여는 토양보전대책에 관한 계획(이하 "대책계획"이라 한다)을 수립하여 관할 시·도지사와의 협의를 거친 후 환경부장관의 승인을 받아 시행하여야 한다. 〈개정 2017. 11. 28.〉

② 대책계획에는 다음 각 호의 사항이 포함되어야 한다.

1. 오염토양 개선사업
2. 토지 등의 이용 방안
3. 주민건강 피해조사 및 대책
4. 피해주민에 대한 지원 대책
5. 그 밖에 해당 대책계획을 수립·시행하기 위하여 필요하다고 인정하여 환경부령으로 정하는 사항

③ 특별자치시장·특별자치도지사·시장·군수·구

청장은 제2항제4호에 따른 피해주민에 대한 지원 대책에 소요되는 비용의 일부를 그 정화책임자에게 부담하게 할 수 있다. 〈개정 2014. 3. 24., 2017. 11. 28.〉

④ 제2항제1호에 따른 오염토양 개선사업의 종류·기준과 그 밖에 필요한 사항은 대통령령으로 정한다.

⑤ 제2항제3호에 따른 주민건강 피해조사와 같은 항 제4호에 따른 지원 대책 등에 관한 구체적인 사항은 대통령령으로 정한다.

⑥ 환경부장관은 제1항에 따른 대책계획을 승인할 때에는 관계 중앙행정기관의 장과 협의하여야 하며, 대책계획을 승인하였을 때에는 이를 관계 중앙행정기관의 장에게 통보하고 필요한 조치를 하여 줄 것을 요청할 수 있다. 이 경우 관계 중앙행정기관의 장은 특별한 사유가 없으면 이에 따라야 한다.

[전문개정 2011. 4. 5.]

제18조의2(대책계획 시행 결과의 보고) 특별자치시장·특별자치도지사·시장·군수·구청장은 대책계획의 시행 결과를 환경부장관에게 보고하여야 한다. 〈개정 2017. 11. 28.〉

[전문개정 2011. 4. 5.]

제19조(오염토양 개선사업) ① 특별자치시장·특별자치도지사·시장·군수·구청장은 제18조제2항제1호에 따른 오염토양 개선사업의 전부 또는 일부의 실시를 그 정화책임자에게 명할 수 있다. 이 경우 특별자치시장·특별자치도지사·시장·군수·구청장은 토양보전을 위하여 필요하다고 인정하면 환경부령으로 정하는 토양관련전문기관으로 하여금 오염토양 개선사업을 지도·감독하게 할 수 있다. 〈개정 2014. 3. 24., 2017. 11. 28.〉

② 제1항에 따라 정화책임자가 오염토양 개선사업을 하려는 경우에는 환경부령으로 정하는 바에 따라 오염토양 개선사업계획을 작성하여 특별자치시장·특별자치도지사·시장·군수·구청장의 승인을 받아야 한다. 승인받은 사항 중 환경부령으로 정하는 중요사항을 변경하려는 경우에도 또한 같다. 〈개정 2014. 3. 24., 2017. 11. 28.〉

③ 제1항의 경우에 그 정화책임자가 존재하지 아니하거나 정화책임자에 의한 오염토양 개선사업의 실시가 곤란하다고 인정할 때에는 특별자치시장·특별자치도지사·시장·군수·구청장이 그 오염토양 개선사업을 할 수 있다. 〈개정 2014. 3. 24., 2017. 11. 28.〉

④ 제3항의 경우에 해당 대책지역이 둘 이상의 특별자치시·시·군·구에 걸쳐 있을 경우에는 대통령령으로 정하는 특별자치시장·시장·군수·구청장이 해당 오염토양 개선사업을 하여야 한다. 〈개정 2017. 11. 28.〉

⑤ 제3항 또는 제4항에 따라 특별자치시장·특별자치도지사·시장·군수·구청장이 오염토양 개선사업을 하는 경우로서 기술 부족, 사업비 과다 등의 사유로 그 실시가 곤란한 경우에는 특별자치시장·특별자치도지사·시장·군수·구청장의 요청에 따라 환경부장관 또는 시·도지사는 그 사업에 대하여 기술적·재정적 지원을 할 수 있다. 〈개정 2017. 11. 28.〉

[전문개정 2011. 4. 5.]

제20조(토지이용 등의 제한) 특별자치시장·특별자치도지사·시장·군수·구청장은 대책지역에서는 그 지정 목적을 해할 우려가 있다고 인정되는 토지의 이용 또는 시설의 설치를 대통령령으로 정하는 바에 따라 제한할 수 있다. 〈개정 2017. 11. 28.〉

[전문개정 2011. 4. 5.]

제21조(행위제한) ① 누구든지 대책지역에서는 「물환경보전법」 제2조제8호에 따른 특정수질유해물질, 「폐기물관리법」 제2조제1호에 따른 폐기물, 「화학물질관리법」 제2조제7호에 따른 유해화학물질, 「하수도법」 제2조제1호·제2호에 따른 오수·분뇨 또는 「가축분뇨의 관리 및 이용에 관한 법률」 제2조제2호에 따른 가축분뇨를 토양에 버려서는 아니 된다. 다만, 환경부령으로 정하는 행위는 제외한다. 〈개정 2010. 5. 25., 2013. 6. 4., 2017. 1. 17.〉

② 누구든지 대책지역에서는 그 지정 목적을 해할 우려가 있다고 인정되는 대통령령으로 정하는 시설을 설치하여서는 아니 된다. 〈개정 2011. 4. 5.〉

③ 특별자치시장·특별자치도지사·시장·군수·구청장은 제1항 및 제2항에 따른 행위 또는 시설의 설치로 인하여 토양이 오염되었거나 오염될 우려가 있다고 인정하는 경우에는 해당 행위자 또는 시설의 설치자에게 토양오염물질의 제거나 시설의 철거 등을 명할 수 있다. 〈개정 2011. 4. 5., 2017. 11. 28.〉

[제목개정 2011. 4. 5.]

제22조(대책지역의 지정해제 등) ① 환경부장관은 제17조제1항에 따라 지정된 대책지역이 다음 각 호의 어느 하나에 해당하는 경우에는 그 지정을 해제하거나 변경할 수 있다.

1. 대책계획의 수립·시행으로 토양오염의 정도가 제15조의3제1항에 따른 정화기준 이내로 개선된 경우
2. 공익상 불가피한 경우
3. 천재지변이나 그 밖의 사유로 대책지역으로서의 지정 목적을 상실한 경우

② 제1항에 따른 대책지역 지정의 해제 또는 변경에 관하여는 제17조제2항 및 제4항을 준용한다.

[전문개정 2011. 4. 5.]

제23조[제10조의3으로 이동 〈2004. 12. 31.〉]

제23조[제10조의3으로 이동 〈2004. 12. 31.〉]

제3장의2 토양관련전문기관 및 토양정화업

〈신설 2001. 3. 28., 2004. 12. 31.〉

제23조의2(토양관련전문기관의 종류 및 지정 등) ① 토양관련전문기관은 다음 각 호와 같이 구분한다. 〈개정 2012. 6. 1., 2017. 11. 28.〉

1. 토양환경평가기관: 토양환경평가를 하는 기관
2. 위해성평가기관: 위해성평가를 하는 기관
3. 토양오염조사기관: 다음 각 목의 업무를 수행하는 기관
   가. 토양정밀조사
   나. 제13조제3항에 따른 토양오염도검사
   다. 제15조의6제1항에 따른 토양정화의 검증
   라. 제19조제1항에 따른 오염토양 개선사업의 지도·감독
   마. 그 밖에 이 법 또는 다른 법령에 따라 토양오염의 현황 등을 파악하기 위하여 실시하는 조사
4. 누출검사기관: 제13조제3항에 따른 누출검사를 하는 기관

② 제1항 각 호의 구분에 따라 토양관련전문기관이 되려는 자는 대통령령으로 정하는 바에 따라 검사시설, 장비 및 기술능력을 갖추어 다음 각 호의 구분에 따른 환경부장관 또는 시·도지사의 지정을 받아야 한다. 지정받은 사항 중 대통령령으로 정하는 사항을 변경할 때에도 또한 같다. 〈신설 2012. 6. 1.〉

1. 제1항제1호에 따른 토양환경평가기관 및 같은 항 제2호에 따른 위해성평가기관: 환경부장관
2. 제1항제3호에 따른 토양오염조사기관 및 같은 항 제4호에 따른 누출검사기관: 시·도지사

③ 제1항제3호에 따른 토양오염조사기관은 다음 각 호의 어느 하나에 해당하는 기관 중에서 지정한다. 다만, 대통령령으로 정하는 기관은 제1항에 따른 토양오염조사기관으로 지정된 것으로 본다. 〈개정 2012. 6. 1.〉

1. 지방환경관서
2. 국공립연구기관
3. 「고등교육법」 제2조제1호부터 제6호까지의 대학
4. 특별법에 따라 설립된 특수법인
5. 환경부장관의 설립허가를 받은 비영리법인

④ 환경부장관 또는 시·도지사는 토양관련전문기관을 지정하였을 때에는 지정서를 발급하고, 지정 사실을 공고하여야 한다. 〈개정 2012. 6. 1.〉

⑤ 토양관련전문기관의 준수사항 및 검사수수료와 그 밖에 필요한 사항은 환경부령으로 정한다.

⑥ 제2항제1호에 따라 지정을 받은 토양환경평가기관 및 위해성평가기관은 토양환경평가 또는 위해성평가를 위한 토양 시료채취 및 분석을 같은 항 제2호에 따라 지정을 받은 토양오염조사기관으로 하여금 대행하게 할 수 있다. 〈개정 2012. 6. 1.〉

[전문개정 2011. 4. 5.]

[제목개정 2012. 6. 1.]

제23조의3(토양관련전문기관의 결격사유) 다음 각 호의 어느 하나에 해당하는 자는 토양관련전문기관으로 지정될 수 없다. 〈개정 2015. 2. 3.〉

1. 피성년후견인 또는 피한정후견인
2. 파산선고를 받고 복권되지 아니한 사람
3. 제23조의6에 따라 지정이 취소된 후 2년이 지나지 아니한 자
4. 이 법을 위반하여 징역 이상의 실형을 선고받고 그 집행이 끝나거나(집행이 끝난 것으로 보는 경우를 포함한다) 면제된 날부터 2년이 지나지 아니한 사람
5. 임원 중에 제1호부터 제4호까지의 어느 하나에 해당하는 사람이 있는 법인

[전문개정 2011. 4. 5.]

제23조의4(토양관련전문기관 지정서 등의 대여 금지) 토양관련전문기관의 지정을 받은 자는 다른 자에게 자기의 명의를 사용하여 토양관련전문기관의 업무를 하게 하거나 그 지정서를 다른 자에게 빌려 주어서는 아니 된다.

[전문개정 2011. 4. 5.]

제23조의5(겸업 금지) 토양관련전문기관 중 제23조의2제2항제1호에 따라 위해성평가기관으로 지정된 자

및 같은 항 제2호에 따라 토양오염조사기관으로 지정된 자는 토양정화업을 겸업(兼業)할 수 없다 〈개정 2012. 6. 1.〉
[전문개정 2011. 4. 5.]

제23조의6(토양관련전문기관의 지정취소 등) ① 환경부장관 또는 시·도지사는 토양관련전문기관이 다음 각 호의 어느 하나에 해당하는 경우에는 토양관련전문기관의 지정을 취소하여야 한다. 〈개정 2012. 6. 1.〉

1. 속임수나 그 밖의 부정한 방법으로 지정을 받은 경우
2. 제23조의3 각 호의 어느 하나에 해당하게 된 경우. 다만, 법인의 임원 중 제23조의3제5호에 해당하는 사람이 있는 경우에 3개월 이내에 그 임원을 바꾼 경우는 제외한다.
3. 제23조의5를 위반하여 토양정화업을 겸업한 경우

② 환경부장관 또는 시·도지사는 토양관련전문기관이 다음 각 호의 어느 하나에 해당하는 경우에는 토양관련전문기관의 지정을 취소하거나 6개월 이내의 기간을 정하여 그 업무의 정지를 명할 수 있다. 〈개정 2012. 6. 1.〉

1. 제23조의2제2항에 따른 지정기준에 미달하게 된 경우
2. 제23조의4를 위반하여 다른 자에게 자기의 명의를 사용하여 토양관련전문기관의 업무를 하게 하거나 지정서를 다른 자에게 빌려준 경우
3. 고의 또는 중대한 과실로 검사 또는 평가 결과를 거짓으로 작성하거나 부실하게 작성한 경우
4. 고의 또는 중대한 과실로 제11조제3항, 제14조제1항 또는 제15조제1항에 따른 토양정밀조사를 부실하게 하여 제15조의6제1항 단서에 따른 정화과정에 대한 검증 대상 규모 미만으로 오염토양의 규모가 축소되게 한 경우
5. 업무정지처분 기간에 토양오염도검사, 누출검사, 토양환경평가 또는 위해성평가와 관련된 업무를 한 경우
6. 제23조의2제2항의 기술능력 지정요건에 해당하는 기술인력이 아닌 사람이 검사 또는 평가하여 그 결과를 통보한 경우

③ 환경부장관 또는 시·도지사는 토양관련전문기관이 다음 각 호의 어느 하나에 해당하는 경우에는 6개월 이내의 기간을 정하여 그 업무의 정지를 명할 수 있다. 〈개정 2012. 6. 1., 2017. 11. 28.〉

1. 제15조의6에 따른 토양정화의 검증을 부실하게 하여 오염토양을 제15조의3제1항에 따른 정화기준 이내로 처리되지 아니하게 한 경우
2. 토양관련전문기관으로 지정(제23조의2제3항 단서에 따라 토양오염조사기관으로 지정받은 것으로 보는 경우는 제외한다)받은 후 2년 이내에 업무를 시작하지 아니하거나 정당한 사유 없이 계속하여 2년 이상 업무 실적이 없는 경우
3. 제11조제4항, 제14조제2항 및 제15조제2항에 따라 정밀조사 결과를 관할 시·도지사 또는 시장·군수·구청장에게 지체 없이 통보하지 아니한 경우
4. 제13조제2항에 따른 토양오염검사 면제 승인과 관련하여 사실과 다른 의견을 제시한 경우
5. 제13조제4항에 따라 토양오염검사 결과를 관할 특별자치시장·특별자치도지사·시장·군수·구청장 및 관할 소방서장에게 통보하지 아니한 경우
6. 제23조의2제5항에 따른 토양관련전문기관의 준수사항을 위반한 경우
7. 제26조의2제2항을 위반하여 보고나 자료 제출을 하지 아니하거나, 보고나 자료 제출을 거짓으로 한 경우

[전문개정 2011. 4. 5.]

제23조의7(토양정화업의 등록 등) ① 토양정화업을 하려는 자는 대통령령으로 정하는 바에 따라 시설(제15조의3제3항 단서에 따라 오염토양을 반출하여 정화하는 경우에는 이를 반입하여 정화하는 시설을 포함한다), 장비 및 기술인력 등을 갖추어 시·도지사에게 등록하여야 한다. 등록한 사항 중 대통령령으로 정하는 사항을 변경할 때에도 또한 같다. 〈개정 2012. 6. 1.〉
② 시·도지사는 토양정화업을 등록하였을 때에는 환경부령으로 정하는 바에 따라 등록증을 발급하여야 한다. 〈개정 2012. 6. 1.〉
[전문개정 2011. 4. 5.]

제23조의8(토양정화업 등록의 결격사유) 제23조의7제1항에 따라 토양정화업을 등록하려는 자에게는 제23조의3을 준용한다. 이 경우 "토양관련전문기관"은 "토양정화업"으로, "지정"은 "등록"으로 각각 본다.
[전문개정 2011. 4. 5.]

제23조의9(토양정화업자의 준수사항) ① 토양정화업자는 다른 자에게 자기의 성명 또는 상호를 사용하

여 토양정화업을 하게 하거나 등록증을 다른 자에게 빌려 주어서는 아니 된다.

② 토양정화업자는 토양정화를 위하여 도급받은 공사(이하 "토양정화공사"라 한다)를 일괄하여 하도급하거나 토양정화공사 중 토양정화와 직접 관련되는 공사로서 대통령령으로 정하는 공사를 하도급하여서는 아니 된다. 다만, 천재지변 등 대통령령으로 정하는 불가피한 사유가 발생하였을 경우에는 그러하지 아니하다.

③ 제1항 및 제2항에서 규정한 사항 외에 토양정화업자가 토양정화 업무를 수행할 때 준수하여야 할 사항은 환경부령으로 정한다.

[전문개정 2011. 4. 5.]

제23조의10(토양정화업의 등록취소 등) ① 시·도지사는 토양정화업자가 다음 각 호의 어느 하나에 해당하는 경우에는 등록을 취소하여야 한다. 〈개정 2012. 6. 1.〉

1. 속임수나 그 밖의 부정한 방법으로 등록을 한 경우
2. 제23조의8에 따라 준용되는 제23조의3 각 호의 어느 하나에 해당하게 된 경우. 다만, 법인의 임원 중 제23조의3제5호에 해당하는 사람이 있는 경우에 3개월 이내에 그 임원을 바꾼 경우는 제외한다.
3. 영업정지처분 기간 중에 영업행위를 한 경우

② 시·도지사는 토양정화업자가 다음 각 호의 어느 하나에 해당하는 경우에는 토양정화업자의 등록을 취소하거나 6개월 이내의 기간을 정하여 그 영업의 정지를 명할 수 있다. 〈개정 2012. 6. 1.〉

1. 제15조의3제1항에 따른 정화기준 및 정화방법에 따라 정화하지 아니한 경우
2. 제15조의3제3항을 위반하여 오염이 발생한 해당 부지 및 토양정화업자가 보유한 시설이 아닌 장소로 오염토양을 반출하여 정화한 경우
3. 제15조의3제7항제1호를 위반하여 오염토양을 다른 토양과 섞어서 오염농도를 낮추는 행위를 한 경우
4. 제15조의3제7항제2호를 위반하여 토양정화업자가 등록한 시설의 용량을 초과하여 오염토양을 보관한 경우
5. 제15조의4를 위반하여 수탁받은 오염토양을 버리거나 매립 또는 누출·유출하는 행위를 한 경우
6. 제15조의6제5항을 위반하여 토양관련전문기관에 의한 검증이 완료되지 아니한 상태에서 오염토양을 반출한 경우
7. 제23조의7제1항에 따른 등록기준에 미달하게 된 경우
8. 제23조의9제1항을 위반하여 다른 자에게 자기의 성명 또는 상호를 사용하여 토양정화업을 하게 하거나 등록증을 빌려준 경우
9. 제23조의9제2항을 위반하여 도급받은 토양정화공사를 하도급한 경우

③ 시·도지사는 토양정화업자가 등록을 한 후 2년 이내에 영업을 시작하지 아니하거나 정당한 사유 없이 계속하여 2년 이상 영업 실적이 없는 경우에는 6개월 이내의 기간을 정하여 그 영업의 정지를 명할 수 있다. 〈개정 2012. 6. 1.〉

[전문개정 2011. 4. 5.]

제23조의11(등록취소 또는 영업정지된 토양정화업자의 계속공사 등) ① 제23조의10에 따라 등록취소 또는 영업정지처분을 받은 자는 그 처분을 받기 전에 착공한 토양정화공사만 시공할 수 있다. 이 경우 토양정화공사를 계속하는 자는 그 공사를 끝낼 때까지 이 법에 따른 토양정화업자로 본다.

② 제23조의10에 따라 등록취소 또는 영업정지처분을 받은 자는 그 처분의 내용을 지체 없이 해당 토양정화공사의 발주자 및 수급인에게 알려야 한다.

③ 토양정화공사를 토양정화업자에게 발주한 자 또는 토양정화업자로부터 토양정화공사를 도급받은 자는 특별한 사유가 있는 경우를 제외하고는 그 토양정화업자로부터 제2항에 따른 통지를 받거나 그 사실을 안 날부터 30일 이내에만 도급계약을 해지할 수 있다.

[전문개정 2011. 4. 5.]

제23조의12(권리·의무의 승계) ① 다음 각 호의 어느 하나에 해당하는 자는 제23조의2에 따른 토양관련전문기관의 지정을 받은 자 또는 제23조의7에 따른 토양정화업의 등록을 한 자의 지정 또는 등록에 따른 권리·의무를 승계한다. 이 경우 상속인이 제23조의3 또는 제23조의8에 따른 결격사유에 해당하는 경우에는 3개월 이내에 토양관련전문기관 또는 토양정화업을 다른 사람에게 양도하여야 한다.

1. 토양관련전문기관의 지정을 받은 자 또는 토양정화업의 등록을 한 자가 사망한 경우 그 상속인
2. 토양관련전문기관의 지정을 받은 자가 토양관련전문기관을 양도하거나 토양정화업의 등록을 한 자가 토양정화업을 양도한 경우 그 양수인

3. 법인인 토양관련전문기관의 지정을 받은 자 또는 토양정화업자의 등록을 한 자가 합병한 경우 합병 후 존속하는 법인 또는 합병으로 설립되는 법인

② 다음 각 호의 어느 하나에 해당하는 절차에 따라 토양관련전문기관 또는 토양정화업을 인수한 자는 이 법에 따른 종전의 지정 또는 등록에 따른 권리·의무를 승계한다. 〈개정 2016. 12. 27.〉

1. 「민사집행법」에 따른 경매
2. 「채무자 회생 및 파산에 관한 법률」에 따른 환가
3. 「국세징수법」, 「관세법」 또는 「지방세징수법」에 따른 압류재산의 매각
4. 제1호부터 제3호까지의 규정 중 어느 하나에 준하는 절차

③ 제1항 또는 제2항에 따라 토양관련전문기관 또는 토양정화업자의 지위를 승계한 자는 승계한 날부터 1개월 이내에 환경부령으로 정하는 바에 따라 환경부장관 또는 시·도지사에게 신고하여야 한다. 〈개정 2012. 6. 1.〉

[전문개정 2011. 4. 5.]

제23조의13(행정처분효과의 승계) 제23조의2에 따른 토양관련전문기관의 지정을 받은 자 또는 제23조의7에 따른 토양정화업의 등록을 한 자가 사망한 경우나 토양관련전문기관 또는 토양정화업을 양도한 경우 또는 법인이 합병한 경우에는 종전의 토양관련전문기관 또는 토양정화업자에 대하여 제23조의6 또는 제23조의10 각 호의 사항을 위반한 사유로 한 행정처분의 효과는 그 처분기간이 끝난 날부터 1년간 양수인, 상속인 또는 합병 후 신설되거나 존속하는 법인에 승계되며, 행정처분의 절차가 진행 중일 때에는 양수인, 상속인 또는 합병 후 신설되거나 존속하는 법인에 대하여 그 절차를 계속 진행할 수 있다. 다만, 양수인 또는 합병 후 신설되거나 존속하는 법인이 양수 또는 합병을 할 때 그 처분이나 위반사실을 알지 못하였다는 것을 증명하면 그러하지 아니하다.

[전문개정 2011. 4. 5.]

제23조의14(토양관련전문기관 등의 기술인력 교육) ① 토양관련전문기관 및 토양정화업에 종사하는 기술인력은 환경부령으로 정하는 바에 따라 교육을 받아야 한다.

② 제1항에 따라 교육을 받아야 할 사람을 고용한 자는 해당자에게 그 교육을 받게 하여야 한다. 이 경우 교육에 드는 경비는 고용한 자가 부담하여야 한다.

[전문개정 2011. 4. 5.]

제4장 보칙 〈개정 2011. 4. 5.〉

제24조(대집행) 특별자치시장·특별자치도지사·시장·군수·구청장은 제13조제1항에 따라 토양오염검사를 받아야 하는 자나 다음 각 호의 어느 하나에 해당하는 명령을 받은 자가 토양오염검사를 받지 아니하거나 그 명령을 이행하지 아니하는 경우에는 「행정대집행법」에서 정하는 바에 따라 대집행(代執行)을 하고 그 비용을 명령위반자로부터 징수할 수 있다. 〈개정 2017. 11. 28.〉

1. 제11조제3항 및 제14조제1항에 따른 명령
2. 제15조제1항에 따른 토양정밀조사명령
3. 제15조제3항에 따른 명령
4. 제19조제1항에 따른 오염토양 개선사업 실시명령
5. 제21조제3항에 따른 토양오염물질의 제거 또는 시설 철거 등의 명령

[전문개정 2011. 4. 5.]

제25조(관계 기관의 협조) 환경부장관은 이 법의 목적을 달성하기 위하여 필요하다고 인정하면 다음 각 호의 조치를 관계 중앙행정기관의 장 또는 시·도지사에게 요청할 수 있다.

1. 토양오염방지를 위한 객토(客土) 등 농토배양사업
2. 폐광지역의 광물 찌꺼기 등으로 인한 주변 농경지 등의 광산공해방지대책
3. 산업시설 등의 설치로 인하여 훼손된 토양의 복구
4. 그 밖에 토양보전을 위하여 필요한 사항으로서 환경부령으로 정하는 사항

[전문개정 2011. 4. 5.]

제26조(국고보조 등) 국가는 예산의 범위에서 지방자치단체가 추진하는 토양보전을 위한 사업에 필요한 비용을 보조하거나 융자할 수 있다.

[전문개정 2011. 4. 5.]

제26조의2(보고 및 검사 등) ① 특별자치시장·특별자치도지사·시장·군수·구청장은 환경부령으로 정하는 바에 따라 특정토양오염관리대상시설의 설치자에게 감독상 필요한 자료의 제출을 명할 수 있으며, 소속 공무원으로 하여금 특정토양오염관리대상시설에 출입하여 토양오염방지시설의 설치, 토양오염검사 및 그 결과의 보존 여부 등을 검사하게 할 수 있다. 〈개정 2017. 11. 28.〉

② 환경부장관 또는 시·도지사는 필요하다고 인정하면 토양관련전문기관 및 토양정화업자에 대하여

감독상 필요한 보고나 자료 제출을 하게 할 수 있으며, 소속 공무원으로 하여금 토양관련전문기관 및 토양정화업자의 사무실·사업장이나 그 밖에 필요한 장소에 출입하여 서류, 시설, 장비 등을 검사하게 할 수 있다. 〈개정 2012. 6. 1.〉

③ 시·도지사 또는 시장·군수·구청장은 토양오염이 발생한 토지 또는 토양오염관리대상시설의 소유자·점유자 또는 운영자에게 필요한 자료의 제출을 명하거나 소속 공무원으로 하여금 해당 토지 또는 해당 토양오염관리대상시설에 출입하여 서류·시설·장비 등을 검사하게 할 수 있다. 〈신설 2014. 3. 24.〉

④ 제1항부터 제3항까지에 따른 검사를 하는 공무원은 그 권한을 나타내는 증표를 지니고 이를 관계인에게 보여주어야 한다. 〈개정 2014. 3. 24.〉

[전문개정 2011. 4. 5.]

제26조의3(특정토양오염관리대상시설 설치현황 등의 보고) ① 시장·군수·구청장은 환경부령으로 정하는 바에 따라 다음 각 호의 전년도 자료를 매년 1월 말까지 시·도지사에게 제출하여야 한다.

1. 특정토양오염관리대상시설 설치 현황
2. 제13조제4항에 따라 통보받은 토양오염검사 결과
3. 제14조에 따른 조치명령 및 조사 결과의 내용

② 시·도지사는 제1항에 따라 받은 자료를 종합하여 매년 2월 말까지 환경부장관에게 보고하여야 한다.

[전문개정 2011. 4. 5.]

제26조의4(행정처분의 기준) 제23조의6 및 제23조의10에 따른 행정처분의 세부적인 기준은 그 위반행위의 종류와 위반 정도 등을 고려하여 환경부령으로 정한다.

[전문개정 2011. 4. 5.]

제26조의5(청문) 환경부장관, 시·도지사 또는 시장·군수·구청장은 다음 각 호의 어느 하나에 해당하는 처분을 하려면 청문을 하여야 한다. 〈개정 2012. 6. 1.〉

1. 제21조제3항에 따른 시설의 철거명령
2. 제23조의6에 따른 토양관련전문기관의 지정취소
3. 제23조의10에 따른 토양정화업의 등록취소

[전문개정 2011. 4. 5.]

제27조(권한의 위임·위탁) ①이 법에 따른 환경부장관의 권한은 대통령령으로 정하는 바에 따라 그 일부를 소속 기관의 장에게 위임할 수 있다. 〈개정 2012. 6. 1.〉

② 환경부장관은 이 법에 따른 업무의 일부를 대통령령으로 정하는 바에 따라 「한국환경공단법」에 따른 한국환경공단과 한국환경산업기술원에 위탁할 수 있다. 〈신설 2012. 6. 1., 2014. 3. 24.〉

[전문개정 2011. 4. 5.]

[제목개정 2012. 6. 1.]

제5장 벌칙 〈개정 2011. 4. 5.〉

제28조(벌칙) 제19조제1항에 따른 실시명령을 이행하지 아니한 자나 실시명령을 받고 같은 조 제2항에 따른 승인을 받지 아니하고 오염토양 개선사업을 한 자는 5년 이하의 징역 또는 5천만원 이하의 벌금에 처한다. 〈개정 2014. 3. 24.〉

[전문개정 2011. 4. 5.]

제29조(벌칙) 다음 각 호의 어느 하나에 해당하는 자는 2년 이하의 징역 또는 2천만원 이하의 벌금에 처한다. 〈개정 2012. 6. 1., 2014. 3. 24.〉

1. 제11조제3항 또는 제14조제1항에 따른 정화 조치 명령을 이행하지 아니한 자
2. 제14조제3항에 따른 특정토양오염관리대상시설의 사용 중지명령을 이행하지 아니한 자
3. 제15조제3항에 따른 명령을 이행하지 아니한 자
4. 제15조의3제2항을 위반하여 오염토양의 정화를 위탁한 자
5. 제15조의4제1호를 위반하여 오염토양을 버리거나 매립한 자
6. 제21조제3항에 따른 토양오염물질의 제거 또는 시설의 철거 등의 명령을 이행하지 아니한 자
7. 제23조의2제2항에 따른 지정을 받지 아니하고 토양관련전문기관의 업무를 한 자
8. 제23조의7제1항에 따른 등록을 하지 아니하고 토양정화업을 한 자

[전문개정 2011. 4. 5.]

제30조(벌칙) 다음 각 호의 어느 하나에 해당하는 자는 1년 이하의 징역 또는 1천만원 이하의 벌금에 처한다. 〈개정 2010. 5. 25., 2011. 4. 5., 2012. 6. 1., 2014. 3. 24.〉

1. 고의 또는 중대한 과실로 제10조의2제3항에 따른 항목·방법 및 절차를 위반하여 토양환경평가를 사실과 다르게 한 자

1의2. 제11조제1항을 위반하여 생산·운반·저장·취급·가공 또는 처리하는 과정에서 토양오염물질을 누출·유출한 사실을 신고하지 아니한 자

1의3. 고의 또는 중대한 과실로 제11조제3항, 제14조제1항 또는 제15조제1항에 따른 토양정밀조사를 부실하게 하여 제15조의6제1항 단서에 따른 정화과정에 대한 검증 대상의 규모 미만으로 오염 규모가 축소되도록 한 자
2. 제12조제1항 전단에 따른 신고를 하지 아니하고 특정토양오염관리대상시설을 설치하거나 거짓으로 신고한 자
3. 제12조제3항을 위반하여 토양오염방지시설을 설치하지 아니한 자
4. 제14조제1항에 따른 토양오염방지시설의 설치 또는 개선에 관한 명령을 이행하지 아니한 자
5. 제15조의3제1항을 위반하여 오염토양을 정화한 자
6. 제15조의3제3항을 위반하여 오염이 발생한 해당 부지가 아닌 곳이나 토양정화업자가 보유한 시설이 있는 장소가 아닌 장소로 오염토양을 반출하여 정화한 자
7. 제15조의3제7항제1호를 위반하여 오염토양에 다른 토양을 섞어서 오염농도를 낮춘 자
8. 제15조의4제2호를 위반하여 오염토양을 누출 또는 유출시킨 자
8의2. 제15조의4제3호를 위반하여 정화가 완료된 토양을 그 토양에 적용된 것보다 엄격한 우려기준이 적용되는 지역의 토양에 사용한 자
9. 제15조의6제1항을 위반하여 토양관련전문기관에 의한 검증을 하게 하지 아니한 자
10. 고의 또는 중대한 과실로 제15조의6제4항에 따른 검증의 절차·내용 및 방법을 지키지 아니하여 오염토양을 제15조의3제1항에 따른 정화기준 이내로 처리되지 아니하게 한 자
11. 제15조의6제5항을 위반하여 토양관련전문기관에 의한 검증이 완료되지 아니한 상태에서 오염토양을 반출한 자
12. 제21조제2항을 위반하여 대책지역에 시설을 설치한 자
13. 속임수나 그 밖의 부정한 방법으로 토양관련전문기관의 지정을 받거나 토양정화업의 등록을 한 자
14. 제23조의4를 위반하여 다른 자에게 자기의 명의를 사용하여 토양관련전문기관의 업무를 하게 하거나 지정서를 다른 자에게 빌려준 자
15. 제23조의9제1항을 위반하여 다른 자에게 자기의 성명 또는 상호를 사용하여 토양정화업을 하게 하거나 등록증을 다른 자에게 빌려준 자
16. 제23조의9제2항을 위반하여 도급받은 토양정화공사를 하도급한 자
17. 제26조의2제2항에 따른 공무원의 출입·검사를 거부·방해 또는 기피한 자

[전문개정 2004. 12. 31.]

제31조(양벌규정) 법인의 대표자나 법인 또는 개인의 대리인, 사용인, 그 밖의 종업원이 그 법인 또는 개인의 업무에 관하여 제28조부터 제30조까지의 어느 하나에 해당하는 위반행위를 하면 그 행위자를 벌하는 외에 그 법인 또는 개인에게도 해당 조문의 벌금형을 과(科)한다. 다만, 법인 또는 개인이 그 위반행위를 방지하기 위하여 해당 업무에 관하여 상당한 주의와 감독을 게을리하지 아니한 경우에는 그러하지 아니하다.

[전문개정 2010. 5. 25.]

제32조(과태료) ① 다음 각 호의 어느 하나에 해당하는 자에게는 300만원 이하의 과태료를 부과한다. 〈개정 2012. 6. 1., 2014. 3. 24.〉
1. 제11조제1항을 위반하여 토양이 오염된 사실을 발견하고도 그 사실을 신고하지 아니한 자
2. 제15조의3제6항을 위반하여 토양 인수인계서를 제출하지 아니하거나 오염토양 정보시스템에 입력하지 아니한 자
3. 제26조의2제1항 또는 제3항에 따른 공무원의 출입·검사를 거부·방해 또는 기피한 자

② 다음 각 호의 어느 하나에 해당하는 자에게는 200만원 이하의 과태료를 부과한다. 〈개정 2012. 6. 1., 2017. 11. 28.〉
1. 정당한 사유 없이 제8조제5항에 따른 관계 공무원 또는 토양관련전문기관 직원의 행위를 방해 또는 거절한 자
2. 제11조제3항·제14조제1항 또는 제15조제1항에 따른 토양정밀조사명령을 이행하지 아니한 자
3. 제11조제4항·제14조제2항 또는 제15조제2항을 위반하여 토양정밀조사결과를 지체 없이 시·도지사 또는 시장·군수·구청장에게 통보하지 아니한 자
4. 제12조제1항 후단을 위반하여 변경(시설의 폐쇄를 포함한다)신고를 하지 아니한 자
5. 제13조제1항 또는 제4항에 따른 검사를 받지 아니하거나 검사결과를 보존하지 아니한 자

5의2. 제13조제4항을 위반하여 토양오염검사 결과를 특별자치시장·특별자치도지사·시장·군수·구청장 및 관할 소방서장에게 통보하지 아니한 자
5의3. 제15조의3제4항을 위반하여 오염토양반출정화계획에 관한 적정통보를 받지 아니하고 오염토양을 반출하여 정화한 자
5의4. 제15조의3제6항에 따른 토양 인수인계서를 거짓 또는 부실하게 제출하거나 입력한 자
6. 제15조의6제2항에 따른 오염토양정화계획 또는 오염토양정화변경계획을 제출하지 아니한 자
7. 제19조제1항에 따른 지도·감독을 거부·방해 또는 기피한 자
8. 제21조제1항을 위반하여 대책지역에서 특정수질유해물질, 폐기물, 유해화학물질, 오수·분뇨 또는 가축분뇨를 버린 자
9. 제23조의2제2항 각 호 외의 부분 후단에 따른 변경지정을 받지 아니한 자
10. 제23조의2제5항 또는 제23조의9제3항에 따른 준수사항을 지키지 아니한 자
11. 제23조의7제1항 후단에 따른 변경등록을 하지 아니한 자
11의2. 제23조의12제3항을 위반하여 신고를 하지 아니한 자
12. 제23조의14제1항 또는 제2항을 위반하여 교육을 받지 아니한 자 또는 교육을 받게 하지 아니한 자
13. 제26조의2제1항 또는 제2항을 위반하여 보고 또는 자료 제출을 하지 아니하거나 거짓으로 보고 또는 자료 제출을 한 자

③ 제1항 및 제2항에 따른 과태료는 대통령령으로 정하는 바에 따라 환경부장관, 시·도지사 또는 시장·군수·구청장이 부과·징수한다.

[전문개정 2010. 5. 25.]

제32조(과태료) ① 다음 각 호의 어느 하나에 해당하는 자에게는 300만원 이하의 과태료를 부과한다. 〈개정 2012. 6. 1., 2014. 3. 24., 2017. 11. 28.〉
1. 제11조제1항을 위반하여 토양이 오염된 사실을 발견하고도 그 사실을 신고하지 아니한 자
2. 제15조의3제6항을 위반하여 토양 인수인계서를 오염토양 정보시스템에 입력하지 아니한 자
3. 제26조의2제1항 또는 제3항에 따른 공무원의 출입·검사를 거부·방해 또는 기피한 자

② 다음 각 호의 어느 하나에 해당하는 자에게는 200만원 이하의 과태료를 부과한다. 〈개정 2012. 6. 1., 2017. 11. 28.〉
1. 정당한 사유 없이 제8조제5항에 따른 관계 공무원 또는 토양관련전문기관 직원의 행위를 방해 또는 거절한 자
1의2. 제10조의4제6항을 위반하여 정화책임자의 토양정화등에 협조하지 아니한 자
2. 제11조제3항·제14조제1항 또는 제15조제1항에 따른 토양정밀조사명령을 이행하지 아니한 자
3. 제11조제4항·제14조제2항 또는 제15조제2항을 위반하여 토양정밀조사결과를 지체 없이 시·도지사 또는 시장·군수·구청장에게 통보하지 아니한 자
4. 제12조제1항 후단을 위반하여 변경(시설의 폐쇄를 포함한다)신고를 하지 아니한 자
5. 제13조제1항 또는 제4항에 따른 검사를 받지 아니하거나 검사결과를 보존하지 아니한 자
5의2. 제13조제4항을 위반하여 토양오염검사 결과를 특별자치시장·특별자치도지사·시장·군수·구청장 및 관할 소방서장에게 통보하지 아니한 자
5의3. 제15조의3제4항을 위반하여 오염토양반출정화계획에 관한 적정통보를 받지 아니하고 오염토양을 반출하여 정화한 자
5의4. 제15조의3제6항에 따른 토양 인수인계서를 거짓으로 입력한 자 또는 입력내용의 일부를 누락하는 등 부실하게 입력한 자
6. 제15조의6제2항에 따른 오염토양정화계획 또는 오염토양정화변경계획을 제출하지 아니한 자
7. 제19조제1항에 따른 지도·감독을 거부·방해 또는 기피한 자
8. 제21조제1항을 위반하여 대책지역에서 특정수질유해물질, 폐기물, 유해화학물질, 오수·분뇨 또는 가축분뇨를 버린 자
9. 제23조의2제2항 각 호 외의 부분 후단에 따른 변경지정을 받지 아니한 자
10. 제23조의2제5항 또는 제23조의9제3항에 따른 준수사항을 지키지 아니한 자
11. 제23조의7제1항 후단에 따른 변경등록을 하지 아니한 자
11의2. 제23조의12제3항을 위반하여 신고를 하지 아니한 자

12. 제23조의14제1항 또는 제2항을 위반하여 교육을 받지 아니한 자 또는 교육을 받게 하지 아니한 자
13. 제26조의2제1항 또는 제2항을 위반하여 보고 또는 자료 제출을 하지 아니하거나 거짓으로 보고 또는 자료 제출을 한 자

③ 제1항 및 제2항에 따른 과태료는 대통령령으로 정하는 바에 따라 환경부장관, 시ㆍ도지사 또는 시장ㆍ군수ㆍ구청장이 부과ㆍ징수한다.

[전문개정 2010. 5. 25.]

[시행일 : 2018.11.29.] 제32조제1항제2호, 제32조제2항제1호의2, 제32조제2항제5호의4

부칙 〈제15658호, 2018. 6. 12.〉

제1조(시행일) 이 법은 공포한 날부터 시행한다.

제2조(잔류성오염물질 등에 의한 토양오염의 정화에 관한 적용례) 제15조의8의 개정규정은 이 법 시행 후 최초로 잔류성오염물질 등에 의하여 오염된 토양을 정화하려는 경우부터 적용한다.

제3조(잔류성오염물질에 대한 경과조치) 미나마타협약이 우리나라에서 효력을 발생함에 따라 법률 제13886호 잔류성유기오염물질 관리법 일부개정법률이 시행되는 날부터는 제15조의8제1항 각 호 외의 부분의 개정규정 중 "「잔류성유기오염물질 관리법」"은 "「잔류성오염물질 관리법」"으로, "잔류성유기오염물질"은 "잔류성오염물질"로 본다.

지하수법

[시행 2018. 8. 22] [법률 제15624호, 2018. 6. 8, 타법개정]

제1장 총칙 〈개정 2011. 5. 30.〉

제1조(목적) 이 법은 지하수의 적절한 개발·이용과 효율적인 보전·관리에 관한 사항을 정함으로써 적정한 지하수개발·이용을 도모하고 지하수오염을 예방하여 공공의 복리증진과 국민경제의 발전에 이바지함을 목적으로 한다.

[전문개정 2011. 5. 30.]

제2조(정의) 이 법에서 사용하는 용어의 뜻은 다음과 같다.

1. "지하수"란 지하의 지층(地層)이나 암석 사이의 빈틈을 채우고 있거나 흐르는 물을 말한다.
2. "지하수영향조사"란 지하수의 개발·이용이 주변지역에 미치는 영향을 분석·예측하는 조사를 말한다.
3. "지하수보전구역"이란 지하수의 수량(水量)이나 수질을 보전하기 위하여 필요한 구역으로서 제12조에 따라 지정된 구역을 말한다.
4. "지하수개발·이용시공업"이란 지하수개발·이용을 위한 시설(이하 "지하수개발·이용시설"이라 한다)을 시공하는 사업을 말한다.
5. "지하수정화업"이란 지하수에 함유된 오염물질을 제거·분해 또는 희석하여 지하수의 수질을 개선하는 사업을 말한다.
6. "원상복구"란 원상복구 대상인 시설 또는 토지에 오염물질의 유입을 막고 사람의 보건 및 안전에 위험을 주지 아니하도록 해당 시설을 해체하거나 해당 토지를 적절하게 되메우는 것을 말한다.

[전문개정 2011. 5. 30.]

제3조(국가 등의 책무) ① 국가는 공적 자원인 지하수를 효율적으로 보전·관리함으로써 모든 국민이 양질의 지하수를 이용할 수 있도록 지하수에 관한 종합적인 계획을 수립하고 합리적인 시책을 마련할 책무를 진다.

② 국민은 국가의 지하수 보전·관리시책에 협력하고, 지하수 보전과 오염 방지를 위하여 노력하여야 한다.

[전문개정 2011. 5. 30.]

제4조(다른 법률과의 관계) 지하수의 조사, 개발·이용 및 보전·관리에 관하여 다른 법률에 특별한 규정이 있는 경우에는 그 법률에서 정하는 바에 따른다. 다만, 제14조부터 제16조까지의 규정은 그러하지 아니하다.

[전문개정 2011. 5. 30.]

제2장 지하수의 조사 및 개발·이용 〈개정 2011. 5. 30.〉

제5조(지하수의 조사) ① 환경부장관은 대통령령으로 정하는 바에 따라 전국의 지하수에 대하여 부존(賦存) 특성 및 개발 가능량 등에 관한 기초적인 조사를 실시하고 그 결과를 환경부령으로 정하는 바에 따라 공표하여야 한다. 〈개정 2013. 3. 23., 2018. 2. 21., 2018. 6. 8.〉

② 환경부장관은 대통령령으로 정하는 바에 따라 제1항에 따른 기초적인 조사를 완료한 지역에 대하여 10년마다 보완조사를 실시하여야 한다. 〈신설 2012. 1. 17., 2013. 3. 23., 2018. 2. 21., 2018. 6. 8.〉

③ 관계 중앙행정기관의 장이나 특별시장·광역시장·특별자치시장·도지사 또는 특별자치도지사(이하 "시·도지사"라 한다) 및 시장·군수·구청장(자치구의 구청장을 말한다. 이하 같다)은 지하수와 관련된 소관 업무의 수행을 위하여 필요할 때에는 지하수의 개발·이용 및 보전·관리를 위한 조사를 할 수 있다. 〈개정 2012. 1. 17., 2013. 5. 22.〉

④ 관계 중앙행정기관의 장, 시·도지사, 시장·군수·구청장은 제3항의 조사를 하려면 대통령령으로 정하는 바에 따라 미리 환경부장관과 협의하거나 환경부장관에게 통보하여야 하며, 조사를 마쳤을 때에는 그 결과를 환경부장관에게 통보하여야 한다. 다만, 대통령령으로 정하는 긴급한 사유가 있는 경우에는 그러하지 아니하다. 〈개정 2012. 1. 17., 2013. 3. 23., 2018. 6. 8.〉

⑤ 환경부장관, 관계 중앙행정기관의 장, 시·도지사, 시장·군수·구청장은 대통령령으로 정하는 바

에 따라 제1항부터 제3항까지의 조사업무를 지하수 관련 조사전문기관(이하 "지하수조사전문기관"이라 한다)이 대행하게 할 수 있다. 〈개정 2012. 1. 17., 2013. 3. 23., 2018. 6. 8.〉

⑥ 환경부장관, 관계 중앙행정기관의 장, 시・도지사, 시장・군수・구청장은 지하수와 관련된 소관 업무의 수행을 위하여 필요하다고 인정할 때에는 대통령령으로 정하는 바에 따라 관계 기관에 제1항부터 제3항까지 및 제5항의 조사자료를 요구하거나 협조를 요청할 수 있다. 〈개정 2012. 1. 17., 2013. 3. 23., 2018. 6. 8.〉

⑦ 환경부장관은 대통령령으로 정하는 바에 따라 제1항부터 제3항까지 및 제5항의 조사자료를 종합 관리하고, 관계 기관 또는 지하수를 개발・이용하는 자가 활용할 수 있도록 하여야 한다. 〈개정 2012. 1. 17., 2013. 3. 23., 2018. 6. 8.〉

⑧ 시장・군수・구청장은 제4항에 따른 협의를 하려면 미리 시・도지사와의 협의를 거쳐야 한다. 〈개정 2012. 1. 17.〉

[전문개정 2011. 5. 30.]

제5조의2(지하수보전・관리의 정보화) ① 환경부장관, 시・도지사 및 시장・군수・구청장은 제5조에 따른 지하수 조사자료와 그 밖에 지하수보전・관리에 필요한 자료를 효율적으로 활용하기 위하여 지하수정보체계를 구축・운영할 수 있다. 〈개정 2013. 3. 23., 2013. 5. 22., 2018. 6. 8.〉

② 삭제 〈2018. 6. 8.〉

③ 시・도지사 및 시장・군수・구청장이 지하수정보체계를 구축하려면 미리 환경부장관과 협의하여야 한다. 〈신설 2013. 5. 22., 2018. 6. 8.〉

④ 제1항에 따른 지하수정보체계의 구축 범위, 운영 절차 등에 관하여 필요한 사항은 대통령령으로 정한다. 〈개정 2013. 5. 22.〉

⑤ 환경부장관, 시・도지사 및 시장・군수・구청장은 제1항에 따른 지하수정보체계의 구축・운영에 관한 업무를 지하수조사전문기관이 대행하게 할 수 있다. 〈개정 2013. 3. 23., 2013. 5. 22., 2018. 6. 8.〉

[전문개정 2011. 5. 30.]

제6조(지하수관리기본계획의 수립) ① 환경부장관은 지하수의 체계적인 개발・이용 및 효율적인 보전・관리를 위하여 다음 각 호의 사항이 포함된 10년 단위의 지하수관리기본계획(이하 "기본계획"이라 한다)을 수립하여야 한다. 〈개정 2013. 3. 23., 2018. 6. 8.〉

1. 지하수의 부존 특성 및 개발 가능량
2. 지하수의 이용실태
3. 지하수의 이용계획
4. 지하수의 보전계획
5. 지하수의 수질관리 및 정화계획
6. 그 밖에 지하수의 관리에 관한 사항

② 환경부장관은 기본계획이 수립된 날부터 5년마다 그 타당성을 검토하여 필요한 경우에는 이를 변경하여야 한다. 〈개정 2013. 3. 23., 2018. 6. 8.〉

③ 삭제 〈2018. 6. 8.〉

④ 기본계획에는 「온천법」에 따른 온천수, 「농어촌정비법」에 따른 농어촌용수(지하수만 해당한다), 「먹는물관리법」에 따른 먹는샘물・먹는염지하수 및 「제주특별자치도 설치 및 국제자유도시 조성을 위한 특별법」에 따른 제주특별자치도지역 지하수에 관한 사항이 포함되어야 한다. 이 경우 행정안전부장관・농림축산식품부장관은 각각 관계 법률에 따른 지하수 관리의 실태 및 계획 등을 미리 환경부장관에게 통보하여야 한다. 〈개정 2013. 3. 23., 2014. 11. 19., 2017. 7. 26., 2018. 6. 8.〉

⑤ 환경부장관은 제1항에 따라 기본계획을 수립하려면 미리 시・도지사의 의견을 듣고 관계 중앙행정기관의 장과 협의하여야 한다. 수립한 기본계획을 변경하려는 경우에도 또한 같다. 다만, 대통령령으로 정하는 경미한 사항을 변경하려는 경우에는 그러하지 아니하다. 〈개정 2013. 3. 23., 2018. 6. 8.〉

⑥ 환경부장관은 기본계획을 수립하였을 때에는 대통령령으로 정하는 바에 따라 지체 없이 이를 공고하고 관계 기관에 통보하여야 한다. 수립한 기본계획을 변경(제5항 단서에 따른 경미한 사항의 변경은 제외한다)하는 경우에도 또한 같다. 〈개정 2013. 3. 23., 2018. 6. 8.〉

⑦ 관계 중앙행정기관의 장은 관계 법률에 따라 지하수의 개발・이용 및 보전・관리를 할 때 기본계획에 적합하도록 하여야 한다.

⑧ 기본계획의 수립절차 등에 관하여 필요한 사항은 대통령령으로 정한다.

[전문개정 2011. 5. 30.]

제6조의2(지역지하수관리계획의 수립・시행) ① 시・도지사는 기본계획에 따라 관할구역의 지역지하수관리계획(이하 "지역관리계획"이라 한다)을 수립하

여 환경부장관의 승인을 받아야 한다. 수립한 지역관리계획을 변경하려는 경우에도 또한 같다. 다만, 대통령령으로 정하는 경미한 사항을 변경하려는 경우에는 그러하지 아니하다. 〈개정 2013. 3. 23., 2018. 6. 8.〉

② 시장·군수·구청장은 관할구역에서 지하수의 수위저하(水位低下), 수질오염 등 대통령령으로 정하는 지하수 장해가 발생하는 경우 시·도지사와 협의한 후 지역관리계획을 수립하여 환경부장관에게 승인을 요청할 수 있다. 〈개정 2013. 3. 23., 2018. 6. 8.〉

③ 삭제 〈2018. 6. 8.〉

④ 시·도지사 또는 시장·군수·구청장은 제1항 또는 제2항에 따라 지역관리계획의 승인을 받았을 때에는 대통령령으로 정하는 바에 따라 지체 없이 이를 공고하고 시·도지사는 관계 행정기관의 장 및 시장·군수·구청장에게, 시장·군수·구청장은 시·도지사에게 이를 통보하여야 한다. 수립된 지역관리계획을 변경(제1항 단서에 따른 경미한 사항의 변경은 제외한다)하는 경우에도 또한 같다.

⑤ 지역관리계획에는 제6조제1항 각 호의 사항과 관할지역 지하수의 수량관리를 위한 사항이 포함되어야 한다.

⑥ 지역관리계획의 수립절차 등에 관하여 필요한 사항은 대통령령으로 정한다.

⑦ 시·도지사 또는 시장·군수·구청장은 지역관리계획의 수립에 관한 업무를 지하수조사전문기관이 대행하게 할 수 있다.

[전문개정 2011. 5. 30.]

제7조(지하수개발·이용의 허가) ① 지하수를 개발·이용하려는 자는 대통령령으로 정하는 바에 따라 미리 시장(특별자치시장을 포함한다. 이하 같다)·군수·구청장의 허가를 받아야 한다. 다만, 다음 각 호의 어느 하나에 해당하는 경우에는 그러하지 아니하다. 〈개정 2011. 5. 30., 2013. 5. 22.〉

1. 자연히 흘러나오는 지하수 또는 다른 법률에 따른 허가·인가 등을 받거나 신고를 하고 시행하는 사업 등으로 인하여 부수적으로 발생하는 지하수를 이용하는 경우
2. 동력장치를 사용하지 아니하고 가정용 우물 또는 공동우물을 개발·이용하는 경우
3. 제13조제1항제1호에 따른 허가를 받은 경우

② 제1항에 따른 허가를 신청하려는 자는 제27조에 따른 지하수영향조사기관이 실시하는 지하수영향조사를 받은 후 지하수영향조사기관이 작성한 지하수영향조사서를 제출하여야 하며, 시장·군수·구청장은 대통령령으로 정하는 바에 따라 지하수영향조사서를 심사하여 그 결과를 허가 내용에 반영하여야 한다. 이 경우 시장·군수·구청장은 기본계획 및 지역관리계획을 고려하여 심사하여야 한다. 〈개정 2011. 5. 30.〉

③ 시장·군수·구청장은 다음 각 호의 어느 하나의 경우에는 제1항에 따른 허가를 하지 아니하거나 취수량을 제한할 수 있다. 〈개정 2011. 4. 14., 2011. 5. 30.〉

1. 지하수 채취로 인하여 인근 지역의 수원(水源)의 고갈 또는 지반의 침하를 가져올 우려가 있거나 주변 시설물의 안전을 해칠 우려가 있는 경우
2. 지하수를 오염시키거나 자연생태계를 해칠 우려가 있는 경우
3. 지하수의 적정 관리 또는 「국토의 계획 및 이용에 관한 법률」에 따른 도시·군관리계획, 그 밖에 공공사업에 지장을 줄 우려가 있는 경우
4. 그 밖에 지하수를 보전하기 위하여 필요하다고 인정되는 경우로서 대통령령으로 정하는 경우

④ 시장·군수·구청장은 제3항에 따라 허가를 하지 아니하는 경우에는 신청인에게 그 사유를 서면으로 알려야 한다. 〈개정 2011. 5. 30.〉

⑤ 삭제 〈2011. 5. 30.〉

⑥ 허가받은 사항 중 대통령령으로 정하는 사항을 변경하려는 경우에는 제1항부터 제4항까지의 규정을 준용한다. 다만, 허가받은 사항의 변경으로 인하여 해당 지하수개발·이용이 제8조제1항제2호 또는 제5호에 해당하는 경우에는 제8조제1항에 따라 시장·군수·구청장에게 신고하고 지하수를 계속 이용할 수 있다. 〈개정 2011. 5. 30.〉

⑦ 삭제 〈2013. 5. 22.〉

⑧ 제2항에 따른 지하수영향조사의 항목·조사방법·평가기준, 지하수영향조사서의 작성지침·작성내용, 그 밖에 필요한 사항은 대통령령으로 정한다. 〈개정 2011. 5. 30.〉

[제목개정 2011. 5. 30.]

제7조의2(하천 인근에서의 지하수개발·이용허가) ① 시장·군수·구청장은 제7조제1항에 따른 허가를 할 때 「하천법」 제2조제2호에 따른 하천구역의 경계로부터 대통령령으로 정하는 범위 내의 지역에서

지하수를 개발·이용하는 경우에는 제7조제2항에 따라 지하수영향조사서를 첨부하여 환경부장관과 미리 협의하여야 한다. 〈개정 2013. 3. 23., 2018. 6. 8.〉

② 환경부장관은 제1항에 따른 지하수개발·이용이 하천의 수량에 영향을 미친다고 인정하는 경우에는 취수량·취수기간의 제한 및 취수 금지 등을 요청할 수 있으며, 시장·군수·구청장은 특별한 사유가 없으면 요청에 따라야 한다. 이 경우 환경부장관은 해당 허가로 인하여 「하천법」 제34조에 따른 기득하천사용자(既得河川使用者)가 손실을 받을 것이 명백한 경우에는 국토교통부장관과 협의하여 허가를 신청한 자가 기득하천사용자로부터 동의를 받도록 하여야 한다. 〈개정 2013. 3. 23., 2018. 6. 8.〉

[전문개정 2011. 5. 30.]

제7조의3(지하수개발·이용허가의 유효기간) ① 제7조제1항에 따른 지하수개발·이용허가의 유효기간은 5년으로 한다.

② 시장·군수·구청장은 지하수개발·이용허가를 받은 자가 신청하면 유효기간의 연장을 허가할 수 있다. 이 경우 그 연장기간은 5년으로 한다.

③ 제2항에 따른 유효기간의 연장신청절차 등에 관하여 필요한 사항은 대통령령으로 정한다.

[전문개정 2011. 5. 30.]

제8조(지하수개발·이용의 신고) ① 다음 각 호의 어느 하나에 해당하는 경우에는 제7조에도 불구하고 대통령령으로 정하는 바에 따라 미리 시장·군수·구청장에게 신고하고 지하수를 개발·이용할 수 있다. 〈개정 2015. 6. 22.〉

1. 「국방·군사시설 사업에 관한 법률」 제2조에 따른 국방·군사시설사업에 의하여 설치된 시설에서 지하수를 개발·이용하는 경우
2. 「농업·농촌 및 식품산업 기본법」 제3조제1호에 따른 농업과 「수산업·어촌 발전 기본법」 제3조제1호가목에 따른 어업을 영위할 목적으로 대통령령으로 정하는 규모 이하로 지하수를 개발·이용하는 경우
3. 재해나 그 밖의 천재지변으로 인하여 긴급히 지하수를 개발·이용할 필요가 있다고 시장·군수·구청장이 인정하는 경우
4. 전쟁이나 그 밖의 비상사태 발생에 대비하여 국가 또는 지방자치단체가 비상급수용(非常給水用)으로 지하수를 개발·이용하는 경우
5. 제1호부터 제4호까지의 규정 외의 경우로서 대통령령으로 정하는 규모 이하로 지하수를 개발·이용하는 경우

② 제1항에 따라 신고한 사항 중 대통령령으로 정하는 중요한 사항을 변경할 때에는 시장·군수·구청장에게 신고하여야 한다. 다만, 신고한 사항의 변경으로 인하여 해당 지하수개발·이용이 제1항 각 호의 어느 하나에 해당되지 아니하는 경우에는 제7조에 따라 시장·군수·구청장의 허가를 받아야 한다.

③ 시장·군수·구청장은 제1항에 따른 지하수개발·이용이 제7조제3항 각 호의 어느 하나에 해당되는 경우에는 제27조에 따른 지하수영향조사기관이 실시한 지하수영향조사를 받아 그 결과를 토대로 취수량 및 취수기간을 제한할 수 있고, 대통령령으로 정하는 바에 따라 시정명령·이용중지명령 또는 공동이용명령 등 필요한 조치를 할 수 있으며, 정당한 사유 없이 이를 이행하지 아니한 자에게는 해당 개발·이용시설의 폐쇄를 명할 수 있다.

[전문개정 2011. 5. 30.]

제8조의2(신고의 효력 상실) 제8조에 따른 지하수개발·이용의 신고는 다음 각 호의 어느 하나에 해당하는 경우에 그 효력을 잃는다. 이 경우 시장·군수·구청장은 신고인에게 신고의 효력 상실에 관한 사항을 지체 없이 알려야 한다.

1. 신고한 자가 지하수를 개발·이용할 의사가 없음을 시장·군수·구청장에게 알리거나 시장·군수·구청장이 이를 확인한 경우
2. 신고한 날부터 3개월 이내에 정당한 사유 없이 공사를 시작하지 아니하거나 공사 시작 후 계속하여 3개월 이상 공사를 중지한 경우

[전문개정 2011. 5. 30.]

제9조(준공신고) ① 제7조에 따라 허가를 받거나 제8조에 따라 신고한 자가 그 공사를 준공하였을 때에는 대통령령으로 정하는 바에 따라 시장·군수·구청장에게 신고하여야 한다.

② 시장·군수·구청장은 제1항에 따라 신고한 내용 중 지하수개발·이용시설의 위치 등 대통령령으로 정하는 사항이 제7조에 따라 허가를 받거나 제8조에 따라 신고한 내용과 다르게 준공된 경우에는 대통령령으로 정하는 바에 따라 그 시정을 명하거나 필요한 조치를 할 수 있으며, 정당한 사유 없이 이를 이행하지 아니하는 자에게는 해당 개발·이용시설의 폐쇄를 명할 수 있다.

[전문개정 2011. 5. 30.]

제9조의2(유출지하수의 이용 등) ① 지하철·터널 등의 지하시설물을 설치하려는 자 또는 환경부령으로 정하는 규모 이상의 건축물이나 그 밖의 시설물을 설치하려는 자는 이로 인하여 환경부령으로 정하는 기준 이상으로 지하수가 유출되는 경우 이를 감소시킬 수 있는 대책을 수립하여 환경부령으로 정하는 바에 따라 시장·군수·구청장에게 신고하고, 그 대책을 시행하여야 한다. 〈개정 2013. 3. 23., 2013. 5. 22., 2018. 6. 8.〉

② 제1항에 따른 대책에도 불구하고 해당 시설 또는 건축물 등의 준공 후 환경부령으로 정하는 기준 이상으로 지하수가 유출되는 경우에는 환경부령으로 정하는 바에 따라 이를 대통령령으로 정하는 용도로 이용할 수 있도록 이용계획을 수립하여 시장·군수·구청장에게 신고하여야 한다. 〈개정 2013. 3. 23., 2013. 5. 22., 2018. 6. 8.〉

③ 시장·군수·구청장은 제1항에 따른 지하수의 유출감소대책을 시행하지 아니하는 자 또는 제2항에 따른 유출지하수의 이용계획을 시행하지 아니하거나 이용률이 현저히 낮다고 인정되는 자에게는 환경부령으로 정하는 바에 따라 기간을 정하여 그 개선을 명하여야 한다. 〈개정 2013. 3. 23., 2018. 6. 8.〉

[전문개정 2011. 5. 30.]

제9조의3(지하수개발·이용의 종료신고) 이 법 또는 다른 법률에 따른 허가·인가 등을 받거나 신고를 하고 지하수를 개발·이용하는 자는 제15조제1항제3호부터 제5호까지의 어느 하나에 해당되는 경우에는 환경부령으로 정하는 바에 따라 이에 관한 사항을 시장·군수·구청장에게 신고하여야 한다. 〈개정 2013. 3. 23., 2018. 6. 8.〉

[전문개정 2011. 5. 30.]

제9조의4(지하수에 영향을 미치는 굴착행위의 신고 등) ① 다음 각 호의 어느 하나에 해당하는 행위를 하기 위하여 토지를 굴착하려는 자는 환경부령으로 정하는 바에 따라 그 내용을 미리 시장·군수·구청장에게 신고하여야 한다. 신고한 사항 중 대통령령으로 정하는 중요한 사항을 변경하려 하거나 해당 행위를 종료한 경우에도 또한 같다. 〈개정 2013. 3. 23., 2018. 6. 8.〉

1. 제5조에 따른 지하수의 조사
2. 제7조제2항에 따른 지하수영향조사
3. 제16조의2제1항에 따른 수질측정
4. 그 밖에 지하수의 수량 또는 수질에 영향을 미치는 행위로서 대통령령으로 정하는 행위

② 시장·군수·구청장은 제1항에 따라 신고를 한 자에게 토지의 굴착에 따른 지질·수량, 그 밖에 지하수 관리에 필요한 자료를 요청할 수 있으며, 그 요청을 받은 자는 특별한 사유가 없으면 요청에 따라야 한다.

③ 시장·군수·구청장은 제1항에 따른 굴착행위로 인하여 대통령령으로 정하는 정도로 지하수의 수량 또는 수질에 영향을 미치거나 미칠 우려가 있는 경우에는 시설의 개선을 명하거나 필요한 조치를 할 수 있다.

④ 제1항에 따른 토지의 굴착신고, 제2항에 따른 지하수 관리에 필요한 자료의 제공절차 등에 관하여 필요한 사항은 환경부령으로 정한다. 〈개정 2013. 3. 23., 2018. 6. 8.〉

[전문개정 2011. 5. 30.]

제9조의5(지하수개발·이용시설의 사후관리 등) ① 이 법 또는 다른 법률에 따른 허가·인가 등을 받거나 신고를 하고 지하수를 개발·이용하는 자(이하 "지하수개발·이용자"라 한다)는 지하수 수질보전 등을 위하여 지하수개발·이용시설의 정비 등 사후관리를 하여야 한다. 〈개정 2013. 5. 22.〉

② 지하수개발·이용자가 제1항에 따른 사후관리를 이행하려는 때에는 환경부령으로 정하는 바에 따라 시장·군수·구청장에게 신고하여야 한다. 해당 행위를 종료한 때에도 또한 같다. 〈개정 2013. 3. 23., 2018. 6. 8.〉

③ 시장·군수·구청장은 사후관리를 이행하지 아니하거나 거짓으로 신고한 자에게는 대통령령으로 정하는 바에 따라 시정명령 또는 이용중지 등 필요한 조치를 할 수 있다.

④ 제1항에 따른 사후관리 대상 시설, 용도, 검사주기, 그 밖에 필요한 사항은 대통령령으로 정한다.

[전문개정 2011. 5. 30.]

제9조의6(지하수자원확보시설의 설치 등) ① 환경부장관 및 지방자치단체의 장은 안정적인 수자원의 확보와 가뭄 등에 대비하여 다음 각 호의 어느 하나에 해당하는 지역에 지하수자원확보시설(국가 또는 지방자치단체가 지하수자원을 확보하기 위하여 설치·관리하는 지하수댐, 지하수 함양시설 등을 말한다)을 설치 및 관리할 수 있다. 〈개정 2013. 3.

23., 2018. 6. 8.〉

1. 안정적인 수자원의 확보가 어려운 도서·해안 지역
2. 가뭄 등에 취약하여 비상시에 대비한 수자원의 확보가 필요한 지역
3. 그 밖에 지하수 수위가 불안정하거나 대체수원을 필요로 하는 등 지하수자원의 확보를 위하여 대통령령으로 정하는 지역

② 제1항의 지하수자원확보시설의 설치는 환경부장관의 경우 기본계획, 지방자치단체의 장의 경우 지역관리계획의 범위에서 하여야 한다. 〈개정 2013. 3. 23., 2018. 6. 8.〉

③ 제1항에 따른 지하수자원확보시설의 설치·관리에 관한 기준 등에 관하여는 환경부령으로 정한다. 〈개정 2013. 3. 23., 2018. 6. 8.〉

④ 환경부장관 또는 지방자치단체의 장은 제1항에 따른 지하수자원확보시설의 설치·관리에 관한 업무를 대통령령으로 정하는 기관에 대행하게 할 수 있다. 〈개정 2013. 3. 23., 2018. 6. 8.〉

[본조신설 2012. 1. 17.]

제9조의7(지하수의 냉난방에너지원으로 이용 등) ① 환경부장관은 지하수를 냉난방에너지원으로 이용하는 데 필요한 지하수의 적정한 개발·이용 및 보전·관리를 위한 시책을 강구하여야 한다. 〈개정 2013. 3. 23., 2018. 6. 8.〉

② 환경부장관은 제1항에 따른 시책을 이행하기 위하여 필요한 경우 시장·군수·구청장에 대하여 기술적·재정적 지원을 할 수 있다. 〈개정 2013. 3. 23., 2018. 6. 8.〉

③ 환경부장관은 지하수를 냉난방에너지원으로 이용하기 위한 시설에 대한 설치기준을 환경부령으로 정한다. 〈개정 2013. 3. 23., 2018. 6. 8.〉

[본조신설 2012. 1. 17.]

제10조(허가의 취소 등) ① 시장·군수·구청장은 제7조에 따라 허가를 받은 자가 다음 각 호의 어느 하나에 해당하는 경우에는 그 허가를 취소할 수 있다. 다만, 제1호·제7호·제8호 및 제8호의2에 해당하는 경우에는 허가를 취소하여야 한다. 〈개정 2012. 1. 17., 2013. 3. 23., 2018. 6. 8.〉

1. 부정한 방법으로 지하수개발·이용의 허가를 받은 경우
2. 제7조제3항 각 호의 어느 하나에 해당하는 경우
3. 제9조제1항에 따른 준공신고를 하지 아니하거나 거짓으로 신고한 경우
4. 허가를 받은 날부터 3개월 이내에 정당한 사유 없이 공사를 시작하지 아니하거나 공사 시작 후 계속하여 3개월 이상 공사를 중지한 경우
5. 지하수의 개발·이용을 위하여 굴착한 장소에서 지하수가 채취되지 아니한 경우
6. 수질불량으로 지하수를 개발·이용할 수 없는 경우
7. 허가를 받은 목적에 따른 개발·이용이 불가능하게 된 경우
8. 지하수의 개발·이용을 종료한 경우

8의2. 제17조제1항 또는 제2항에 따른 수위변동 실태조사 결과 지하수의 수위가 지속적으로 낮아지는 지역으로서 환경부장관이 대통령령으로 정하는 바에 따라 정밀조사한 결과 지하수의 개발·이용을 제한할 필요가 있어 시장·군수·구청장에게 허가의 취소를 요청한 경우

9. 제20조제2항에 따른 지하수의 이용중지 또는 수질개선 등의 조치명령을 위반한 경우

② 제1항제6호에 따른 수질불량의 정도에 관하여는 대통령령으로 정한다.

③ 시장·군수·구청장은 제1항에 따라 허가를 취소하기 전에 대통령령으로 정하는 바에 따라 기간을 정하여 그 시정을 명하거나 필요한 조치를 할 수 있다. 다만, 제1항제1호·제7호·제8호 및 제8호의2의 경우에는 그러하지 아니하다. 〈개정 2012. 1. 17.〉

④ 시장·군수·구청장은 제1항에 따라 허가를 취소하는 경우에는 허가를 받은 자에게 그 사유를 서면으로 알려야 한다.

[전문개정 2011. 5. 30.]

제11조(권리·의무의 승계 등) ① 지하수개발·이용자가 지하수개발·이용시설을 양도하거나 사망한 경우 또는 법인의 합병이 있는 경우에는 그 양수인·상속인 또는 합병 후 존속하는 법인이나 합병으로 설립된 법인이 허가·변경허가·신고 또는 변경신고에 따른 지하수개발·이용자의 권리·의무를 승계한다.

② 다음 각 호의 어느 하나에 해당하는 절차에 따라 지하수개발·이용자의 지하수개발·이용시설을 인수한 자는 허가·변경허가·신고 또는 변경신고에 따른 지하수개발·이용자의 권리·의무를 승계한다. 〈개정 2016. 12. 27.〉

1. 「민사집행법」에 따른 경매
2. 「채무자 회생 및 파산에 관한 법률」에 따른 환가(換價)
3. 「국세징수법」, 「관세법」 또는 「지방세징수법」에 따른 압류재산의 매각
4. 그 밖에 제1호부터 제3호까지의 규정에 준하는 절차

③ 제1항 및 제2항에 따라 권리·의무를 승계한 경우에는 승계일부터 1개월 이내에 환경부령으로 정하는 바에 따라 시장·군수·구청장에게 신고하여야 한다. 〈개정 2018. 6. 8.〉
[본조신설 2013. 5. 22.]

제3장 지하수의 보전·관리 〈개정 2011. 5. 30.〉

제12조(지하수보전구역의 지정) ① 시·도지사는 지하수의 보전·관리를 위하여 필요한 경우에는 다음 각 호의 어느 하나에 해당하는 지역을 지하수보전구역으로 지정할 수 있다.

1. 지하수를 이용하는 하류지역과 수리적으로 연결된 지하수의 공급원이 되는 상류지역
2. 주된 용수공급원이 되는 지하수가 상당히 부존된 지층이 있는 지역
3. 대통령령으로 정하는 공공급수용 지하수개발·이용시설의 중심에서 대통령령으로 정하는 반지름 이내에 제13조제1항제2호에 따른 시설이 설치되어 수질의 저하가 우려되는 지역
4. 지하수개발·이용량이 기본계획 또는 지역관리계획에서 정한 지하수개발 가능량에 비하여 현저하게 높다고 판단되는 지역
5. 지하수의 지나친 개발·이용으로 인하여 지하수의 고갈현상, 지반침하 또는 하천이 마르는 현상이 발생하거나 발생할 우려가 있는 지역
6. 지하수의 개발·이용으로 인하여 주변 생태계에 심각한 악영향을 미치거나 미칠 우려가 있는 지역
7. 그 밖에 지하수의 수량이나 수질을 보전하기 위하여 필요한 지역으로서 대통령령으로 정하는 지역

② 시·도지사는 제1항에 따라 지하수보전구역을 지정하거나 그 지정을 변경하려면 관계 행정기관의 장과 협의하여야 한다. 다만, 대통령령으로 정하는 경미한 사항을 변경하려는 경우에는 그러하지 아니하다.

③ 둘 이상의 특별시·광역시·특별자치시 또는 도의 행정구역에 걸쳐 지하수보전구역을 지정할 필요가 있는 경우에는 관계 시·도지사는 협의하여 이를 공동으로 지정하거나 지정할 자를 정한다. 〈개정 2013. 5. 22.〉

④ 환경부장관은 제3항에 따른 협의가 성립되지 아니한 경우에는 관계 중앙행정기관의 장과 협의하여 지정할 자를 지정하고, 이를 고시하여야 한다. 〈개정 2013. 3. 23., 2018. 6. 8.〉

⑤ 시·도지사는 제1항에 따라 지하수보전구역을 지정하거나 그 지정을 변경하였을 때에는 지체 없이 이를 고시하고, 환경부장관에게 보고하여야 하며, 시장(특별자치시장은 제외한다)·군수·구청장에게 알려야 한다. 〈개정 2013. 3. 23., 2013. 5. 22., 2018. 6. 8.〉

⑥ 시장·군수·구청장은 지하수보전구역의 지정 또는 지정 변경 사실 및 그 내용을 일반인이 열람할 수 있도록 하여야 한다. 〈신설 2013. 5. 22.〉

⑦ 환경부장관은 제1항 각 호의 어느 하나에 해당하는 지역이 다음 각 호의 어느 하나에 해당하는 경우에는 시·도지사에게 지하수보전구역의 지정을 명할 수 있다. 〈개정 2013. 3. 23., 2013. 5. 22., 2018. 6. 8.〉

1. 지하수의 보전·관리를 위하여 지하수보전구역을 지정할 필요가 있는데도 지정을 하지 아니하여 지하수의 보전·관리에 지장을 초래할 우려가 있다고 판단되는 지역
2. 수질보전을 위하여 필요하다고 인정되는 지역
3. 그 밖에 지하수의 보전·관리에 필요하다고 인정되는 경우로서 대통령령으로 정하는 지역

⑧ 시·도지사는 지하수보전구역이 지정된 경우에는 그 지역의 지하수를 보전·관리하기 위한 대책을 수립·시행하여야 한다. 〈개정 2013. 5. 22.〉

⑨ 환경부장관은 제1항 각 호에 해당하는 경우 그 지역의 안정적인 지하수자원 확보를 위하여 필요하다고 인정하는 경우에는 미리 시·도지사의 의견을 듣고 지하수를 보전·관리하기 위한 대책을 수립·시행할 수 있다. 〈신설 2013. 5. 22., 2018. 6. 8.〉

⑩ 지하수보전구역의 지정 범위, 절차, 그 밖에 필요한 사항은 대통령령으로 정한다. 〈개정 2013. 5. 22.〉
[전문개정 2011. 5. 30.]

제12조의2(주민의 의견 청취) ① 시·도지사는 제12조

에 따라 지하수보전구역을 지정하거나 그 지정을 변경하려면 주민의 의견을 들어야 하며, 그 의견이 타당하다고 인정할 때에는 이를 반영하여야 한다. 다만, 국방상 또는 국가안전보장상 기밀을 요하는 사항(관계 중앙행정기관의 장이 요청하는 것으로 한정한다)이거나 대통령령으로 정하는 경미한 사항인 경우에는 그러하지 아니하다.

② 제1항에 따른 주민의 의견 청취에 필요한 사항은 대통령령으로 정하는 기준에 따라 해당 특별시·광역시·특별자치시·도 또는 특별자치도의 조례로 정한다. 〈개정 2013. 5. 22.〉

[전문개정 2011. 5. 30.]

제13조(지하수보전구역에서의 행위 제한) ① 지하수보전구역에서 다음 각 호의 어느 하나에 해당하는 행위를 하려는 자는 시장·군수·구청장의 허가를 받아야 한다. 다만, 관계 법률에 따라 승인을 받거나 허가를 받아 제2호의 시설을 설치한 경우에는 허가를 받은 것으로 본다. 〈개정 2013. 6. 4., 2017. 1. 17.〉

1. 제8조제1항제5호에 따라 신고하도록 되어 있는 규모의 범위에서 대통령령으로 정하는 규모 이상의 지하수를 개발·이용하는 행위
2. 다음 각 목의 어느 하나에 해당하는 물질을 배출·제조 또는 저장하는 시설로서 대통령령으로 정하는 시설의 설치
   가. 「물환경보전법」 제2조제8호에 따른 특정수질유해물질
   나. 「폐기물관리법」 제2조제1호에 따른 폐기물
   다. 「하수도법」 제2조제1호·제2호에 따른 오수·분뇨 및 「가축분뇨의 관리 및 이용에 관한 법률」 제2조제2호에 따른 가축분뇨
   라. 「화학물질관리법」 제2조제7호에 따른 유해화학물질
   마. 「토양환경보전법」 제2조제2호에 따른 토양오염물질
3. 지하수의 수위저하·수질오염 또는 지반침하 등 명백한 위험을 가져오는 행위로서 대통령령으로 정하는 행위

② 시장·군수·구청장은 대통령령으로 정하는 바에 따라 지하수보전구역에서 새로운 지하수의 개발·이용을 금지할 수 있다.

③ 제1항에 따른 허가에 관하여는 제7조, 제9조, 제9조의2부터 제9조의7까지, 제10조 및 제11조를 준용한다. 〈개정 2013. 5. 22.〉

[전문개정 2011. 5. 30.]

제14조(이행보증금의 예치) ① 이 법 또는 다른 법률에 따른 허가·인가 등을 받거나 신고를 하고 지하수를 개발·이용하는 자 또는 제9조의4에 따라 굴착행위 신고를 하고 토지를 굴착하는 자는 원상복구의 이행을 담보하기 위하여 이행보증금을 예치하여야 한다. 다만, 다음 각 호의 어느 하나에 해당하는 경우에는 그러하지 아니하다.

1. 국가·지방자치단체 또는 「공공기관의 운영에 관한 법률」에 따른 공공기관이 지하수를 개발·이용하는 경우 또는 제9조의4에 따라 굴착행위신고를 하고 토지를 굴착하는 경우
2. 그 밖에 원상복구가 확실시되는 경우로서 대통령령으로 정하는 경우

② 제1항에 따른 이행보증금의 금액, 예치의 시기·방법·절차 및 이행보증금의 반환 등에 관하여 필요한 사항은 대통령령으로 정한다.

[전문개정 2011. 5. 30.]

제15조(원상복구 등) ① 이 법 또는 다른 법률에 따른 허가·인가 등을 받거나 신고를 하고 지하수를 개발·이용하는 자(제13조에 따른 허가를 받고 같은 조 제1항 각 호의 어느 하나에 해당하는 행위를 하는 자를 포함한다)가 다음 각 호의 어느 하나에 해당하는 경우에는 해당 시설 및 토지를 원상복구하여야 한다. 다만, 원상복구할 필요가 없는 경우로서 대통령령으로 정하는 경우에는 그러하지 아니하다.

1. 이 법 또는 다른 법률에 따른 허가·인가 등이 취소된 경우
2. 이 법 또는 다른 법률에 따른 허가·인가 등에 의한 개발·이용기간이 끝난 경우
3. 지하수의 개발·이용을 위하여 굴착한 장소에서 지하수가 채취되지 아니한 경우
4. 수질불량으로 지하수를 개발·이용할 수 없는 경우
5. 지하수의 개발·이용을 종료한 경우
6. 제8조의2에 따라 신고의 효력이 상실된 경우
7. 제9조의4에 따라 신고를 하고 토지를 굴착한 경우로서 같은 조 제1항 각 호의 어느 하나에 해당하는 행위를 종료한 경우
8. 그 밖에 원상복구가 필요한 경우로서 대통령령으로 정하는 경우

② 시장·군수·구청장은 제1항에 따라 원상복구를 하여야 하는 자가 정당한 사유 없이 그 의무를 이행

하지 아니하는 경우에는 일정한 기간을 정하여 원상복구를 명하여야 한다.

③ 시장·군수·구청장은 다음 각 호의 어느 하나에 해당하는 자에게 일정한 기간을 정하여 원상복구를 명하여야 한다.

1. 이 법 또는 다른 법률에 따라 지하수의 개발·이용에 관한 허가·인가 등을 받아야 하는 경우 그 허가·인가 등을 받지 아니하고 지하수를 개발·이용하는 자
2. 이 법 또는 다른 법률에 따라 지하수의 개발·이용에 관한 신고를 하여야 하는 경우 그 신고를 하지 아니하거나 거짓으로 신고하고 지하수를 개발·이용하는 자. 다만, 원상복구명령을 하기 전에 계속하여 지하수를 이용하기 위하여 이 법에 따라 신고한 자는 제외한다.

④ 시장·군수·구청장은 다음 각 호의 어느 하나에 해당되는 경우에는 대통령령으로 정하는 바에 따라 원상복구 의무자를 대신하여 직접 해당 시설 및 토지를 원상복구하여야 한다. 이 경우 제1호에 따른 원상복구를 위하여 제14조에 따른 이행보증금을 사용할 수 있다.

1. 원상복구 의무자가 제2항에 따른 원상복구명령을 이행하지 아니하여 시급한 원상복구가 요청되는 경우
2. 원상복구 의무자가 불분명하여 지하수개발·이용시설 또는 토지의 굴착시설 등이 방치된 경우

⑤ 제1항부터 제4항까지의 규정에 따른 원상복구의 기준·방법·기간 등에 필요한 사항은 대통령령으로 정한다.

[전문개정 2011. 5. 30.]

제16조(지하수 오염방지명령 등) ① 이 법 또는 다른 법률에 따라 허가·인가 등을 받거나 신고를 하고 지하수를 개발·이용하는 자(제13조에 따른 허가를 받고 같은 조 제1항 각 호의 어느 하나에 해당하는 행위를 하는 자를 포함한다)는 대통령령으로 정하는 바에 따라 지하수 오염방지를 위한 시설의 설치 등 필요한 조치를 하여야 한다.

② 환경부장관 또는 시장·군수·구청장은 지하수 오염방지를 위하여 특히 필요하다고 인정할 때에는 대통령령으로 정하는 바에 따라 지하수를 오염시키거나 현저하게 오염시킬 우려가 있는 시설의 설치자 또는 관리자에게 지하수 오염방지를 위한 조치를 하도록 명할 수 있다.

[전문개정 2011. 5. 30.]

제16조의2(지하수오염유발시설의 오염방지 등) ① 지하수를 오염시키거나 현저하게 오염시킬 우려가 있는 시설로서 다음 각 호의 어느 하나에 해당하는 시설(이하 "지하수오염유발시설"이라 한다)의 설치자 또는 관리자(이하 "지하수오염유발시설관리자"라 한다)는 대통령령으로 정하는 바에 따라 지하수 오염방지를 위한 조치를 하고, 지하수 오염 관측정(觀測井)을 설치하여 수질측정을 하여야 하며, 그 측정결과를 시장·군수·구청장에게 보고하여야 한다.

1. 지하수보전구역에 설치된 환경부령으로 정하는 시설
2. 지하수의 오염방지를 위하여 오염 여부에 대한 지속적인 관측이 필요하다고 인정되는 시설로서 환경부령으로 정하는 시설

② 지하수오염유발시설관리자는 해당 시설을 운영하는 과정에서 대통령령으로 정하는 지하수오염이 우려되거나 지하수오염이 발생하였을 때에는 지체 없이 적절한 조치를 하고 이를 시장·군수·구청장에게 신고하여야 한다. 이 경우 시장·군수·구청장은 신고 내용을 조사·확인하여 오염방지 등 적절한 대책을 마련하여야 한다.

[전문개정 2011. 5. 30.]

제16조의3(지하수오염유발시설관리자에 대한 조치)

① 환경부장관 또는 시장·군수·구청장은 제16조의2제1항에 따른 수질측정 결과 지하수의 수질이 환경부령으로 정한 기준에 적합하지 아니하게 된 경우에는 대통령령으로 정하는 바에 따라 그 오염의 원인을 제공한 지하수오염유발시설관리자에게 지하수의 수질을 복원할 수 있는 정화작업과 그 밖에 필요한 조치를 하도록 명하여야 한다.

② 환경부장관 또는 시장·군수·구청장은 지하수오염유발시설관리자가 제1항에 따른 명령을 이행하지 아니하거나 이행 후 해당 부지와 그 주변지역의 지하수오염 정도가 환경부령으로 정하는 오염지하수 정화기준 이내로 감소되지 아니할 경우에는 해당 지하수오염유발시설의 운영 및 사용을 중지하게 하거나 지하수오염유발시설의 폐쇄·철거 또는 이전을 명할 수 있다.

③ 제1항에 따른 지하수오염유발시설관리자에 대한 명령절차 등에 관하여 필요한 사항은 대통령령으로 정한다.

④ 시장·군수·구청장은 지하수 오염의 원인을 제

공한 지하수오염유발시설관리자가 불분명하거나 지하수 오염의 원인을 제공한 지하수오염유발시설관리자에 의한 정화작업이 곤란하다고 인정하는 경우에는 직접 해당 정화작업을 할 수 있다.
[전문개정 2011. 5. 30.]

제16조의4(오염지하수 정화계획의 승인 등) ① 지하수오염유발시설관리자는 제16조의2제2항에 따라 오염된 지하수를 정화하거나 제16조의3제1항에 따른 정화명령을 받았을 때에는 환경부령으로 정하는 오염지하수 정화기준에 맞도록 하여야 하며, 대통령령으로 정하는 바에 따라 오염지하수 정화계획을 작성한 후 시장·군수·구청장에게 제출하여 승인을 받아야 한다. 승인을 받은 사항 중 환경부령으로 정하는 중요한 사항을 변경하려는 경우에도 또한 같다.
② 시장·군수·구청장이 제1항에 따라 승인을 하는 경우에는 정화사업의 시행기간을 명시하여야 한다.
[전문개정 2011. 5. 30.]

제17조(지하수의 관측 및 조사 등) ① 환경부장관은 전국적인 지하수관측시설(이하 "국가관측망"이라 한다)을 설치하여 대통령령으로 정하는 바에 따라 지하수의 수위변동실태를 조사하여야 한다. 〈개정 2013. 3. 23., 2018. 6. 8.〉
② 시장·군수·구청장은 관할구역의 지하수 수위 등의 변동실태를 파악·분석하기 위하여 국가관측망을 보완하는 지역 지하수관측시설(이하 "보조관측망"이라 한다)을 설치하고 대통령령으로 정하는 바에 따라 지하수 수위 등의 변동실태를 조사하여 그 결과를 환경부장관에게 보고하여야 한다. 〈개정 2013. 3. 23., 2018. 6. 8.〉
③ 시장·군수·구청장이 제2항에 따라 보조관측망을 설치하려면 관측망의 위치, 구조도, 측정 장비 등이 포함된 보조관측망 설치계획을 수립하여 환경부장관 및 시·도지사에게 통보하여야 한다. 다만, 특별자치시장이 보조관측망을 설치할 때에는 환경부장관에게만 통보하여야 한다. 〈개정 2013. 3. 23., 2013. 5. 22., 2018. 6. 8.〉
④ 환경부장관 및 시장·군수·구청장은 제1항 및 제2항에 따른 관측망의 위치 및 구조도, 측정 항목 등을 명시한 관측망 설치계획을 결정하여 고시(기본계획에 관측망 설치계획을 포함하여 공고한 경우에는 관측망 설치계획을 고시한 것으로 본다)하고, 일반인이 이를 열람할 수 있게 하여야 한다. 관측망 설치계획을 변경하려는 경우에도 또한 같다. 〈개정 2013. 3. 23., 2018. 6. 8.〉
⑤ 제1항 및 제2항에 따른 관측망의 설치구역이 제18조에 따른 수질측정망과 같은 구역인 경우에는 상호 연계하여 운영되도록 하여야 한다.
⑥ 시장·군수·구청장은 대통령령으로 정하는 바에 따라 관할구역의 지하수의 수량·수질 등 이용실태를 조사하여 환경부장관 및 관계 시·도지사에게 보고하여야 한다. 다만, 특별자치시장이 지하수의 이용실태를 조사한 때에는 환경부장관에게만 보고하여야 한다. 〈개정 2013. 3. 23., 2013. 5. 22., 2018. 6. 8.〉
⑦ 삭제 〈2018. 6. 8.〉
⑧ 관계 중앙행정기관의 장 또는 지방자치단체의 장이 관계 법률에 따라 지하수개발·이용을 허가 또는 인가하거나 신고를 받았을 때에는 제6항에 따른 지하수의 이용실태 조사를 위하여 환경부령으로 정하는 바에 따라 관계 시장·군수·구청장에게 이를 통보하여야 한다. 〈개정 2013. 3. 23., 2013. 5. 22., 2018. 6. 8.〉
⑨ 환경부장관 및 시장·군수·구청장은 제1항 및 제2항에 따른 지하수의 수위변동 실태조사 결과 지하수의 수위가 지속적으로 낮아지는 것으로 판단되는 경우에는 지하수보전구역으로 지정하여 줄 것을 요청하는 등 대통령령으로 정하는 바에 따라 필요한 조치를 하여야 한다. 〈개정 2013. 3. 23., 2013. 5. 22., 2018. 6. 8.〉
⑩ 환경부장관 및 시장·군수·구청장은 제1항 및 제2항에 따른 지하수의 관측 및 지하수 수위 등의 변동실태 조사에 관한 업무를 지하수조사전문기관에 대행하게 할 수 있다. 〈신설 2017. 4. 18., 2018. 6. 8.〉
⑪ 제1항부터 제3항까지의 규정에 따른 관측망의 설치기준, 관측망의 수, 관측방법 등에 관하여 필요한 사항은 대통령령으로 정한다. 〈개정 2013. 5. 22., 2017. 4. 18.〉
[전문개정 2011. 5. 30.]

제18조(수질오염의 측정) ① 환경부장관은 지하수의 수질보전을 위하여 지하수 수질측정시설(이하 "수질측정망"이라 한다)을 설치하여 전국의 지하수에 대한 수질오염실태를 측정하여야 한다. 〈개정 2013. 3. 23., 2018. 6. 8.〉
② 수질측정망의 설치기준·설치구역 등에 관하여

필요한 사항은 환경부령으로 정한다.
[전문개정 2011. 5. 30.]

제18조의2(토지 등의 수용 및 사용) ① 환경부장관 또는 시장·군수·구청장은 제17조 및 제18조에 따른 지하수관측시설 및 수질측정망의 설치를 위하여 필요한 경우에는 해당 지역의 토지 또는 그 토지에 정착된 물건을 수용하거나 사용할 수 있다. 〈개정 2013. 3. 23., 2018. 6. 8.〉
② 제1항에 따른 수용 또는 사용의 절차와 손실보상 등에 관하여는 「공익사업을 위한 토지 등의 취득 및 보상에 관한 법률」에서 정하는 바에 따른다.
[전문개정 2011. 5. 30.]

제19조 삭제 〈2001. 1. 16.〉

제20조(수질검사 등) ① 제7조 또는 제13조에 따라 허가를 받거나 제8조에 따라 신고하고 지하수를 개발·이용하는 자로서 대통령령으로 정하는 자는 정기적으로 지하수 관련 검사전문기관의 수질검사를 받아야 한다.
② 환경부장관 또는 시장·군수·구청장은 제1항에 따른 수질검사 결과 그 수질이 환경부령으로 정하는 수질기준에 적합하지 아니한 경우에는 대통령령으로 정하는 바에 따라 지하수의 이용중지 또는 수질개선 등 필요한 조치를 명할 수 있다.
③ 수질검사의 항목·기준·절차 및 검사전문기관 등에 관하여 필요한 사항은 대통령령으로 정한다.
④ 제1항에 따라 수질검사를 받은 자는 검사결과서를 갖추어 두어야 한다.
[전문개정 2011. 5. 30.]

제21조(출입조사 등) ① 시장·군수·구청장은 제7조 또는 제13조에 따라 허가를 받거나 제8조에 따라 신고하고 지하수를 개발·이용하는 자와 지하수오염유발시설관리자로 하여금 1개월 이내의 기간을 정하여 제20조에 따른 수질검사 이행 여부, 수질검사 결과서, 지하수개발·이용상황 또는 제16조의2에 따른 지하수 오염방지 조치상황 등에 대한 자료를 제출하게 하거나 보고하게 할 수 있다.
② 제1항에 따른 제출 자료 및 보고 내용을 검토한 결과 조사 목적을 달성하기 어려운 경우에는 관계 공무원이 해당 사업장 등에 출입하여 해당 사항을 조사하게 할 수 있다.
③ 제2항에 따른 조사를 하는 경우에는 조사 7일 전까지 조사 일시, 조사 이유 및 조사 내용 등에 대한 조사계획을 조사대상자에게 알려야 한다. 다만, 긴급한 경우이거나 사전에 알리면 증거인멸 등으로 조사 목적을 달성할 수 없다고 인정하는 경우에는 그러하지 아니할 수 있다.
④ 제2항에 따라 검사를 하는 공무원은 그 신분을 나타내는 증표를 관계인에게 보여 주어야 하며, 출입 시 성명, 출입시간, 출입 목적 등이 표시된 문서를 관계인에게 발급하여야 한다.
[전문개정 2011. 5. 30.]

제4장 지하수개발·이용시공업(施工業)
〈개정 2011. 5. 30.〉

제22조(지하수개발·이용시공업의 등록 등) ① 지하수개발·이용시공업을 하려는 자는 대통령령으로 정하는 자본금, 기술능력, 시설 등을 갖추어 주된 사무소의 소재지를 관할하는 시장·군수·구청장에게 등록하여야 한다. 등록한 사항 중 상호 또는 명칭 등 대통령령으로 정하는 사항을 변경하려는 경우에도 또한 같다.
② 지하수개발·이용시공업자가 아니면 지하수개발·이용시설의 공사 및 제9조의5에 따른 사후관리를 할 수 없다. 다만, 다음 각 호의 공사의 경우에는 그러하지 아니하다.
1. 제7조제1항제2호에 해당하는 공사
2. 그 밖에 대통령령으로 정하는 경미한 공사
③ 지하수개발·이용시공업자는 이 법 또는 다른 법률에 따라 허가·인가 등을 받지 아니하였거나 신고하지 아니한 지하수개발·이용시설의 공사를 하여서는 아니 된다.
[전문개정 2011. 5. 30.]

제23조(결격사유) 다음 각 호의 어느 하나에 해당하는 자는 지하수개발·이용시공업의 등록을 할 수 없다. 〈개정 2017. 4. 18.〉
1. 피성년후견인 및 피한정후견인
2. 파산선고를 받고 복권되지 아니한 자
3. 이 법을 위반하여 징역 이상의 실형을 선고받고 그 집행이 끝나거나(집행이 끝난 것으로 보는 경우를 포함한다) 집행이 면제된 날부터 2년이 지나지 아니한 사람
4. 이 법을 위반하여 금고 이상의 형의 집행유예를 선고받고 그 유예기간 중에 있는 사람
5. 제25조제1항에 따라 지하수개발·이용시공업의 등록이 취소(제1호 또는 제2호에 해당하여 등록이 취소된 경우는 제외한다)된 후 2년이 지나지

아니한 자

6. 임원 중에 제1호부터 제5호까지의 어느 하나에 해당하는 사람이 있는 법인

[전문개정 2011. 5. 30.]

제24조(지하수개발 · 이용시공업의 양도 · 양수) ① 지하수개발·이용시공업자가 지하수개발·이용시공업을 양도·양수하거나 합병한 경우에는 양도일·양수일 또는 합병일부터 1개월 이내에 대통령령으로 정하는 바에 따라 시장·군수·구청장에게 신고하여야 한다. 〈개정 2013. 5. 22.〉

② 제1항에 따라 신고한 양수인 및 합병에 따라 설립되거나 합병 후 존속하는 법인은 양도인 및 합병 전의 법인의 지하수개발·이용시공업자로서의 지위를 각각 승계한다.

③ 지하수개발·이용시공업자가 사망하여 그 상속인이 지하수개발·이용시공업자의 지위를 승계한 경우에는 승계일부터 3개월 이내에 대통령령으로 정하는 바에 따라 시장·군수·구청장에게 신고하여야 한다. 〈개정 2013. 5. 22.〉

④ 제1항 및 제3항에 따른 신고에 관하여는 제23조를 준용한다.

[전문개정 2011. 5. 30.]

제25조(등록의 취소 등) ① 시장·군수·구청장은 지하수개발·이용시공업자가 다음 각 호의 어느 하나에 해당하는 경우에는 지하수개발·이용시공업의 등록을 취소할 수 있다. 다만, 제1호·제4호·제5호 및 제7호에 해당하는 경우에는 등록을 취소하여야 한다. 〈개정 2016. 12. 27.〉

1. 부정한 방법으로 제22조제1항에 따른 등록을 한 경우
2. 제22조제1항에 따른 등록기준에 미치지 못하게 된 경우
3. 제22조제1항에 따른 변경등록을 하지 아니하거나 부정한 방법으로 변경등록을 한 경우
4. 제23조 각 호의 어느 하나에 해당하게 된 경우. 다만, 법인의 임원 중에 제23조제1호부터 제5호까지의 어느 하나에 해당하는 자가 있는 경우 3개월 이내에 해당 임원을 교체 임명하였을 때에는 그러하지 아니하다.
5. 제26조를 위반하여 다른 자에게 자기의 상호 또는 명칭을 사용하여 지하수개발·이용시공업을 하게 하거나 등록증을 대여한 경우
6. 계속하여 2년 이상 영업을 하지 아니한 경우
7. 고의 또는 중대한 과실로 지하수개발·이용시설의 공사를 부실하게 한 경우
8. 「국세징수법」, 「지방세징수법」 등 관계 법률에 따라 국가 또는 지방자치단체가 요구하는 경우

② 제1항에 따라 등록의 취소처분을 받은 지하수개발·이용시공업자는 그 처분이 있기 전에 시작한 공사에 대하여는 대통령령으로 정하는 바에 따라 시공을 계속할 수 있다.

③ 제1항에 따른 등록취소의 절차 등에 관하여 필요한 사항은 대통령령으로 정한다.

[전문개정 2011. 5. 30.]

제26조(명의 대여의 금지 등) 지하수개발·이용시공업자는 다른 자에게 자기의 상호 또는 명칭을 사용하여 지하수개발·이용시공업을 하게 하거나 그 등록증을 대여하여서는 아니 된다.

[전문개정 2011. 5. 30.]

제26조의2(사업자단체의 설립) ① 지하수개발·이용 등과 관련한 업체 및 관련 전문가 등은 지하수개발·이용과 관련한 기술의 개발, 제도의 개선, 그 밖에 업계의 건전한 발전을 위하여 단체(이하 "협회"라 한다)를 설립할 수 있다.

② 협회는 법인으로 한다.

③ 협회를 설립하려면 지하수개발·이용 등과 관련한 업계 및 관련 전문가 10인 이상이 발기하고 창립총회에서 정관을 작성한 후 환경부장관에게 인가를 신청하여야 한다. 〈개정 2013. 3. 23., 2018. 6. 8.〉

④ 환경부장관은 제3항에 따른 신청을 인가하였을 때에는 이를 공고하여야 한다. 〈개정 2013. 3. 23., 2018. 6. 8.〉

⑤ 협회는 다음의 각 호의 업무를 수행한다. 〈개정 2013. 3. 23., 2018. 6. 8.〉

1. 지하수개발·이용에 관한 조사 및 연구
2. 지하수개발·이용 및 수질 보전에 관한 기술개발 및 교육
3. 지하수개발·이용에 관한 각종 간행물의 발간
4. 환경부장관으로부터 위탁받은 업무
5. 지하수의 보전·관리 및 환경의식의 고취를 위한 대국민 홍보
6. 그 밖에 협회의 설립 목적을 달성하기 위하여 필요한 사업

⑥ 협회의 정관 또는 지도·감독 등에 필요한 사항은 환경부령으로 정한다. 〈개정 2013. 3. 23., 2018. 6. 8.〉

⑦ 협회에 관하여 이 법에서 정한 내용을 제외하고는 「민법」 중 사단법인에 관한 규정을 준용한다.
[전문개정 2011. 5. 30.]

제5장 지하수영향조사기관 〈개정 2011. 5. 30.〉

제27조(지하수영향조사기관의 등록) ① 제7조 또는 제13조에 따른 허가의 신청에 필요한 지하수영향조사 업무를 하려는 자는 대통령령으로 정하는 바에 따라 주된 사무소의 소재지를 관할하는 시장·군수·구청장에게 등록하여야 한다. 등록한 사항 중 상호 또는 명칭 등 대통령령으로 정하는 사항을 변경하려는 경우에도 또한 같다.
② 제1항에 따른 등록의 기준 및 절차 등에 관하여 필요한 사항은 대통령령으로 정한다.
[전문개정 2011. 5. 30.]

제28조(지하수영향조사기관의 결격사유) 다음 각 호의 어느 하나에 해당하는 자는 제27조제1항에 따른 등록을 신청할 수 없다. 〈개정 2017. 4. 18.〉
1. 제23조제1호부터 제4호까지의 어느 하나에 해당하는 자
2. 제29조제1항에 따라 지하수영향조사기관의 등록이 취소(제23조제1호 또는 제2호에 해당하여 등록이 취소된 경우는 제외한다)된 후 2년이 지나지 아니한 자
3. 임원 중에 제1호 또는 제2호의 어느 하나에 해당하는 사람이 있는 법인

[전문개정 2011. 5. 30.]

제29조(지하수영향조사기관의 등록취소 등) ① 시장·군수·구청장은 제27조제1항에 따른 등록을 한 자(이하 "지하수영향조사기관"이라 한다)가 다음 각 호의 어느 하나에 해당하는 경우에는 그 등록을 취소할 수 있다. 다만, 제1호·제4호·제5호 또는 제7호에 해당하는 경우에는 그 등록을 취소하여야 한다.
1. 부정한 방법으로 등록을 한 경우
2. 제27조제1항에 따른 변경등록을 하지 아니하거나 부정한 방법으로 변경등록을 한 경우
3. 제27조제2항에 따른 등록기준을 충족하지 못하게 된 경우
4. 제28조 각 호의 어느 하나에 해당하는 경우. 다만, 법인의 임원 중에 제28조제1호 또는 제2호의 어느 하나에 해당하는 사람이 있는 경우 3개월 이내에 해당 임원을 교체 임명하였을 때에는 그러하지 아니하다.
5. 제30조를 위반하여 다른 자에게 자기의 상호 또는 명칭을 사용하여 지하수영향조사를 하게 하거나 등록증을 대여한 경우
6. 지하수영향조사업무의 전부를 하도급한 경우
7. 고의 또는 중대한 과실로 지하수영향조사를 부실하게 한 경우

② 제1항에 따른 등록취소의 절차 등에 관하여 필요한 사항은 대통령령으로 정한다.
[전문개정 2011. 5. 30.]

제29조의2(지하수정화업의 등록) ① 지하수정화업을 하려는 자는 대통령령으로 정하는 자본금, 기술능력, 시설 등을 갖추어 주된 사무소의 소재지를 관할하는 시장·군수·구청장에게 등록하여야 한다. 등록한 사항 중 상호 또는 명칭 등 대통령령으로 정하는 사항을 변경하려는 경우에도 또한 같다.
② 지하수정화업의 등록을 한 자가 아니면 지하수정화업무를 할 수 없다. 다만, 대통령령으로 정하는 경미한 정화작업의 경우에는 그러하지 아니하다.
③ 지하수정화업에 관하여는 제23조부터 제26조까지의 규정을 준용한다. 이 경우 "지하수개발·이용시공업"은 "지하수정화업"으로, "지하수개발·이용시공업자"는 "지하수정화업자"로 본다.
[전문개정 2011. 5. 30.]

제30조(명의 대여의 금지 등) 지하수영향조사기관은 다른 사람에게 자기의 상호 또는 명칭을 사용하여 지하수영향조사를 하게 하거나 그 등록증을 대여하여서는 아니 된다.
[전문개정 2011. 5. 30.]

제5장의2 재원의 확보 및 관리 〈신설 2005. 5. 31.〉

제30조의2(지하수관리특별회계의 설치 등) ① 시(특별자치시를 포함한다. 이하 같다)·군 또는 자치구는 관할구역 지하수의 적정한 개발·이용과 보전·관리에 필요한 사업비 등을 조달하기 위하여 지하수관리특별회계(이하 "특별회계"라 한다)를 설치할 수 있다. 〈개정 2013. 5. 22.〉
② 특별회계는 다음 각 호의 재원(財源)으로 조성한다.
1. 특별시·광역시 또는 도의 보조금
2. 제30조의3에 따른 지하수이용부담금
3. 일반회계 및 다른 특별회계로부터의 전입금
4. 차입금

5. 제1호부터 제4호까지의 자금을 운용하여 발생되는 수익금
6. 제3항에 따른 이행보증금 예탁금
7. 제39조 및 제40조에 따른 과태료

③ 제14조에 따라 예치된 이행보증금이 현금인 경우에는 특별회계에 예탁한다.

④ 특별회계는 다음 각 호의 용도로 사용한다.

1. 제5조에 따른 지하수의 조사
2. 지역관리계획의 수립 및 시행
3. 지하수보전구역의 운영
4. 제15조에 따른 원상복구
5. 제16조의3에 따른 오염지하수의 정화작업
6. 제17조에 따른 보조관측망의 설치·운영 및 지하수 이용실태 조사
7. 제2항제4호에 따른 차입금의 상환
8. 제3항에 따른 이행보증금 예탁금의 상환
9. 제33조제2항에 따른 수질검사 수수료의 보전
10. 그 밖에 지하수의 보전·관리를 위하여 필요한 사업으로서 대통령령으로 정하는 용도

⑤ 특별회계의 예산편성·결산 및 운용에 필요한 사항은 시·군 또는 자치구의 조례로 정한다.

⑥ 시장·군수·구청장은 매년 특별회계 운용계획을 수립하거나 수립한 특별회계 운용계획을 변경(대통령령으로 정하는 경미한 사항의 변경은 제외한다)한 경우에는 대통령령으로 정하는 바에 따라 환경부장관 및 시·도지사에게 보고하여야 한다. 다만, 특별자치시장은 환경부장관에게만 보고하여야 한다. 〈개정 2013. 5. 22., 2018. 6. 8.〉

[전문개정 2011. 5. 30.]

제30조의3(지하수이용부담금의 부과·징수) ① 시장·군수·구청장은 지하수의 적정한 개발·이용과 보전·관리에 필요한 재원을 조성하기 위하여 제7조에 따라 허가를 받거나 제8조에 따라 신고하고 지하수를 개발·이용하는 자에게 지하수이용부담금을 부과·징수할 수 있다. 다만, 다음 각 호의 어느 하나에 해당되는 경우에는 그러하지 아니하다. 〈개정 2015. 6. 22.〉

1. 제8조제1항제1호·제3호 및 제4호에 해당되는 경우
2. 「농업·농촌 및 식품산업 기본법」 제3조제1호에 따른 농업과 「수산업·어촌 발전 기본법」 제3조제1호가목에 따른 어업을 영위할 목적으로 지하수를 개발·이용하는 경우
3. 「수도법」 제3조제19호에 따른 일반수도사업을 할 목적으로 지하수를 개발·이용하는 경우
4. 「하천법」 제50조제6항에 따라 하천수 사용료가 부과된 경우
5. 제1호부터 제4호까지의 규정 외의 경우로서 대통령령으로 정하는 용도와 규모로 지하수를 개발·이용하는 경우

② 제1항에 따른 지하수이용부담금은 「한강수계 상수원수질개선 및 주민지원 등에 관한 법률」 제19조에 따른 물이용부담금 상당액의 100분의 50의 범위에서 지하수 취수량, 용도 등을 고려하여 시·군 또는 자치구의 조례로 정한다. 〈개정 2013. 5. 22.〉

③ 제1항 및 제2항에 따른 지하수이용부담금의 세부적인 산정방법, 부과·징수 방법 및 납입절차 등에 관하여 필요한 사항은 시·군 또는 자치구의 조례로 정한다.

④ 시장·군수·구청장은 제1항에 따라 지하수이용부담금을 내야 할 자가 납부기한까지 지하수이용부담금을 내지 아니하면 가산금을 징수한다. 이 경우 가산금에 관하여는 「지방세징수법」 제14조 및 제30조를 준용한다. 〈신설 2013. 5. 22., 2016. 12. 27.〉

⑤ 시장·군수·구청장은 제1항에 따른 지하수이용부담금이나 제4항에 따른 가산금을 내야 할 자가 납부기한까지 내지 아니하면 「지방세외수입금의 징수 등에 관한 법률」에 따라 징수한다. 〈개정 2013. 5. 22., 2013. 8. 6.〉

[전문개정 2011. 5. 30.]

제6장 보칙 〈개정 2011. 5. 30.〉

제31조(타인 토지에의 출입 등) ① 관계 행정기관의 장, 지하수조사전문기관, 지하수영향조사기관 또는 지하수정화업자는 제5조·제7조(제13조제3항에 따라 준용하는 경우를 포함한다)·제16조의4·제17조 또는 제18조에 따른 조사·정화·관측 또는 측정을 위하여 필요할 때에는 타인의 토지에 출입하거나 타인의 토지를 일시 사용할 수 있으며, 특히 필요한 경우에는 죽목(竹木)·토석(土石) 또는 그 밖의 장애물을 변경하거나 제거할 수 있다.

② 지하수조사전문기관, 지하수영향조사기관 또는 지하수정화업자는 제1항에 따라 타인의 토지에 출입하려면 시장·군수·구청장의 허가를 받아 출입하려는 날의 3일 전까지 해당 토지의 소유자·점유

자 또는 관리인에게 그 일시와 장소를 알려야 한다.

③ 관계 행정기관의 장, 지하수조사전문기관, 지하수영향조사기관 또는 지하수정화업자가 제1항에 따라 타인의 토지를 일시 사용하려는 경우나 죽목·토석 또는 그 밖의 장애물을 변경하거나 제거하려는 경우에는 토지의 소유자 또는 점유자나 관리인의 동의를 받아야 한다. 다만, 토지 또는 장애물의 소유자 또는 점유자나 관리인이 현장에 없거나 주소 또는 거소(居所)가 분명하지 아니하여 동의를 받을 수 없을 때에는 시장·군수·구청장의 허가를 받아 타인의 토지를 일시 사용할 수 있으며 장애물을 변경하거나 제거할 수 있다.

④ 해 뜨기 전이나 해가 진 후에는 토지 점유자의 승낙 없이 담장이나 울타리로 둘러싸인 타인의 토지에 출입할 수 없다.

⑤ 제1항에 따른 행위를 하려는 자는 그 권한을 표시하는 증표 또는 허가증을 관계인에게 보여 주어야 한다.

[전문개정 2011. 5. 30.]

제32조(손실보상) ① 제31조제1항에 따른 행위를 한 자는 토지에의 출입, 토지의 일시 사용 또는 장애물의 변경·제거로 인하여 타인에게 손실을 입혔을 때에는 정당한 보상을 하여야 한다.

② 제1항에 따른 손실보상에 관하여는 그 손실을 보상할 자와 손실을 받은 자가 협의하여야 한다.

③ 제2항에 따른 협의가 성립되지 아니하거나 협의를 할 수 없을 경우에는 관할 토지수용위원회에 재결(裁決)을 신청할 수 있다.

[전문개정 2011. 5. 30.]

제33조(수수료) ① 다음 각 호의 어느 하나에 해당하는 허가·검사·등록을 신청하려는 자는 환경부령으로 정하는 바에 따라 수수료를 시장·군수·구청장(제3호의 경우 제20조제1항에 따른 지하수 관련 검사전문기관)에게 내야 한다. 〈개정 2013. 3. 23., 2018. 6. 8.〉

1. 제7조제1항 또는 제6항에 따른 지하수개발·이용의 허가 또는 변경허가
2. 제13조제1항제1호에 따른 지하수개발·이용행위의 허가
3. 제20조제1항에 따른 수질검사
4. 제22조제1항에 따른 지하수개발·이용시공업의 등록 또는 변경등록
5. 제27조제1항에 따른 지하수영향조사기관의 등록 또는 변경등록
6. 제29조의2에 따른 지하수정화업의 등록 또는 변경등록

② 제1항에도 불구하고 다음 각 호의 어느 하나에 해당하는 경우에는 같은 항에 따른 수수료를 감면할 수 있다. 다만, 제1항제3호의 수수료는 지방자치단체의 조례로 정하는 바에 따라 감면할 수 있되, 해당 지방자치단체는 제30조의2에 따른 지하수관리특별회계를 활용하여 수수료 감면에 따른 수질검사 비용의 차액을 지하수 관련 검사전문기관에게 보전하여야 한다.

1. 제1항 각 호의 허가·검사·등록을 신청하고자 하는 자가 국가 또는 지방자치단체인 경우
2. 제1항제3호의 검사를 신청하고자 하는 자가 상수도 미보급지역에서 가정용 등 일상생활에 음용수로 사용하는 경우

[전문개정 2011. 5. 30.]

제34조(보고·조사 등) ① 시장·군수·구청장은 등록요건 및 법령 위반 여부의 확인이 필요하거나 민원 등이 발생한 경우에는 지하수개발·이용시공업자, 지하수영향조사기관 또는 지하수정화업자로 하여금 1개월 이내의 기간을 정하여 필요한 자료를 제출하게 하거나 보고하게 할 수 있다.

② 제1항에 따른 제출 자료 및 보고 내용을 검토한 결과 조사 목적을 달성하기 어려운 경우에는 관계 공무원이 해당 사업장 등에 출입하여 해당 사항을 조사하게 할 수 있다.

③ 제2항에 따른 조사를 하는 경우에는 조사 7일 전까지 조사 일시, 조사 이유 및 조사 내용 등에 대한 조사계획을 조사대상자에게 알려야 한다. 다만, 긴급한 경우나 사전에 알리면 증거인멸 등으로 조사 목적을 달성할 수 없다고 인정하는 경우에는 그러하지 아니할 수 있다.

④ 제2항에 따라 검사를 하는 공무원은 그 신분을 나타내는 증표를 관계인에게 보여 주어야 하며, 출입 시 성명, 출입 시간, 출입 목적 등이 표시된 문서를 관계인에게 발급하여야 한다.

[전문개정 2011. 5. 30.]

제34조의2(교육 등) ① 환경부장관은 지하수개발·이용 관련 기술인력의 효율적 활용과 기술능력 향상을 위하여 필요한 경우 기술자의 교육훈련 등에 관한 시책을 수립하여 추진할 수 있다. 〈개정 2013. 3. 23., 2018. 6. 8.〉

② 지하수개발·이용 관련 업계 종사자 및 기술인력은 환경부장관이 실시하는 교육훈련을 받아야 하며, 교육 대상과 내용 및 교육기관 등에 관하여 필요한 사항은 대통령령으로 정한다. 〈개정 2013. 3. 23., 2018. 6. 8.〉

③ 환경부장관은 제1항 및 제2항에 따른 교육훈련 업무를 대통령령으로 정하는 기관 또는 단체에 위탁할 수 있다. 〈개정 2013. 3. 23., 2018. 6. 8.〉

[전문개정 2011. 5. 30.]

제35조(청문) 시장·군수·구청장은 다음 각 호의 어느 하나에 해당하는 처분을 하려면 청문을 하여야 한다.

1. 제10조제1항(제13조제3항에 따라 준용하는 경우를 포함한다)에 따른 지하수개발·이용허가의 취소
2. 제25조제1항(제29조의2제3항에 따라 준용하는 경우를 포함한다)에 따른 지하수개발·이용시공업의 등록취소
3. 제29조제1항에 따른 지하수영향조사기관의 등록취소

[전문개정 2011. 5. 30.]

제36조(권한의 위임) ① 이 법에 따른 환경부장관의 권한은 그 일부를 대통령령으로 정하는 바에 따라 소속 기관의 장 또는 시·도지사에게 위임할 수 있다. 〈개정 2013. 3. 23., 2018. 6. 8.〉

② 이 법에 따른 시·도지사의 권한은 그 일부를 시장·군수·구청장에게 위임할 수 있다.

[전문개정 2011. 5. 30.]

제36조의2(대집행) 환경부장관 또는 시장·군수·구청장은 제8조제3항 및 제9조제2항(제13조제3항에 따라 준용하는 경우를 포함한다)에 따른 시설의 폐쇄명령, 제15조제3항에 따른 원상복구명령, 제16조의3제1항 및 제2항에 따른 정화작업 등의 명령을 받은 자가 그 명령을 이행하지 아니하는 경우에는 「행정대집행법」에서 정하는 바에 따라 대집행(代執行)을 하고, 그 비용을 명령 위반자로부터 징수할 수 있다.

[전문개정 2011. 5. 30.]

제7장 벌칙 〈개정 2011. 5. 30.〉

제37조(벌칙) 다음 각 호의 어느 하나에 해당하는 자는 3년 이하의 징역 또는 3천만원 이하의 벌금에 처한다. 〈개정 2015. 1. 6.〉

1. 제7조제1항에 따른 허가를 받지 아니하거나 부정한 방법으로 허가를 받아 지하수를 개발·이용하는 자
2. 제13조제1항에 따른 허가를 받지 아니하거나 부정한 방법으로 허가를 받아 같은 항 각 호의 어느 하나에 해당하는 행위를 하는 자
3. 제16조제2항에 따른 지하수 오염방지명령을 위반한 자
4. 제16조의3제1항 또는 제2항에 따른 지하수오염물질의 정화, 지하수오염유발시설의 운영 및 사용의 중지, 지하수오염유발시설의 폐쇄·철거 또는 이전의 명령을 이행하지 아니한 자
5. 제22조제1항·제27조제1항 또는 제29조의2제1항에 따른 등록을 하지 아니하거나 부정한 방법으로 등록을 하고 지하수개발·이용시공업, 지하수영향조사업무 또는 지하수정화업을 한 자
6. 제22조제3항을 위반하여 허가·인가 등을 받지 아니하고 지하수개발·이용시설의 공사를 한 지하수개발·이용시공업자

[전문개정 2011. 5. 30.]

제37조의2(벌칙) 다음 각 호의 어느 하나에 해당하는 자는 2년 이하의 징역 또는 2천만원 이하의 벌금에 처한다. 〈개정 2015. 1. 6.〉

1. 제7조제2항에 따른 지하수영향조사서를 거짓으로 작성한 지하수영향조사기관
2. 제16조제1항에 따른 지하수 오염방지조치를 하지 아니한 자
3. 제16조의2제1항에 따른 오염방지조치 또는 관측정의 설치를 하지 아니하거나 수질측정을 하지 아니한 자
4. 제16조의2제2항에 따른 오염발생 신고를 하지 아니하거나 오염방지조치를 하지 아니한 자

[전문개정 2011. 5. 30.]

제37조의3(벌칙) 다음 각 호의 어느 하나에 해당하는 자는 1년 이하의 징역 또는 1천만원 이하의 벌금에 처한다. 〈개정 2015. 1. 6.〉

1. 제7조제3항에 따른 취수량의 제한을 준수하지 아니한 자
2. 제7조제6항(제13조제3항에 따라 준용되는 경우를 포함한다)에 따른 변경허가를 받지 아니하거나 부정한 방법으로 변경허가를 받아 지하수를 개발·이용하는 자
3. 제8조제3항에 따른 취수량 및 취수기간의 제한을 준수하지 아니하거나 시정명령·이용중지명

령·공동이용명령 또는 폐쇄명령을 이행하지 아니한 자
4. 제9조제2항(제13조제3항에 따라 준용하는 경우를 포함한다)에 따른 폐쇄명령을 이행하지 아니한 자
5. 제9조의2제1항 또는 제2항에 따른 유출지하수 저감대책(低減對策) 또는 이용계획을 수립·시행하지 아니하거나 같은 조 제3항에 따른 개선명령을 이행하지 아니한 자
6. 제9조의4제3항에 따른 시설개선명령 또는 필요한 조치를 이행하지 아니한 자
7. 제16조의4제1항에 따른 정화계획의 승인 또는 변경승인을 받지 아니하고 정화를 실시한 자
8. 제22조제1항·제27조제1항 또는 제29조의2제1항에 따른 변경등록을 하지 아니하거나 부정한 방법으로 변경등록을 하고 지하수개발·이용시공업, 지하수영향조사업무 또는 지하수정화업을 한 자
9. 제26조(제29조의2제3항에 따라 준용하는 경우를 포함한다) 또는 제30조를 위반한 지하수개발·이용시공업자, 지하수영향조사기관 또는 지하수정화업자와 명의 대여 또는 등록증 대여의 상대방

[전문개정 2011. 5. 30.]

제38조(양벌규정) 법인의 대표자나 법인 또는 개인의 대리인, 사용인, 그 밖의 종업원이 그 법인 또는 개인의 업무에 관하여 제37조, 제37조의2 또는 제37조의3의 위반행위를 하면 그 행위자를 벌하는 외에 그 법인 또는 개인에게도 해당 조문의 벌금형을 과(科)한다. 다만, 법인 또는 개인이 그 위반행위를 방지하기 위하여 해당 업무에 관하여 상당한 주의와 감독을 게을리하지 아니한 경우에는 그러하지 아니하다.

[전문개정 2011. 5. 30.]

제38조의2 삭제 〈2001. 1. 16.〉

제39조(과태료) 다음 각 호의 어느 하나에 해당하는 자에게는 500만원 이하의 과태료를 부과한다. 〈개정 2013. 5. 22.〉
1. 제8조제1항에 따른 신고를 하지 아니하거나 거짓으로 신고한 자
1의2. 제9조의2제1항에 따른 지하수 유출감소대책의 신고를 하지 아니한 자
2. 제9조의2제2항에 따른 이용계획의 신고를 하지 아니한 자
3. 제9조의3에 따른 지하수개발·이용의 종료신고(제15조제1항제3호부터 제5호까지의 사유로 인한 경우를 말한다)를 하지 아니한 자
4. 제9조의4제1항에 따른 굴착신고를 하지 아니하고 토지를 굴착한 자
5. 제9조의4제1항에 따른 종료신고를 하지 아니한 자
6. 제9조의5제2항에 따른 사후관리 이행종료신고를 거짓으로 하거나 같은 조 제3항에 따른 시장·군수·구청장의 시정명령 또는 이용중지 등 필요한 조치를 이행하지 아니한 자
7. 제14조에 따른 이행보증금을 예치하지 아니한 자
8. 제15조에 따른 원상복구를 하지 아니하거나 원상복구명령을 이행하지 아니한 자
9. 제16조의2제1항에 따른 수질측정 결과보고를 하지 아니하거나 거짓으로 보고한 자
10. 제20조제1항에 따른 수질검사를 받지 아니한 자
11. 제20조제2항에 따른 지하수의 이용중지 및 수질개선 등의 조치명령을 이행하지 아니한 자
12. 제21조제2항 또는 제34조제2항에 따른 조사를 거부·방해 또는 기피한 자
13. 제22조제3항을 위반하여 신고하지 아니하고 지하수개발·이용시설의 공사를 한 지하수개발·이용시공업자
14. 제31조제1항에 따른 출입 등을 거부·방해 또는 기피한 자

[전문개정 2011. 5. 30.]

제40조(과태료) 다음 각 호의 어느 하나에 해당하는 자에게는 300만원 이하의 과태료를 부과한다. 〈개정 2013. 5. 22.〉
1. 삭제 〈2013. 5. 22.〉
2. 제8조제2항에 따른 변경신고를 하지 아니하거나 거짓으로 변경신고한 자
3. 제9조제1항(제13조제3항에 따라 준용하는 경우를 포함한다)에 따른 준공신고를 하지 아니한 자
3의2. 제11조제3항에 따른 승계사실을 신고하지 아니하거나 거짓으로 신고한 자
4. 제20조제4항에 따른 수질검사결과서를 갖추어 두지 아니한 자
5. 제21조제1항 또는 제34조제1항에 따른 보고 또는 자료 제출을 하지 아니하거나 거짓으로 보고하거나 거짓 자료를 제출한 자

6. 제24조제1항 또는 제3항(제29조의2제3항에 따라 준용하는 경우를 포함한다)에 따른 지하수개발·이용시공업 또는 지하수정화업의 양도·양수 등의 신고를 하지 아니하거나 거짓으로 신고한 자
7. 제31조제2항 또는 제3항에 따른 허가를 받지 아니하거나 동의를 받지 아니하거나 알리지 아니하고 같은 조 제1항에 따른 행위를 한 자

[전문개정 2011. 5. 30.]

제41조(과태료의 부과·징수절차) 제39조 및 제40조에 따른 과태료는 대통령령으로 정하는 바에 따라 시장·군수·구청장이 부과·징수한다.

[전문개정 2011. 5. 30.]

저자 소개

안영희　동아대학교 환경공학과 교수
성낙창　동아대학교 환경공학과 교수

(제2판)토양환경의 오염과 정화 개론　정가 15,000원

저자 : 안영희 · 성낙창

발행인 : 임해진
발행처 : 도서출판 구미서관

발행 : 2015년 2월 23일 제1판
2019년 2월 23일 제2판

등록 : 1979년 6월 29일 No.9-6호
주소 : 서울시 마포구 신촌로 2길 5-15 구미빌딩
전화 : 02-333-1101
팩스 : 02-335-2201
http://www.goomibook.com

ISBN 979-11-6257-059-3 (93530)
